L'UNITÉ
DANS L'ÊTRE VIVANT

ESSAI D'UNE BIOLOGIE CHIMIQUE

PAR

FÉLIX LE DANTEC

Chargé du cours d'Embryologie générale à la Sorbonne.

PARIS

FÉLIX ALCAN, ÉDITEUR

ANCIENNE LIBRAIRIE GERMER BAILLIÈRE ET Cⁱᵉ

108, BOULEVARD SAINT-GERMAIN, 108

1902

L'UNITÉ

DANS L'ÈTRE VIVANT

BIBLIOTHÈQUE DE PHILOSOPHIE CONTEMPORAINE
Volumes in-8, brochés, à 5 fr., 7 fr. 50 et 10 fr.

EXTRAIT DU CATALOGUE

STUART MILL. — Mes mémoires, 3e éd. 5 fr.
— Système de logique. 2 vol. 20 fr.
— Essais sur la religion, 2e éd. 5 fr.
HERBERT SPENCER. Prem. principes. 8e éd. 10 fr.
— Principes de psychologie. 2 vol. 20 fr.
— Principes de biologie. 4e édit. 2 vol. 20 fr.
— Principes de sociologie. 4 vol. 35 fr.
— Essais sur le progrès. 5e éd. 7 fr. 50
— Essais de politique. 4e éd. 7 fr. 50
— Essais scientifiques. 3e éd. 7 fr. 50
— De l'éducation. 10e ed. 5 fr.
COLLINS. — Résumé de la phil. de Spencer. 10 fr.
PAUL JANET. — Causes finales. 4e édit. 10 fr.
— Œuvres phil. de Leibnitz. 2e éd. 2 vol. 20 fr.
TH. RIBOT. — Hérédité psychologique. 7 fr. 50
— Psychologie anglaise contemporaine. 7 fr. 50
— La psychologie allem. contemp. 7 fr. 50
— Psychologie des sentiments. 2e éd. 7 fr. 50
— L'Évolution des idées générales. 5 fr.
— L'imagination créatrice. 5 fr.
A. FOUILLÉE. Liberté et déterminisme. 7 fr. 50
— Systèmes de morale contemporains. 7 fr. 50
— Morale, art et religion, d'ap. Guyau 3 fr. 75
— L'avenir de la métaphysique. 2e éd. 5 fr.
— L'évolut. des idées-forces. 2e éd. 7 fr. 50
— Psychologie des idées-forces. 2 vol. 15 fr.
— Tempérament et Caractère. 2e ed. 7 fr. 50
— Le mouvement positiviste. 2e éd. 7 fr. 50
— Le mouvement idéaliste. 2e éd. 7 fr. 50
— Psychologie du peuple français. 7 fr. 50
— La France au point de vue moral. 7 fr. 50
DE LAVELEYE. — De la propriété, 10 fr.
— Le Gouv. dans la démocratie. 2 v. 3e éd. 15 fr.
BAIN. — Logique déd. et ind. 2 vol. 20 fr.
— Les sens et l'intelligence. 3e édit. 10 fr.
— Les émotions et la volonté. 10 fr.
— L'esprit et le corps. 4e édit. 6 fr.
— La science de l'éducation. 6e édit. 6 fr.
LIARD. — Descartes. 5 fr.
— Science positive et métaph. 4e éd. 7 fr. 50
GUYAU. Morale anglaise contemp. 3e éd. 7 fr. 50
— Probl. de l'esthétique cont. 3e éd. 7 fr. 50
— Morale sans obligation ni sanction. 5 fr.
— L'art au point de vue sociol. 2e éd. 5 fr.
— Hérédité et éducation. 3e édit. 5 fr.
— L'irréligion de l'avenir. 5e édit. 7 fr. 50
HUXLEY. — Hume, vie, philosophie. 5 fr.
E. NAVILLE. — La physique moderne. 5 fr.
H. MARION. — Solidarité morale. 5e éd. 5 fr.
SCHOPENHAUER. — Sagesse dans la vie. 5 fr.
— Principe de la raison suffisante. 5 fr.
— Le monde comme volonté, etc. 3 vol. 22 fr. 50
JAMES SULLY. — Le pessimisme. 2e édit. 7 fr. 50
— Études sur l'enfance. 10 fr.
PREYER. — Éléments de psychologie. 5 fr.
— L'âme de l'Enfant. 10 fr.
WUNDT. — Psychologie physiol. 2 vol. 20 fr.
E. DE ROBERTY. — L'ancienne et la nouvelle
philosophie. 7 fr. 50
— La philosophie du siècle. 5 fr.
FONSEGRIVE. — Le libre arbitre. 2e éd. 10 fr.
PICAVET. — Les idéologues. 10 fr.
GAROFALO. — La criminologie. 4e édit. 7 fr. 50
— La superstition socialiste. 5 fr.
G. LYON. — L'idéalisme en Angleterre au
XVIIIe siècle. 7 fr. 50
P. SOURIAU. — L'esthét. du mouvement. 5 fr.
— La suggestion dans l'art. 5 fr.
F. PAULHAN. — L'activité mentale. 10 fr.
— Esprits logiques et esprits faux. 7 fr. 50
PIERRE JANET. — L'automatisme psych. 7 fr. 50
RICARDOU. — De l'idéal. 5 fr.
H. BERGSON. — Matière et mémoire. 5 fr.
— Données imméd. de la conscience. 3 fr. 75
ROMANES. — L'évolution mentale. 7 fr. 50
PILLON. — L'année philosophique. Années 1890
à 1900, chacune. 5 fr.
GURNEY, MYERS et PODMORE. — Hallucinations
télépathiques. 3e édit. 7 fr. 50

L. PROAL. — Le crime et la peine. 3e éd. 10 fr.
— La criminalité politique. 5 fr.
— Le crime et le suicide passionnels. 10 fr.
NOVICOW. — Luttes entre sociétés hum. 10 fr.
— Les gaspillages des sociétés modernes. 5 fr.
DURKHEIM. — Division du travail social. 7 fr. 50
— Le suicide, étude sociologique. 7 fr. 50
— L'année sociologique. Années 1896-97-
1897-98, 1898-99, 1899-1900, chacune. 10 fr.
J. PAYOT. — Educ. de la volonté. 12e éd. 10 fr.
— De la croyance. 5 fr.
CH. ADAM. — La Philosophie en France (Pre-
mière moitié du XIXe siècle). 7 fr. 50
NORDAU (MAX). — Dégénérescence. 2 vol. 17 fr. 50
— Les mensonges conventionnels. 6e éd. 5 fr.
AUBRY. — La contagion du meurtre. 2e éd. 5 fr.
GODFERNAUX. — Le sentiment et la pensée. 5 fr.
BRUNSCHVICG. — Spinoza. 3 fr. 75
— La modalité du jugement. 5 fr.
LÉVY-BRUHL. — Philosophie de Jacobi. 5 fr.
— Lettres de J.-S. Mill et d'Aug. Comte 10 fr.
— Philosophie d'Aug. Comte. 7 fr. 50
BOIRAC. — L'idée de phénomène. 5 fr.
G. TARDE. — La logique sociale. 2e éd. 7 fr. 50
— Les lois de l'imitation. 2e éd. 7 fr. 50
— L'opposition universelle. 7 fr. 50
— L'opinion et la foule. 5 fr.
G. DE GREEF. — Transformisme sociol. 2e éd.
7 fr. 50
ROBERTY-JAMIN. — Écrit. et Caract. 4e éd. 7 fr. 50
— La cité moderne. 6e éd. 10 fr.
— Cultes et Religion. 10 fr.
— sur le génie dans l'art. 2e éd. 5 fr.
De l'Erreur. 2e éd. 5 fr.
— sociol., rés. p. Rigolage. 7 fr. 50
— La personne humaine. 7 fr. 50
— destinée de l'homme. 5 fr.
E. BOUTROUX. — Études d'histoire de la
philosophie. 2e éd. 7 fr. 50
P. MALAPERT. — Les élém. du caractère. 5 fr.
A. BERTRAND. — L'enseignement intégral. 5 fr.
— Les études dans la démocratie. 5 fr.
H. LICHTENBERGER. — Richard Wagner. 10 fr.
J. PÉRÈS. — L'art et le réel. 3 fr. 75
E. GOBLOT. — Classif. des sciences. 5 fr.
ESPINAS. — La philos. soc. au XVIIIe s. 7 fr. 50
MAX MULLER. — Études de Mythologie. 12 fr. 50
THOMAS. — L'éducation des sentiments. 5 fr.
G. LE BON. — Psychol. du socialisme. 7 fr. 50
RAUH. — De la méthode dans la psychologie
des sentiments. 5 fr.
GÉRARD-VARET. — L'ignorance et l'irré-
flexion. 5 fr.
DUPRAT. — L'instabilité mentale. 5 fr.
HANNEQUIN. — L'hypothèse des atomes. 7 fr. 50
AD. COSTE. — Sociologie objective. 3 fr. 50
— L'expérience des peuples. 10 fr.
LALANDE. — Dissolution et évolution. 5 fr.
DE LA GRASSERIE. — Psych. des religions 5 fr.
BOUGLÉ. — Les idées égalitaires. 3 fr. 75
F. ALENGRY. — Essai historique et critique
sur la sociologie d'Aug. Comte. 10 fr.
DUMAS. — La tristesse et la joie. 7 fr. 50
OUVRÉ. — Les formes littéraires de la pensée
grecque. 10 fr.
G. RENARD. — La méthode scientifique de
l'histoire littéraire. 10 fr.
STEIN. — La question sociale. 10 fr.
BARZELLOTTI. — La philosophie de Taine. 7 fr. 50
LECHARTIER. — David Hume. 5 fr.
RENOUVIER. — Dilemmes de la métaphys. 5 fr.
— Hist. et solut. des probl. métaphys. 7 fr. 50
LECLÈRE. — Le droit d'affirmer. 5 fr.
BOURDEAU. — Le problème de la mort. 3e éd. 5 fr.
— Le problème de la vie. 7 fr. 50
SIGHELE. — La foule criminelle. 2e éd. 5 fr.
SOLLIER. — Le problème de la mémoire. 3 fr. 75
— Psychologie de l'idiot. 2e éd. 5 fr.
HARTENBERG. — Les timides et la timidité. 5 fr.
LE DANTEC. — L'unité dans l'être vivant. 7 fr. 50

Coulommiers. — Imp. PAUL BRODARD. — 937-1901.

L'UNITÉ
DANS L'ÊTRE VIVANT

AUTRES OUVRAGES DE M. LE DANTEC

LIBRAIRIE F. ALCAN

L'évolution individuelle et l'hérédité. 1 vol. in-8 de la *Bibliothèque scientifique internationale*, cart.......... .... 6 fr. •

Théorie nouvelle de la vie. 2ᵉ édit. 1 vol. in-8 de la *Bibliothèque scientifique internationale*, cart... .... 6 fr. •

Lamarckiens et Darwiniens, discussion de quelques théories sur la formation des espèces. 1 vol. in-12 de la *Bibliothèque de philosophie contemporaine*.......... .... 2 fr. 50

Le déterminisme biologique et la personnalité consciente. 1 vol. in-12 de la *Bibliothèque de philosophie contemporaine*....... .... 2 fr. 50

L'individualité et l'erreur individualiste. 1 vol. in-12 de la *Bibliothèque de philosophie contemporaine*.. .... 2 fr. 50

La sexualité. Collection *Scientia*. Carré et Naud.

La matière vivante.

Les sporozoaires (en collaboration avec L. BÉRARD).

La baotéridie charbonneuse.

La forme spécifique.

(*Encyclopédie des aide-mémoire* LÉAUTÉ, Masson et Gauthier-Villars.)

Le conflit, entretien philosophique. Armand Colin.

Coulommiers. — Imp. PAUL BRODARD. — 609-1901.

L'UNITÉ

DANS L'ÊTRE VIVANT

ESSAI D'UNE BIOLOGIE CHIMIQUE

PAR

FÉLIX LE DANTEC

Chargé du cours d'Embryologie générale à la Sorbonne.

———◆✕◆———

PARIS

FÉLIX ALCAN, ÉDITEUR

ANCIENNE LIBRAIRIE GERMER BAILLIÈRE ET Cⁱᵉ

108, BOULEVARD SAINT-GERMAIN, 108

—

1902

L'UNITÉ
DANS L'ÊTRE VIVANT

LIVRE I

LA MÉTHODE DÉDUCTIVE EN BIOLOGIE

Il est extrêmement logique, dans toutes les recherches scientifiques, de commencer par étudier les phénomènes élémentaires et de les étudier à fond, avant d'entreprendre l'examen des phénomènes complexes qui sont la synthèse d'un grand nombre de phénomènes élémentaires simples. On reste stupéfait devant le mouvement d'un glacier qui moule successivement tous les obstacles résistants semés sur son chemin, et tout étonnement cesse quand on connaît les belles expériences de Tyndall sur la plasticité de la glace. La connaissance des propriétés élémentaires de l'eau congelée nous fournit l'interprétation immédiate d'un mouvement synthétique si extraordinaire qu'on l'a souvent comparé à une manifestation vitale.

En biologie, comme en météorologie, il faut procéder du simple au composé. Il y a des êtres vivants très simples, les êtres dits *unicellulaires*, et d'autres êtres bien plus compliqués, dits *pluricellulaires*, qui sont exclusivement formés d'un très grand nombre d'éléments dont chacun *ressemble* à un être unicellulaire, tant au point de vue morphologique qu'au point de vue physiologique. Le fonctionnement d'un tel organisme ne peut se concevoir que comme une résultante des fonctionnements de ses éléments cellulaires. Il est donc bien certain que, si l'on connaissait *complètement* les propriétés élémentaires des cellules, on comprendrait le phénomène d'ensemble, la *vie* de l'être supérieur. De là l'intérêt énorme qui s'attache à l'étude approfondie des manifestations vitales des Protozoaires et des Protophytes.

Mais, pour être infiniment plus simple que la vie d'un homme, la vie d'une cellule est déjà quelque chose d'extrêmement compliqué ; elle comprend un grand nombre de phénomènes chimiques, accompagnés de manifestations physiques et de modifications morphologiques. Il faudrait appliquer à l'étude de l'ensemble de la cellule la méthode analytique employée pour les organismes pluricellulaires ; il faudrait étudier, séparément, chacun des phénomènes élémentaires dont la résultante est la vie cellulaire totale.

Malheureusement, la chimie actuelle ne sait pas nous renseigner sur la structure moléculaire des substances vivantes. L'étude des transformations opérées dans les milieux de culture sous l'influence de la vie des cellules ne nous donne que de grossiers résultats *d'ensemble* ; l'observation microscopique nous montre des phénomènes morphologiques dont le lien avec les phénomènes chimiques concomitants ne peut s'établir *directement* en aucune manière. Il semble donc que l'essence même des phénomènes cellulaires, doive rester lettre close pour nous jusqu'à ce que la chimie ait fait assez de progrès, et que nous devions nous contenter jusque-là d'une connaissance générale des manifestations *totales* de la vie élémentaire.

Mais les biologistes peuvent tourner la difficulté au lieu de se résigner à attendre sans comprendre. S'il est dangereux de tirer de simples observations histologiques sur la cellule l'interprétation *directe* des phénomènes morphologiques observés, s'il est mauvais de chercher dans l'observation, même la plus minutieuse, de la karyokinèse par exemple, l'explication directe de la karyokinèse, je suis convaincu, en revanche, qu'il est possible, par l'application rationnelle de la méthode déductive, de pénétrer profondément dans les arcanes de la vie cellulaire, en se servant comme point de départ, non pas seulement des données histologiques et de l'étude morphologique des modifications intracellulaires, mais encore *et surtout* des résultats de l'observation des phénomènes d'ensemble qui se manifestent chez les êtres pluricellulaires les plus élevés en organisation.

Ceci peut paraître en contradiction avec le principe, exposé plus haut, que, en Biologie comme partout ailleurs, il faut procéder du simple au complexe. Et en effet, si nous avions des procédés directs pour faire l'étude complète de la vie cellulaire, nous devrions demander aux résultats de cette étude et à ces résultats seuls l'interprétation du fait que la barbe pousse à l'homme au moment de la puberté, ou que les animaux cavernicoles finissent par perdre leurs yeux et par donner des petits aveugles, ou que les Euphorbes infestées par des Urédinées ne fleurissent pas, etc. Tous ces faits que nous constatons sans qu'aucun doute puisse s'élever à leur sujet, nous ne savons pas les expliquer au moyen de propriétés connues des cellules vivantes; mais, *puisque dans un être complexe, toute manifestation vitale est une synthèse d'activités élémentaires, ne serait-il pas possible d'établir, entre le fait complexe et les faits élémentaires, un lien assez solide pour que, de l'observation directe du fait complexe, se dégageât une connaissance nouvelle et plus profonde des faits élémentaires, dont le premier est la synthèse ?*

Les calculs faits avec des données incomplètes sur les éléments du système solaire avaient permis de prévoir approximativement les révolutions des planètes. L'observation directe des astres permit de constater une différence entre la réalité et le résultat du calcul, et, de la constatation de cette différence, le génie de Le Verrier conclut à l'existence d'une planète nouvelle dont il donna la détermination. Dans cette histoire admirable de la découverte de Neptune, c'est le phénomène complexe qui a amené la connaissance de l'élément nouveau, parce qu'il existait une relation mathématique entre les révolutions célestes et la distribution des éléments du système solaire.

Est-il possible, en Biologie, d'établir une relation analogue entre les phénomènes de la vie cellulaire et les manifestations complexes de la vie des êtres supérieurs? Si oui, tous les faits d'observation, quels qu'ils soient, pourvu qu'ils soient bien observés, pourront être pris comme points de départ de raisonnements déductifs dont le résultat intéressera quelquefois une partie de la Biologie très différente, très éloignée de celle qui aura été le théâtre même de l'observation. L'hérédité d'un caractère acquis par un mollusque sous l'influence de l'enroulement en spirale, pourra nous amener à la connaissance des relations qui, dans une cellule quelconque, existent entre le protoplasma et le noyau!

Une question bien connue des philosophes nous donne un exemple de la possibilité de conclure des phénomènes d'ensemble aux propriétés élémentaires des cellules. Les expériences les plus précises ont amené les biologistes à admettre le déterminisme absolu de toutes les manifestations de la vie élémentaire; or, l'homme étant uniquement composé de cellules, tout ce qu'il fait est la résultante, la synthèse de ses activités élémentaires; ces activités élémentaires étant déterminées, l'homme n'est pas libre.

A ceci, certains psychologues répondent : l'homme est libre; l'observation journalière le prouve; le raisonnement des biologistes amène donc à conclure que, puisque la synthèse de toutes les activités cellulaires *n'est pas déterminée*, c'est que chaque activité élémentaire n'est pas déterminée; seulement, comme l'homme se compose de plusieurs trillions de cellules, il suffit d'une très petite dose d'indétermination dans chaque cellule pour que la synthèse humaine soit *largement* indéterminée. Il suffit pour cela d'une dose d'indétermination cellulaire inférieure aux erreurs ordinaires d'expérience...

Voilà un raisonnement dans lequel on conclut du phénomène complexe au phénomène simple. Les biologistes, sur la foi d'expériences assez précises, avaient cru pouvoir conclure au déterminisme cellulaire. Les psychologues, se basant sur l'observation de la liberté humaine, leur montrent que leurs expériences sont défectueuses. Reste à savoir si l'observation de la liberté humaine dont partent les psychologues est plus inattaquable que celle du déterminisme des protozoaires dont partent les biologistes; je ne discuterai pas la chose pour le moment; je voulais seulement montrer que l'on a déjà employé, en Biologie, des points de départ consistànt en faits très complexes pour arriver, de déductions en déductions, à la connaissance de propriétés élémentaires. Mais, je le répète, si tout fait bien observé peut être le point de départ d'un raisonnement déductif fécond, *du moins doit-il être bien observé et inattaquable.*

La première chose à faire est donc d'établir une relation entre les phénomènes cellulaires et les phénomènes d'ensemble qui se manifestent chez les êtres supérieurs; cette relation se conçoit immédiatement, si l'on remarque que tout être supérieur dérive d'un œuf, qui est une simple cellule, par suite de bipartitions successives. Le phénomène de la bipartition[1], si facile à observer dans son ensemble chez toutes les espèces unicellulaires, n'est qu'un phénomène *total*, dont l'analyse nous échappe;

____

1. J'entends, de la multiplication par bipartition.

mais du moment que nous le connaissons très bien en tant que phénomène total, et qu'il n'existe à aucun degré chez les corps bruts, nous pouvons, dans une première approximation, le considérer comme la manifestation d'un ensemble de caractères qui *distinguent* les corps vivants des corps bruts. Puis, prenant ce *fait d'observation* comme point de départ de déductions qui suivront pas à pas le développement de l'être pluricellulaire, nous arriverons, peut-être, à en tirer les grandes lignes de l'histoire des êtres les plus élevés en organisation. Mais si, en faisant cette série de déductions, nous devons nous préoccuper uniquement de la logique de nos raisonnements, nous ne devons pas oublier non plus qu'il y a une hypothèse dans notre point de départ, et nous devons être préparés à n'accepter, que sous bénéfice d'inventaire, les résultats ultimes de notre investigation. Nous avons en effet étudié la multiplication par bipartition chez des êtres qui se composent d'une simple cellule; nous avons constaté la généralité des lois qui régissent cette multiplication par bipartition chez tous les êtres unicellulaires connus; mais nous avons ensuite raisonné par analogie et appliqué des lois, tirées de l'observation d'être unicellulaires, à l'étude de la segmentation d'un œuf. Nous avons donc implicitement admis que les bipartitions successives de l'œuf sont de tout point comparables à celles d'une bactérie ou d'un protozoaire; or, si les bipartitions de l'œuf *ressemblent*, par beaucoup de points, aux bipartitions d'une bactérie, elles en diffèrent aussi par un caractère qui est peut-être essentiel, à savoir l'adhérence qui existe entre les cellules résultant des bipartitions successives, adhérence qui est la condition même de la formation d'un être pluricellulaire.

En raisonnant sur les *blastomères*[1] comme sur des cellules

---

1. On donne le nom de blastomères aux cellules qui résultent de la segmentation de l'œuf, tant que le nombre de ces cellules n'est pas devenu trop considérable.

ne différant pas essentiellement des êtres unicellulaires, nous nous exposons donc à une erreur. Mais, si nous nous sommes trompés, nous aurons heureusement le moyen de nous en apercevoir. En effet, nos déductions logiques nous conduiront à des conséquences positives. Si les blastomères sont réellement comparables à des éléments cellulaires isolés, l'être pluricellulaire qui provient de l'œuf jouira de telles et telles propriétés. Ces propriétés, prévues par déduction, nous pourrons les comparer aux propriétés directement observées dans l'étude des êtres supérieurs. Alors, ou bien il y aura contradiction, et, si nous sommes sûrs de nos raisonnements, nous en conclurons que nos prémisses étaient fausses, que les blastomères diffèrent *essentiellement* des organismes unicellulaires, et ce sera déjà un résultat intéressant. Ou bien il y aura concordance parfaite, et nous en conclurons, au contraire, que notre point de départ était bon.

Je me suis livré à ce travail il y a plusieurs années déjà dans un livre intitulé : *Théorie nouvelle de la vie*; j'ai supposé que les blastomères avaient exactement les propriétés fondamentales reconnues chez les êtres unicellulaires, et j'en ai tiré, par des déductions fort simples, la conception d'êtres pluricellulaires théoriques régis par un certain nombre de lois fondamentales. Or, ces lois fondamentales se retrouvent *toutes* chez les êtres pluricellulaires vrais de la nature; je crois même pouvoir affirmer que quelques-unes d'entre elles n'étaient pas connues et que, par conséquent, je n'avais pas pu me laisser influencer inconsciemment, au cours de mes déductions, par la prévision du résultat. Devant cette constatation, le doute n'était plus permis; les propriétés élémentaires des blastomères ne diffèrent pas *essentiellement* de celles des êtres unicellulaires. Voilà une première acquisition intéressante, mais elle n'est rien auprès de celles qu'elle prépare.

Si, en effet, avec un point de départ vrai et des raisonnements exacts, nous n'avons pu arriver qu'à des résultats conformes à la réalité, nous ne pouvons cependant nous dissimuler que notre point de départ, la propriété de bipartition, était bien grossier. Les résultats auxquels nous sommes arrivés ne peuvent donc être non plus que forts incomplets, c'est-à-dire que pour être entièrement vérifiés dans la nature, il n'en sont pas moins très vagues et très généraux. Mais alors, en les comparant à la réalité, en les rapprochant des faits bien observés sur les animaux supérieurs, nous pouvons, soit pour l'ensemble des êtres vivants, soit, dans des cas particuliers, pour un animal d'une espèce donnée, remplacer les résultats généraux de nos déductions par les résultats *plus précis* de l'observation directe.

Il n'était donc pas utile, dira-t-on, de nous donner la peine de faire d'abord cette laborieuse série de déductions dont nous abandonnons le résultat pour le remplacer par celui d'une observation directe réalisée le plus simplement du monde. C'est ici qu'intervient la méthode employée par Le Verrier pour découvrir Neptune. Parti d'éléments incomplets, il a obtenu, par le calcul, des résultats incomplets et approximatifs; il a remplacé ces résultats par les résultats de l'observation directe, puis, avec ces nouveaux résultats précis comme point de départ, il a refait, en sens inverse, la série de ses calculs et est arrivé ainsi à compléter ses éléments primitifs.

Faisons de même en Biologie.

Partis de propriétés certaines, mais grossières, des éléments cellulaires, nous sommes arrivés à des résultats certains, mais approximatifs, au moyen d'une série de déductions qui nous a servi à établir un lien entre les propriétés des cellules et les manifestations vitales d'êtres pluricellulaires théoriques, voisins des êtres réels. Remplaçons maintenant ces manifestations théoriques par les manifestations *réelles*, observées chez les animaux réels, et, avec cette nouvelle connaissance des choses, parcourons, en sens inverse, la série de nos déductions; nous arriverons ainsi à compléter nos éléments point de départ, c'est-à-dire, à nous faire une idée plus précise des propriétés des éléments cellulaires [1]; partis de la seule notion de bipartition, nous pouvons arriver, par exemple, en redescendant aux cellules, à la connaissance des relations entre le protoplasme et le noyau, ou à la compréhension du phénomène de karyokinèse.

Mais là ne s'arrêtera pas notre investigation; une fois en possession d'une connaissance plus approfondie des propriétés des cellules, nous recommencerons nos déductions avec ces nouvelles acquisitions comme point de départ; nous réaliserons ainsi, pour les êtres supérieurs, une approximation plus grande que la première fois, *et ainsi de suite*; nous ferons la *navette* entre les êtres unicellulaires et les êtres supérieurs et, à chaque fois, les premiers nous expliqueront davantage les seconds, les seconds nous feront pénétrer plus profondément dans la connaissance des premiers.

Cette *méthode de la navette*, nous pourrons y recourir un aussi grand nombre de fois que nous le voudrons et nous arriverons ainsi, non seulement à préciser de plus en plus notre connaissance des propriétés élémentaires des cellules et de la substance vivante en général, mais encore à concevoir la biologie toute entière comme un ensemble parfaitement harmonieux dans lequel les grandes notions d'hérédité, d'individualité, de sexualité ont des domaines presque entièrement confondus les uns avec les autres. Nous arriverons enfin,

---

1. J'ai comparé cette manière de procéder à celle qui a amené Le Verrier à découvrir Neptune. Un autre exemple sera peut-être plus familier à certains lecteurs. Les marins, pour faire le point, commencent par marquer sur la carte le lieu où ils se trouveraient, si leur *estime* de navigation était exacte. De ce lieu, comme point de départ, ils font des constructions géométriques (par le calcul) en tenant compte de données astronomiques observées, et ils arrivent ainsi à un point plus exact.

comme dernière conséquence de nos recherches, à comprendre et à expliquer cette *unité* si mystérieuse et si imprévue de l'animal supérieur et de l'homme.

.·.

Le but de la Biologie est la connaissance de la vie dans ses manifestations variées; la vie est ce quelque chose qui fait que nous déclarons *vivants* certains corps à l'exclusion de certains autres appelés bruts; nous *savons* quand nous devons dire qu'un corps est vivant; autrement dit, avant de savoir ce que c'est que la vie, nous savons la reconnaître partout et toujours; pour arriver à savoir ce que c'est, il sera donc naturel de chercher simplement ce qu'il y a de commun à tous les êtres que nous appelons vivants.

Mais si l'appellation commune de *corps vivants*, donnée par nous aux hommes, aux chiens, aux poissons, aux crabes, aux vers de terre, aux fougères et aux rosiers, nous fait prévoir qu'il doit y avoir *quelque chose de commun* à tous ces corps, nous ne pouvons cependant pas nous empêcher de constater qu'il y a surtout des dissemblances entre ces corps. Ces dissemblances sont mêmes telles qu'un esprit non prévenu ne penserait jamais qu'elles cachent une propriété commune; un chien, un ver de terre et un rosier paraissent être des choses *entièrement* différentes.

Pour pouvoir parler sans difficulté de tant d'objets dissemblables à l'étude desquels s'applique la Biologie, il est nécessaire de faire, dès le début, quelques observations générales sur les ressemblances que présentent entre eux un certain nombre de ces objets. Ces observations serviront à restreindre le nombre des êtres à étudier, au moins dans une première approximation; s'il y a, par exemple, cent millions de moineaux, il suffit d'étudier un seul de ces moineaux, car ce qui est commun aux moineaux, aux chiens et aux rosiers, existera certainement dans n'importe lequel des moineaux. *Avant donc d'entrer dans le domaine de la Biologie*, il faudra s'occuper de ce qu'on appelle l'*espèce*; ce sera une question de pure logique, que de déterminer, entre tant d'êtres vivants, tous individuellement différents, quels sont ceux qu'il est raisonnable de classer sous le même nom, quel est le degré de dissemblance qui doit au contraire amener à déclarer que deux êtres sont d'espèces différentes.

Cette première étude de l'espèce nous amènera, toujours dans le domaine de la logique pure, à nous poser un certain nombre de questions fondamentales, à nous demander en particulier, s'il faut accorder à la forme des êtres ou à la nature de leur substance constitutive une importance prépondérante, s'il n'y a pas une relation de cause à effet entre ces deux éléments de la description d'un être, etc.... Il nous sera d'ailleurs impossible de vider la question de l'espèce sans nous occuper des différences sexuelles, de sorte qu'avant d'entrer dans notre champ d'études proprement dit, nous aurons déjà touché à plusieurs parties fondamentales de la Biologie.

CHAPITRE I

L'ESPÈCE ET LA FORME

La notion d'espèce nous paraît très simple parce qu'elle nous est très familière, et cependant, il n'y a pas de définition plus controversée que celle de l'espèce. Les discussions interminables auxquelles ce sujet a donné lieu, viennent de ce que, sans y prendre garde, on a voulu en même temps définir l'espèce et résoudre toutes les questions d'origine et de parenté qui se posent au sujet des espèces animales ou végétales. Il y avait cependant une définition de l'espèce pour les substances brutes, ou du moins, on savait tellement bien ce qu'on disait en parlant d'une espèce chimique, qu'on n'éprouvait même pas le besoin de définir l'espèce. Deux morceaux de sucre sont des substances de même espèce parce qu'il y a entre eux, *identité* de composition chimique, et cela, quelle que soit la quantité de substance de chacun des morceaux. On dit donc de deux corps bruts qu'ils sont de même espèce quand il y a entre eux identité qualitative, quelles que soient d'ailleurs les différences quantitatives qui les séparent.

En cherchant avec soin s'il est possible de donner de l'espèce, en Biologie, une définition à la fois précise et générale, une définition logique surtout, nous constatons qu'il faut renoncer à modifier quoi que ce soit de la définition de l'espèce en chimie[1]. De même que les corps bruts de même espèce, *les êtres vivants de même espèce sont les êtres entre lesquels il n'existe que des différences quantitatives*. Et, cela étant établi, il devient bien évident qu'il fallait définir l'espèce avant d'entrer dans le domaine de la Biologie.

Je ne dis pas que l'espèce, définie par l'identité qualitative, cadre exactement avec les *espèces* telles qu'elles sont limitées aujourd'hui dans les traités de Botanique ou de Zoologie. On dit par exemple que les tigres, les chats, les panthères sont des espèces différentes du même genre *Felis*. Cela veut-il dire que l'on peut trouver entre les tigres, les chats et les panthères des différences qualitatives? C'est une question à étudier, et je dois avouer que, dans l'état actuel de la chimie, elle n'est pas facile à résoudre. Peut-être découvrira-t-on un jour qu'il y a seulement des différences quantitatives entre ces types animaux et alors, si l'on accepte la définition précédente de l'espèce il faudra déclarer que les tigres, les chats, les panthères, sont des variétés différentes d'une même espèce *Felis*. Peut-être même découvrira-t-on que tous les *Felis* ne diffèrent pas qualitativement des *Canis* et réunira-t-on les chats et les chiens dans une même espèce encore plus vaste. Peut-être, au contraire, les espèces actuelles sont-elles trop vastes; peut-être trouvera-t-on un jour qu'il y a des différences qualitatives entre les *Bassets*, les *Épagneuls* et les *Danois* et démembrera-t-on l'espèce chien actuelle en plusieurs espèces plus limitées.

Dans l'un ou l'autre cas, on n'en devra pas moins conserver la définition logique de l'espèce. En effet, la grande question de la Biologie est celle de la *variation* des êtres vivants. Cette question se pose de la manière suivante : Nous sommes certains que les êtres varient, mais varient-ils assez pour sortir *des*

1. Voir chap. IV, *La définition de l'espèce*.

limites de l'espèce? Si l'on y réfléchit sans parti pris, on voit
bien que la question précédente n'a aucune valeur à moins qu'on
n'ait donné de l'espèce une définition logique, *a priori*, avant
de rien savoir des propriétés des êtres vivants. Il y aura dans
la classification des êtres vivants un grand nombre de groupes
à limites conventionnelles, les genres, ordres, familles, etc.,
d'une part; les races, variétés, sous-variétés, d'autre part; mais
il y a un groupement logique et précis, celui des êtres à identité qualitative, et c'est ce groupement que l'on doit appeler
espèce puisque c'est sur la fixité ou la variabilité de l'*espèce*
que doit porter toute la grande question du transformisme;
cette question se pose d'ailleurs alors de la manière la plus
simple du monde : « *Les êtres sont-ils susceptibles de variations qualitatives?* »

La définition qualitative de l'espèce, très simple à énoncer,
suffit néanmoins à poser un très grand nombre de questions
biologiques d'une extrême complexité. Elle nous fait prévoir quel
sera le rôle fondamental de la chimie ou biologie, puisque les
différences qu'il faudra constater seront des différences d'ordre
chimique.

Mais de plus, pour un esprit non prévenu, quel sujet d'étonnement que le problème de la recherche de différences chimiques entre des corps aussi hétérogènes que les hommes, les
chiens, les poissons et les vers de terre? Déjà dans un homme
que de parties différentes, la main, le pied, l'œil, le cerveau,
l'estomac! Et dans chacune de ces parties, que d'éléments
divers, le muscle, l'os, le cartilage, le nerf, etc..? Comment
chercher s'il y a identité qualitative entre un ensemble si compliqué et un autre ensemble également compliqué? Et que
signifie cette question de l'espèce biologique, si, dans un

animal comme l'homme, les différentes parties le pied, la main,
l'œil, etc., sont des objets *différents*, ne répondant même pas
à la définition d'objets de la même espèce? Ce sera précisément le grand résultat de notre étude méthodique de la biologie,
que d'établir l'*unité animale*, l'*unité humaine*! Un muscle
d'homme diffère beaucoup d'un nerf d'homme et ressemble
beaucoup à un muscle de chien, et cependant le muscle
d'homme est de l'espèce homme comme le nerf d'homme et est
d'une *espèce différente* du muscle de chien. Nous comprendrons
cet apparent paradoxe à la fin de notre étude [1] et ce sera précisément la conquête la plus importante à laquelle nous conduira
notre *méthode de la navette*. Mais nous pouvons déjà nous
rendre compte, par un exemple vulgaire, de cette unité animale
si étrange. Nous aurons peut-être quelque peine à distinguer
au microscope des muscles de cochon, des nerfs de cochon, du
foie de cochon, d'avec des muscles de bœuf, des nerfs de bœuf,
du foie de bœuf, mais si nous les mangeons, nous reconnaîtrons
dans nos aliments, non seulement, que ce sont des muscles, des
nerfs ou du foie, mais encore que ce sont des parties d'un
cochon ou d'un bœuf. L'analyse chimique que nous faisons
avec notre sens du goût est plus délicate que l'analyse optique
réalisée avec le microscope.

Et cette simple remarque nous met immédiatement en
garde contre une tendance générale et instinctive, à considérer
les différences morphologiques comme plus importantes, parce
que notre sens de la vue est le plus perfectionné de tous.

Nous voyons en effet que les ressemblances morphologiques
étonnantes qui existent entre le muscle de bœuf et le muscle de
cochon n'empêchent pas de les classer dans des *espèces* différentes, et qu'au contraire, les différences morphologiques
énormes qui séparent le muscle de bœuf du foie de bœuf, n'empêchent pas de les classer dans la même espèce!

1. Voir chap. x, *Considérations chimiques sur la cellule.*

La considération du goût de la chair des animaux, outre qu'elle nous enseigne qu'il y a quelque chose de commun dans les organes les plus divers d'un bœuf ou d'un cochon, nous apprend encore qu'il y a un certain rapport entre la composition chimique et la forme spécifique. Nous savons en effet, certainement lorsque nous connaissons la forme d'un animal, forme cochon ou forme bœuf, quel sera le goût des tissus du dit animal, si nous avons déjà goûté la chair d'un de ses congénères. Autrement dit, à la classification purement morphologique que nous suggère la considération des formes, une autre classification est parallèle, et celle-là purement chimique, celle des substances caractéristiques du goût spécifique des animaux. Et ce parallélisme est absolu, c'est-à-dire que tout animal qui a la forme cochon est composé de substance cochon, et que réciproquement, la substance cochon ne peut être empruntée qu'à un animal ayant la forme cochon.

Si nous remarquons ensuite, que tout animal se construit par lui-même et provient d'un œuf qui faisait partie d'un autre animal de même espèce, nous sommes conduits à penser que la composition chimique de l'œuf, déterminant la composition chimique du corps qui en dérive, détermine en même temps sa forme; de sorte qu'avant même d'être entrés dans le domaine de la biologie analytique, nous pensons à une explication purement chimique de l'hérédité. Nous considérons la composition chimique comme un *facteur morphogène* essentiel.

*
* *

Mais nous devons aussi remarquer que, dans certains cas au moins, la production d'un squelette résistant *fixe* la forme de l'animal au point de la rendre indépendante, dans une certaine mesure, de la composition chimique, c'est-à-dire que si, cas absolument hypothétique, la composition chimique d'un être adulte changeait sous l'influence de certaines conditions, les grandes lignes de sa forme ne changeraient pas, à cause du squelette résistant qui lui sert de charpente. Mais, malgré le squelette, les détails pourraient être modifiés comme on en voit des exemples frappants dans les cas de parasitisme.

On appelle *parasites* des êtres qui vivent aux dépens de la substance d'un être différent. Les parasites peuvent pénétrer plus ou moins profondément le corps de l'être qu'ils infestent ; tantôt ils sont superficiels, tantôt ils sont au contraire absolument noyés dans les tissus de l'hôte. Indépendamment des troubles plus ou moins graves que les parasites peuvent apporter dans la physiologie de l'hôte par leur alimentation et leurs déjections, ils ont encore quelquefois un *rôle morphogène* considérable. Et cela se conçoit immédiatement, rien qu'à la lumière de l'analyse grossière de tout à l'heure, car si la composition chimique d'un corps détermine la forme de ce corps, il est tout naturel de penser que si cette composition chimique est modifiée par la présence d'un parasite, la forme pourra également être modifiée. Les parasites nous apparaissent donc comme un facteur morphogène important et il faudra en tenir compte dès le début de la Biologie. Tout le monde connaît les *galles* déterminées dans les arbres par les piqûres d'un insecte qui y dépose ses œufs. Le développement parasitaire des larves provenant de ces œufs amène l'apparition d'excroissances tout à fait singulières, et manifeste ainsi une action morphogène fort remarquable. Cette déformation peut s'étendre à toute la structure de l'hôte infesté par le parasite et se manifester en particulier en un point assez éloigné de l'endroit où est localisé le parasite. C'est ainsi que, par exemple, les hommes atteints de tuberculose pulmonaire voient souvent se grossir singulièrement les extrémités de leurs doigts (doigt hippocratique) sous l'influence lointaine du bacille de Koch localisé dans les poumons.

Mais si les parasites ont une action morphogène très remarquable, il est bien naturel, lorsque l'on constate une variation inexpliquée de la forme d'un être, que l'on cherche à expliquer cette variation par l'action d'un parasite. C'est ce qu'on a fait, par exemple, pour le cancer, pour le goitre, etc... Jusqu'à présent, malgré un grand nombre de publications retentissantes et prématurées, on doit bien avouer que le parasite spécifique de ces déformations n'a pas été trouvé. Mais cela tient peut-être à ce qu'on a cherché ce parasite dans les microbes (bactéries ou coccidies), alors qu'il est peut-être, tout simplement, *de la même espèce que l'animal infesté;* le parasite du cancer est peut-être un élément des tissus de l'homme qui, ayant subi une certaine modification, joue au sein des tissus ses frères le même rôle qu'un élément d'origine étrangère.

.·.

Quelque bizarre que puisse paraître cette hypothèse de l'*autoparasitisme* dans le cancer, elle n'est pas plus bizarre que ce que nous constatons en réalité dans le cas des organes génitaux. Sans anticiper sur l'étude que nous devons faire ultérieurement de l'origine et de la nature de ces éléments, nous pouvons, nous plaçant uniquement au point de vue morphologique et spécifique, remarquer les curieuses choses suivantes : D'abord, dans la plupart des espèces, dans toutes les espèces supérieures au moins, nous trouvons deux formes spécifiques nettement distinctes en général, la forme mâle et la forme femelle[1]. L'homme diffère de la femme, le coq de la poule, etc...

1. Il y a même, dans beaucoup d'espèces, plus de deux formes spécifiques; nous aurons à étudier en détail cette question à propos de la sexualité.

et cependant l'homme et la femme, le coq et la poule sont de
même espèce. Ces différences entre le mâle et la femelle sont
concomitantes de différences dans leurs éléments dits génitaux
ou sexuels. Donc, si l'on pouvait considérer comme des parasites morphogènes, ces éléments génitaux différents, on serait
immédiatement renseigné sur la cause de ce dimorphisme
spécifique si remarquable. Or, précisément, les expériences de
castration, d'ablation des glandes génitales, faites sur des
sujets assez jeunes, ont prouvé : d'une part que ces glandes
pouvaient être considérées comme de véritables parasites,
puisque leur ablation n'empêchait pas l'animal de vivre et de
vivre longtemps; d'autre part que c'était bien l'action des
parasites génitaux qui déterminait le dimorphisme sexuel,
puisque, ces parasites étant éliminés expérimentalement à un
âge assez tendre, on voyait disparaître les caractères sexuels
secondaires qui distinguent le mâle de la femelle.

Il faudra étudier plus tard la nature de ces parasites génitaux; la question de la sexualité est une des plus délicates de
la Biologie générale; mais la simple constatation du rôle morphogène des éléments sexuels et la connaissance des expériences
qui montrent qu'on peut les considérer comme des parasites,
prouvent combien doit tenir de place, dans toute la Biologie,
l'étude de l'infection parasitaire que l'on relègue quelquefois
au second plan.

En résumé, de ces quelques considérations générales qui
s'imposaient à nous avant que nous pussions aborder avec fruit
l'étude méthodique de la Biologie, nous devons retenir certaines acquisitions importantes :

1° L'espèce, en biologie comme en chimie, doit être définie :
l'ensemble des êtres qui ne présentent que des différences

quantitatives; c'est l'identité qualitative seule qui peut limiter un groupe non conventionnel.

2° Si l'on définissait les êtres par une description minutieuse de leur structure morphologique, la définition serait parallèle à celle que l'on obtiendrait en faisant une description complète de leur composition chimique (et même probablement, de la composition chimique d'une partie quelconque de leur corps [1]). Autrement dit, puisque l'être se développe lui-même à partir d'un œuf emprunté à un être de même espèce, la composition chimique des êtres est le facteur morphogène par excellence, et ceci fait prévoir une théorie chimique de l'hérédité.

3° L'animal une fois constitué, le squelette, s'il est suffisamment résistant, peut intervenir de manière à empêcher la forme générale de varier avec la composition chimique; il fixe la forme dans de certaines limites et c'est un point essentiel qu'il ne faudra jamais oublier dans tous les raisonnements morphogéniques.

4° Si la forme spécifique est dominée par la composition chimique, il est naturel que l'adjonction, au corps, d'un être de composition chimique différente, modifie plus ou moins la forme de ce corps. C'est la constatation du rôle morphogène des parasites; ce rôle morphogène peut être très considérable comme le prouvent les *galles* végétales.

5° Les plus intéressants des parasites, au point de vue de la morphologie générale, sont les éléments génitaux des êtres vivants; ces parasites ont ceci de particulier qu'ils sont de l'espèce même de l'être qu'ils infestent; c'est donc un cas d'*autoparasitisme* dont nous aurons à étudier les conditions;

---

1. Cette question est la plus importante de toute la Biologie; nous ne la considérons pas comme résolue par les quelques considérations exposées précédemment, mais seulement comme posée. Elle se résoudra lumineusement par la méthode de la navette.

. et il est possible que cette étude nous renseigne sur la nature d'autres déformations remarquables du corps humain, comme le cancer et le goitre.

Ces acquisitions faites, et nous verrons qu'elles étaient nécessaires, je vais exposer brièvement l'enchaînement logique des raisonnements déductifs qui permettent de concevoir l'harmonie des phénomènes biologiques.

CHAPITRE II

BIOLOGIE GÉNÉRALE DE L'ÊTRE

Appliquons immédiatement la méthode de la navette. Nous commençons naturellement par chercher le point de départ. Il y a des êtres pluricellulaires et des êtres unicellulaires; les seconds sont formés d'un assemblage de parties dont chacune ressemble à l'un des premiers. Étudions donc d'abord les premiers.

Le problème consiste dans la recherche de tout ce qu'il y a de commun aux êtres unicellulaires ou monoplastidaires, ce quelque chose de commun devant être précisément *la vie* des êtres unicellulaires. J'ai fait en détail cette étude dans la *Théorie nouvelle de la vie.* Je me contente d'en signaler ici les étapes principales.

De la structure microscopique des êtres unicellulaires il est impossible, au moins de prime abord, de tirer un caractère général. D'ailleurs cette structure, en ce qu'elle a d'optiquement constatable, ne semble pas modifiée quand on tue ces êtres unicellulaires au moyen de réactifs fixateurs convenables.

Le mouvement n'est pas général; il y a des espèces unicellulaires immobiles; mais chez les espèces où il existe, *il n'est pas spontané*; il résulte de réactions chimiques entre la substance des êtres et celle du milieu ; il est facile, expérimentalement, de modifier ces réactions chimiques en supprimant ou ajoutant un facteur (substance chimique ou agent physique déterminant des activités chimiques), et les mouvements sont modifiés parallèlement.

Les phénomènes d'*addition* (ingestion de substances étrangères) ne sont pas généraux et s'expliquent par des actions physiques et chimiques (tension superficielle en particulier).

Une étude approfondie des êtres unicellulaires ou monoplastidaires montre que le seul phénomène vraiment commun à tous ces êtres vivants et vraiment caractéristique de ces êtres vivants puisqu'il manque, non seulement aux corps bruts, mais même aux cadavres d'êtres unicellulaires, *c'est la multiplication.*

La multiplication est un phénomène d'ensemble qui consiste en ceci : un plastide étant placé dans un milieu convenable *où ses substances constitutives sont l'objet de réactions chimiques*, ce plastide est remplacé au bout de quelque temps, par plusieurs plastides *identiques* à lui-même comme constitution et comme propriétés. Il y a dans ce phénomène d'ensemble plusieurs particularités séparées ; d'abord, *phénomène chimique pur*, il y a *assimilation*, c'est-à-dire augmentation de la quantité des substances chimiques du plastide par l'effet d'une certaine réaction chimique ; ensuite, *phénomène morphologique* qui est la dépendance du premier, cette quantité nouvelle de substances chimiques, au lieu d'affecter une distribution quelconque, se répartit en plusieurs masses distinctes exactement composées comme le plastide initial.

Ces deux phénomènes *sont inséparables*, et l'on ne peut les étudier séparément que par un artifice qui consiste à *négliger*, de parti pris, les manifestations morphologiques en étudiant les manifestations purement chimiques, l'augmentation quantitative de toutes les substances d'un plastide donné, sous l'influence de réactions données.

Mais je fais immédiatement remarquer que ce qu'il y a de vraiment caractéristique des plastides par rapport aux corps bruts, c'est le phénomène chimique et non le phénomène morphologique; la cristallisation nous montre en effet des corps bruts prenant une forme tout à fait déterminée dans des conditions données et quelquefois au moment même de leur formation; jamais la chimie des corps non vivants ne nous montre une substance *s'accroissant* sans changer de composition, par une réaction chimique à laquelle elle participe; l'*assimilation* ne se manifeste que chez les plastides.

J'insiste sur cette question pour donner plus de précision à une définition primordiale qui n'a pas été bien comprise, celle de la *vie élémentaire*.

J'appelle *vie élémentaire* la propriété *chimique* commune à tous les plastides; cette propriété consiste en ce que, pour chaque espèce de plastide, il existe un ou plusieurs milieux chimiquement définis et tels que, dans ces milieux, les substances du plastide réagissent chimiquement en *s'assimilant* les éléments des milieux. On dit alors que, dans ces milieux, le plastide est à l'état de *vie élémentaire manifestée*. Ainsi donc, la vie élémentaire est une propriété chimique, la vie élémentaire manifestée est une réaction chimique. Il y a bien des phénomènes morphologiques qui accompagnent ces manifestations chimiques et qui en sont même quelquefois une condition indispensable, mais ces phénomènes morphologiques sont particuliers à chaque espèce au lieu d'être communs à toutes.

Au début de mes études biologiques, j'avais surtout le désir de m'élever contre la confusion regrettable que l'on commet en appelant du même nom les phénomènes simples et les phénomènes complexes. J'ai donc dit, dans une première approximation, que les êtres unicellulaires possédaient seulement la *vie élémentaire* tandis que les êtres pluricellulaires étaient doués de *vie*; aucune confusion n'aurait dû résulter de cela puisque je spécifiais, chaque fois, que la *vie élémentaire* est une propriété exclusivement chimique. Je considérais comme faisant partie des *conditions de la vie élémentaire manifestée* tout ce qui, chez un être unicellulaire, était concomitant à l'assimilation. Tels sont, par exemple, chez l'*amibe*, l'ingestion de substances étrangères, l'osmose périphérique, les échanges entre le protoplasme et le noyau, en un mot, tous les phénomènes physiques ou morphologiques. On a trouvé que ces phénomènes, n'étant pas essentiellement différents des phénomènes analogues chez les êtres supérieurs (ingestion, absorption, circulation), il était illégitime de ne pas les considérer comme constituant des phénomènes de vie proprement dite. Il y a là une question de précision dans le langage, et je compte y revenir un peu plus tard, quand la méthode de la navette nous aura instruits sur la nature même des phénomènes qui accompagnent la vie élémentaire manifestée. Qu'il me suffise, pour le moment, de spécifier que la *vie élémentaire* est une propriété purement chimique; on pourrait dire que l'étude de la vie élémentaire constitue la *Biologie amorphe*.

Pour être capables de réagir en *assimilant* dans certaines conditions, les êtres unicellulaires n'en sont pas moins susceptibles, dans des conditions différentes, de réagir comme les corps ordinaires de la chimie, en se détruisant en tant que composés chimiques définis. Il y a même beaucoup plus de cas dans lesquels ce dernier mode de réaction se produit, l'assimilation pouvant être considérée comme une réaction exceptionnelle. J'ai donné le nom de *condition n° 1* à tout ensemble de circonstances dans lesquelles un plastide donné assimile; j'ai appelé *condition n° 2* tous les autres cas d'activité chimique, cas beaucoup plus nombreux et dans lesquels il y a destruction de substance plastique.

Enfin, j'ai appelé *condition n° 3*, le repos chimique absolu des plastides; ce repos chimique est-il jamais réalisé d'une manière complète, c'est bien difficile à affirmer; le plus souvent le prétendu repos chimique est un cas de destruction très lente.

La condition n° 1 est, sans contredit, la plus intéressante de toutes, puisqu'elle donne la manifestation vraiment vitale; la condition n° 2 réalise la *mort élémentaire* ou destruction des plastides. Mais, si elle ne se prolonge pas assez longtemps, cette condition n° 2, réalisant la *destruction partielle* de l'être uni-cellulaire, produit seulement une *variation* dans les propriétés de cet être.

Nous ne savons encore rien de la structure chimique des cellules; nous ne savons pas comment se manifestera, dans un être uni-cellulaire, cette destruction partielle entraînant la variation, mais comme chaque cellule nous paraît un ensemble complexe et non une masse homogène, nous devons penser que cette destruction partielle n'atteindra pas, suivant les cas, toutes les parties de la cellule avec la même intensité et déterminera par conséquent une variation dans la quantité *relative* de ces parties. La condition n° 2 produira donc, quand elle n'ira pas jusqu'à la mort élémentaire, une *variation quantitative* de la cellule. Or, notre définition de l'espèce nous a amenés à concevoir comme différant *quantitativement*, les diverses cellules d'une même espèce. Tout en restant dans le vague, nous pouvons toujours supposer que nous avons défini chaque cellule d'une espèce par des *coefficients quantitatifs* en nombre suffisant. Chaque cellule de l'espèce aura donc un signalement complet donné par ses coefficients quantitatifs, et toutes les propriétés personnelles de cette cellule seront représentées par cette liste de coefficients. Nous devons donc penser que la destruction partielle d'une cellule par la condition n° 2, modifiera une partie au moins de ses coefficients quantitatifs, et cela·nous permet un langage suffisamment précis, sans que nous sachions, dans l'état actuel de nos connaissances, sur quelles parties de la cellule portent ces mesures quantitatives qui permettent de définir une cellule et de la différencier d'avec toutes les autres. Nous ne savons pas si ce qui est important, à tel ou tel point de vue, dans une cellule, c'est le rapport quantitatif de ce que nous appelons les éléments figurés (cytoplasme, noyau, etc.) ou au contraire le rapport quantitatif d'éléments non figurés entrant dans la constitution du cytoplasme, du noyau, etc. La méthode de la navette nous apprendra tout cela en temps opportun. Mais *sans rien préciser* de ce que représentent nos coefficients quantitatifs, cette notion de leur variation á la condition n° 2 est néanmoins déjà très utile. J'ai montré tout le parti que l'on peut en tirer, en étudiant les variations de virulence de la bactéridie charbonneuse [1]; une notion très importante qui se dégage de cette étude est que les variations quantitatives résultant de la condition n° 2 *sont héréditaires*, c'est-à-dire que si une destruction partielle, à la condition n° 2, détermine une variation quantitative d'une cellule, cette cellule, transportée ensuite à la condition n° 1, se multiplie *avec ses nouveaux caractères quantitatifs*, jusqu'à ce qu'une nouvelle condition n° 2 intervienne. C'est ainsi que M. Pasteur ayant obtenu le vaccin charbonneux par une variation quantitative dans certaines conditions, a pu conserver indéfiniment cette variété de bacille dans des cultures convenables.

Pour la bactéridie charbonneuse, dans laquelle l'observation microscopique ne décèle aucune hétérogénéité remarquable, la question ne se pose pas de savoir si la variation quantitative correspondant à l'atténuation de virulence s'exerce entre les coefficients des éléments figurés ou entre les coefficients de

---

1. La *Bactéridie charbonneuse, assimilation, variation, sélection* (*Encycl. des aide-mémoire Léauté*).

substances chimiques non figurées. Mais pour les protozoaires, les amibes et les infusoires par exemple, on peut se poser une question analogue. Non pas qu'il y ait, chez ces êtres, une propriété chimique comparable à la virulence, mais nous pouvons nous demander si une variation expérimentale dans la structure *morphologique* d'un protozoaire, crée une variété nouvelle ayant un certain intérêt.

C'est ce qu'étudient, quoique non instituées dans ce but, les expériences de *mérotomie*. Si, d'un coup de lancette, on détache d'un protozoaire un morceau de cytoplasme par exemple, il reste une cellule ayant des proportions nouvelles de cytoplasme et de noyau, en ce sens qu'il y a moins de cytoplasme par rapport à la substance nucléaire. Cette nouvelle cellule est-elle le point de départ d'une *variété* nouvelle, ou doit-on au contraire la considérer comme une sorte de *bouture* ayant la propriété de reproduire identiquement l'être d'où elle provient par mutilation; nous ne connaissons pas, malheureusement, de réactif aussi sensible que la virulence, pour les protozoaires et c'est encore la méthode de la navette qui répondra à cette question; cependant, les expériences de mérotomie ont une conclusion immédiate de haute importance. Je me contente de signaler cette conclusion que j'ai démontrée ailleurs [1] avec détail : Il y a un rapport déterminé entre la composition chimique des plastides et la forme d'équilibre de leur vie élémentaire manifestée.

.·.

Voilà déjà un certain nombre d'acquisitions importantes; je vais les récapituler, car elles vont être le point de départ de notre première série de déductions vers les êtres supérieurs pluricellulaires.

1. *Théorie nouvelle de la vie*, chap. xii.

1° La seule propriété qui, dans une première approxima-
ion, nous permette de caractériser les êtres unicellulaires
vivants par rapport aux corps bruts est la propriété de multiplication *à la condition n° 1*. Dans cette propriété de multiplication, il y a à distinguer, d'abord, une propriété d'ordre
chimique, la *vie élémentaire*, qui se manifeste par l'*assimilation* à la condition n° 1 et une manifestation morphologique con-
comitante, savoir : la division en plastides identiques au premier.

2° Dans toute condition d'activité chimique autre que la condition n° 1, les plastides se comportent comme des corps bruts
et leurs substances se détruisent en tant que composés chimiques
définis. Si cette destruction *à la condition n° 2* se prolonge
assez longtemps, elle conduit à la *mort élémentaire* du plastide;
si au contraire elle s'arrête à temps, elle détermine seulement
une *variation quantitative* que nous pouvons représenter par
des changements des coefficients numériques, quoique nous ne
sachions pas encore à quels éléments constitutifs de la cellule se
rapportent ces coefficients.

Cette variation quantitative est héréditaire, c'est-à-dire que
le nouveau plastide ainsi obtenu, se multipliera à la condition
n° 1 en conservant ses nouvelles caractéristiques, autrement
dit qu'il donnera naissance à de nombreux plastides ayant tous
ses nouveaux coefficients quantitatifs; et ceci, jusqu'à ce qu'intervienne une nouvelle variation, une nouvelle condition n° 2.

On conçoit ainsi qu'une série alternative de conditions n° 1 et
et de conditions n° 2 (et, dans la nature, il arrive souvent que
ces deux conditions se superposent) donnera une multiplication
de plastides avec des variations quantitatives aussi nombreuses
qu'on voudra le supposer.

3° Enfin, la chimie d'une espèce unicellulaire domine sa
morphologie, à la condition de vie élémentaire manifestée.

Voilà ce qui doit nous servir de point de départ dans l'étude
des êtres supérieurs.

*
**

L'être supérieur pluricellulaire procède d'un œuf, c'est-à-dire d'un corps qui, au point de vue morphologique et à bien d'autres égards encore, ressemble à un être unicellulaire. Cet œuf jouit en particulier de la propriété de multiplication à la condition n° 1, mais bien des phénomènes accessoires empêchent cette multiplication de se manifester comme chez les monoplastides isolés. D'abord, on ne constate pas toujours, au début, on constate même fort rarement, une augmentation de volume de l'œuf, parce que, à côté de ses substances plastiques ou vivantes, l'œuf contient des substances alimentaires mortes, appelées *réserves*, et aux dépens desquelles se produit l'assimilation dans les substances vivantes; de sorte que le résultat de cette assimilation peut très bien ne pas se manifester par un accroissement du volume total de l'œuf. Il y a donc déjà une part d'hypothèse dans le fait que nous considérons l'œuf comme se comportant, au point de vue chimique, de la même manière qu'un monoplastide isolé; nous n'avons aucun moyen direct de le vérifier.

Et nous voyons déjà combien il sera indispensable, dans toute la biologie, de bien distinguer ce qui, dans une cellule, est substance vivante ou plastique de ce qui, dans la même cellule, est substance alimentaire ou squelettique. Tout ce que nous avons dit des monoplastides isolés est vrai de leurs substances plastiques ou vivantes; elles seules sont *actives* dans tous les phénomènes que nous avons étudiés.

Deuxième complication; les cellules successives qui résultent de la multiplication de l'œuf, au lieu de se dissocier comme chez les monoplastides, restent agglomérées par un ciment spécial et forment ainsi des masses plus ou moins compactes. De cette particularité il résulte d'abord qu'il nous est impossible

le vérifier que ces diverses cellules ont toutes les mêmes propriétés; de plus, des cellules agglomérées d'une manière étroite
ne peuvent pas prendre la forme qu'auraient des cellules libres,
de sorte que le phénomène morphologique qui accompagnait
l'assimilation chez les êtres unicellulaires isolés, savoir : la formation de cellules toutes de même apparence que la première.
ne se manifeste pas dans la segmentation de l'œuf. Enfin, par
suite de leurs situations diverses par rapport au milieu, cellules
plus profondes ou cellules plus superficielles, la condition n° 1
peut ne pas être toujours réalisée pour les divers éléments de
l'association; il y a alternatives d'assimilation et de destruction,
et ces alternatives ne sont pas les mêmes pour toutes les cellules, de sorte que les variations quantitatives qui en résultent
peuvent être spéciales à chaque plastide. De là une hétérogénéité extrême que peut encore accroître l'occurrence de divisions *inégales* chez certaines cellules placées d'une manière non
symétrique dans l'association [1].

En résumé, devant la complexité extrême des phénomènes
du développement de l'œuf, notre analyse menace de rester
tout à fait incomplète. Nous y suppléons par une hypothèse que
les déductions vérifieront, savoir que, malgré toutes les complications qui résultent de la formation d'une agglomération, tous
les phénomènes qui se passent dans les cellules sont (sauf la
particularité même de l'agglutination de ces cellules entre elles),
de même ordre que ceux dont nous avons pu faire l'analyse
complète chez les êtres unicellulaires libres.

Et l'on peut se dire que cette hypothèse est bien hasardée
lorsque l'on constate, chez un homme par exemple, les différences extrêmes qui séparent les éléments des divers tissus; un
élément musculaire paraît aussi différent d'un élément nerveux
qu'une *amibe* l'est d'une *vorticelle*. Et néanmoins, cette hypo-

1. Voir *Théorie nouvelle de la vie,* op. cit., chap. xviii.

thèse que je fais ici explicitement, parce que j'espère arriver, au cours des déductions ultérieures, à montrer son bien fondé, on la fait implicitement sans s'en douter en disant que l'homme est composé de cellules et que le protozoaire est une cellule, car on a l'habitude de raisonner, en biologie, sur les choses qui portent le même nom comme si ces choses étaient comparables.

Partons donc de l'œuf comme d'une cellule qui jouit de toutes les propriétés communes aux êtres unicellulaires, et en outre, de celle de donner lieu à une agglomération d'éléments agglutinés. J'ai suivi, dans la *Théorie nouvelle de la vie*, les phénomènes les plus généraux du développement qui a l'œuf comme point de départ. Ce développement conduit à une accumulation de cellules appelées *éléments histologiques* et constituant un être supérieur doué de *vie*, dans lequel les éléments histologiques passent par des alternatives de repos fonctionnel (condition n° 2) et de fonctionnement (condition n° 1). Le résultat d'ensemble de ces alternatives de fonctionnement et de repos cellulaires est précisément ce qu'on appelle la *vie* de l'être supérieur considéré. Or, les éléments en question baignent dans un milieu très limité, le *milieu intérieur* de l'être. C'est dans ce milieu qu'ils puisent leurs aliments et déversent leurs excréments. Pour donc que les éléments histologiques ne soient pas tous condamnés à la mort élémentaire, *il faut* que le *milieu intérieur* soit constamment renouvelé — débarrassé des substances excrémentitielles et fourni de substances alimentaires; — et, en cherchant bien, on constate dans une première approximation, que ce renouvellement du milieu intérieur est précisément la seule chose commune à *tous* les êtres pluricellulaires doués de vie; c'est donc, par définition, la *vie* elle-même. Mais ce renouvellement du milieu intérieur résulte d'une disposition spéciale des éléments histologiques, disposition spéciale qui seule permet le renouvellement et le détermine fatalement, dans un milieu convenable; c'est ce qu'on appelle la coordination; et l'on peut donner de la vie deux définitions différentes suivant que l'on considère la *vie propriété* ou la *vie phénomène*. La *vie propriété* c'est la coordination; la *vie phénomène*, c'est le renouvellement du milieu intérieur résultant de l'activité des éléments coordonnés.

Ce qu'il y a de plus remarquable, ce qui fait que la *vie phénomène* continue assez longtemps, c'est que précisément, en vertu de la loi d'*assimilation fonctionnelle* [1], la vie phénomène *entretient* la vie propriété, consolide la coordination au lieu de la détruire; les organes se développent par le fonctionnement.

La loi d'assimilation fonctionnelle est la plus importante acquisition de notre méthode déductive dans cette première approximation. Elle se vérifie dans tous les exemples de la physiologie et cela donne une première preuve indirecte de la solidité de nos prémisses, puisque ces prémisses nous ont conduit rapidement à la découverte d'une loi ignorée, tellement ignorée même que la loi opposée de la destruction fonctionnelle est encore enseignée partout.

Une série de considérations très simples conduit de même à la découverte de lois bien connues, l'existence d'un état adulte, le balancement organique, la corrélation, la fatalité de la vieillesse des êtres supérieurs, et donne, en même temps, de ces lois, une interprétation fort élémentaire.

*
* *

La notion de la *vie* conduit naturellement à celle de la *mort* qui, suivant les définitions admises de tout temps, est la *cessation* ou la *fin* de la vie. La mort est donc, suivant la définition de la vie que l'on aura adoptée (vie propriété ou vie phéno-

---

1. *Théorie de la vie*, op. cit., chap. XXI.

mène) la destruction de la coordination ou la cessation du renouvellement du milieu intérieur, et il est évident que ces deux définitions sont équivalentes, car la destruction de la coordination entraîne naturellement l'arrêt du renouvellement dont la coordination est la condition indispensable ; de même, l'arrêt du renouvellement entraîne la destruction de la coordination, puisque la coordination n'est réalisée que grâce à la vie élémentaire des éléments histologiques et que cette vie élémentaire disparaît quand le renouvellement reste *longtemps* suspendu.

Je souligne *longtemps*, parce que, de ce qui précède, il appert immédiatement que la mort peut être un phénomène momentané. La destruction de la coordination est réparable dans certains cas ; de même, si l'arrêt du renouvellement du milieu intérieur ne dure pas trop longtemps, les phénomènes destructifs qui en résultent peuvent ne pas être assez considérables et ne pas entraîner la disparition de la coordination, qui sera bientôt rétablie dans son ensemble par l'assimilation fonctionnelle. On donne le nom de *syncope* à la mort qui n'est pas définitive [1].

.·.

Nous nous sommes contentés, dans cette première série de déductions, d'établir un lien très grossier entre les êtres unicellulaires et les êtres supérieurs, en constatant que ces derniers se forment, avec une simple cellule pour origine, d'une accumulation de plus en plus compacte d'éléments histologiques tous comparables à de simples cellules. Cette accumulation, intervenant dans les conditions d'activité des diverses cellules agglomérées détermine des alternatives d'assimilation et de destruction d'où résultent des variations quantitatives, et cela suffit à expliquer

---

1. Voir *L'opération de la mort* (*Rev. Encyclopédique*), novembre 1900.

les différences que l'on constate chez un adulte entre les cellules parentes telles que l'élément musculaire, l'élément nerveux, l'élément épithélial.

Nous aurons à comprendre, dans une seconde série de déductions, comment il se fait que cette accumulation de cellules soit précisément douée de la *coordination* qui constitue la vie, mais nous devons, d'ores et déjà, considérer, sinon comme démontrées, du moins comme vraisemblables, les prémisses hypothétiques desquelles nous sommes partis. Nous pouvons donc, dès maintenant, avant de faire faire à notre navette le chemin inverse du chemin parcouru, observer directement les animaux supérieurs et constater chez eux des particularités que notre première série de déductions n'avait pas fait prévoir; cela nous amènera peut-être à découvrir chez les êtres unicellulaires des propriétés qui nous avaient échappé jusqu'ici.

*
* *

Une des observations les plus frappantes, et qui se fait naturellement avant toutes les autres, est celle de la *forme spécifique* des animaux supérieurs. Deux œufs de même espèce, deux œufs de grenouille, par exemple, nous conduisent à des adultes de même forme, malgré les conditions très différentes de leur développement; autrement dit, si la description chimique de deux œufs fait classer ces deux œufs dans une même espèce, la description morphologique des deux êtres qui proviendront de ces deux œufs fera également classer ces deux êtres dans une même espèce. Ceci s'expliquera ultérieurement quand nous entrerons dans le domaine de l'Hérédité, mais la simple constatation du fait précédent nous amène déjà à prévoir confusément que, chez les êtres pluricellulaires comme chez les monoplastides isolés, la composition chimique domine la morphologie. Je le répète, cela est encore fort confus dans notre connaissance, car nous serions bien embarrassés, pour le moment, de dire ce que c'est que la composition chimique d'un corps d'apparence aussi hétérogène qu'une grenouille, qui contient des muscles, des nerfs, des os, etc.... Mais cela nous amène néanmoins à entreprendre des expériences pour vérifier l'existence de ce rapport. Si nous pouvons détruire partiellement cette forme spécifique *sans tuer l'animal*, qu'arrivera-t-il de cette mutilation! Les phénomènes diffèrent suivant les espèces animales. Chez les unes, par exemple chez les étoiles de mer, les planaires, les hydres, les lézards, les tritons, etc..., il y aura au bout d'un certain temps récupération de la forme spécifique totale; l'étoile de mer régénère son bras coupé, le lézard sa queue, le triton sa patte. Chez d'autres espèces au contraire, chez les poissons, les grenouilles, les mammifères, etc., il y a seulement cicatrisation de la blessure sans qu'il y ait régénération du membre coupé. Un homme à qui l'on coupe un bras devient manchot. Faut-il conclure de là que la propriété à laquelle est due la régénération dans les animaux du premier groupe n'existe pas chez les animaux du second groupe? Cela serait d'autant plus étrange que la grenouille, par exemple, qui ne régénère pas sa patte, est voisine du triton, qui la régénère. Il me semble plus logique de croire que cette propriété est générale, mais que des conditions accessoires font qu'elle ne se manifeste pas de la même manière dans tous les cas. Ces conditions accessoires, nous les trouvons immédiatement dans le rôle joué par le squelette, rôle très variable avec les espèces.

Chez les tritons, les lézards, etc., nous sommes forcés de croire que la forme spécifique est une forme *fatale* pour un animal en train de vivre; chez les animaux sans régénération, nous devons penser qu'il en est de même, mais que le squelette, étayant les parties molles, permet à plusieurs formes d'équilibre différentes de se réaliser. Néanmoins, il ne faut pas nous dissimuler que nous faisons une hypothèse en raisonnant pour toutes les espèces comme si elles étaient douées de la propriété de régénération que nous constatons chez quelques-unes d'entre elles. Cette hypothèse se justifiera ultérieurement.

Nous admettons donc, pour le moment que, tant que la vie existe, la forme spécifique, sauf intervention d'un squelette résistant, reste fatale. Or, tant que la vie existe, il y a, par définition, renouvellement du milieu intérieur, c'est-à-dire que cet état de choses est réalisé, dans lequel la vie élémentaire des tissus se conserve. Mais la conservation de la vie élémentaire des tissus revient à la conservation de leur composition chimique, et notre conclusion prend, de cette dernière remarque, une force bien plus considérable : *Il y a un rapport entre la composition chimique et la forme spécifique.*

Chez les êtres unicellulaires, nous avons observé des phénomènes tout à fait analogues. Si l'on mutile un protozoaire d'un coup de lancette, toute partie de l'animal conservant un morceau de noyau jouit de la propriété de n'être pas atteint par la mort élémentaire, c'est-à-dire, comme je l'ai démontré directement par des réactifs colorants [1], de ne pas perdre sa composition chimique. Or, il se présente chez les protozoaires exactement les deux mêmes cas que chez les métazoaires. *Presque toujours,* l'animal mutilé qui n'est pas atteint par la mort élémentaire récupère sa forme spécifique, mais, dans un cas, chez les *Paramécies* étudiées par M. Balbiani, il y a cicatrisation sans régénération. Quoique ce dernier cas soit unique jusqu'à présent, il suffit à rendre plus complet le parallélisme entre les protozoaires et les métazoaires au point de vue de la réparation des mutilations, et il va nous permettre de tirer de l'étude des métazoaires une conclusion bien inattendue visant les protozoaires.

Chez les métazoaires, la conservation de la vie, entraînant la conservation de la composition chimique générale du corps,

1. Voir *Théorie nouvelle de la vie,* op. cit., chap. xii.

consiste dans la conservation de la coordination qui permet et assure le renouvellement du milieu intérieur. Nous avons donc le droit de conclure, par analogie, que, chez les protozoaires, la conservation du noyau, nécessaire à la conservation de la composition chimique générale, réalise également la conservation d'une coordination assurant la vie élémentaire manifestée. Et ceci n'est pas sans importance car, dans notre ignorance de la structure chimique des substances, nous pouvions interpréter de deux manières les résultats des expériences de mérotomie. De ce que le noyau est nécessaire à la conservation de la vie élémentaire manifestée, nous pouvions déduire soit, que le noyau, substance chimique différente du protoplasma, devait lui être accolé pour que les réactions de l'assimilation fussent possibles, et alors, l'absence de noyau revenait à l'absence d'un élément chimique essentiel dans une réaction chimique ; soit que le noyau, ensemble de substances plastiques à un état particulier, constituait, dans le protoplasma, un mécanisme assurant une sorte de circulation alimentaire et excrémentitielle, circulation grâce à laquelle étaient possibles les réactions d'où résulte l'assimilation.

L'étude des êtres unicellulaires seuls semblait devoir faire pencher vers la première interprétation ; au contraire, l'étude des êtres pluricellulaires nous force à peu près d'accepter la seconde, ce qui est très remarquable, car cette conception du rôle du noyau nous fait faire un premier pas dans la notion de l'UNITÉ de composition d'une cellule d'apparence hétérogène. Le noyau serait une sorte de tissu, différant, seulement comme tissu, du protoplasma ambiant, et l'on concevrait ainsi l'inutilité de la recherche des Monères de Hæckel. L'étude de l'hérédité nous confirmera dans cette conception, mais nous voyons déjà naître confusément cette idée de l'*unité* de l'être vivant, unité provenant d'une particularité chimique commune à tous les tissus du métazoaire malgré leurs dissemblances morphologiques, unité encore plus profonde dans l'intérieur même de la cellule !

Nous prévoyons déjà combien pourra être féconde cette méthode de raisonnement qui nous fait passer sans cesse des métazoaires aux protozoaires et réciproquement. La Biologie, elle-même, est *une*, et un phénomène observé en un point quelconque de son vaste domaine peut apporter des lumières inattendues à l'exploration des parties les plus éloignées de ce point.

Avant d'entreprendre une nouvelle série plus serrée de déductions, établissant un lien plus étroit entre les animaux unicellulaires et les animaux pluricellulaires, nous avons encore une remarque importante à tirer des considérations précédentes sur le rapport confusément entrevu entre la forme des êtres et leur composition chimique. La composition chimique étant quelque chose de commun à tout l'organisme malgré son hétérogénéité apparente, nous ne pouvons pas concevoir qu'il se produise dans l'animal une variation *locale*, par exemple, qu'un organe se modifie sans que l'ensemble de l'animal soit modifié. Et ceci sera à retenir pour l'étude de l'hérédité des caractères acquis.

De même, lorsqu'au cours du développement individuel, il se produit des *métamorphoses*, c'est-à-dire des transformations réalisées avec *destruction* de certaines parties préexistantes, nous ne pourrons jamais songer à attribuer ces métamorphoses à des causes locales, même si leurs manifestations paraissent plus particulièrement localisées en certaines régions de l'organisme. Par exemple, la métamorphose d'une chenille en papillon, métamorphose dans laquelle l'armature buccale broyeuse se transforme en armature buccale suceuse, ne sera pas un phénomène plus général à l'organisme que la métamorphose du ver blanc en hanneton, métamorphose dans laquelle l'armature buccale semble cependant respectée. Dans les deux cas, des causes *générales* de transformation agiront, mais dans le premier, ces causes générales modifieront la forme de la bouche qu'elles respecteront dans le second. Nous sommes déjà en garde contre les interprétations des métamorphoses qui auraient une forme locale. Et nous pouvons prévoir, chose curieuse, une particularité qui a semblé étonnante dans le mécanisme de ces métamorphoses :

Dans un insecte, comme dans un homme, il y a des tissus fixes ou de *construction* et des éléments migrateurs. Il est bien certain que lorsqu'une cause générale *quelle qu'elle soit*, détermine une métamorphose, localisée ou étendue, ce sont les tissus de *construction* des parties détruites qui doivent être atteints dans leur vitalité. Quant aux éléments migrateurs, ils ne sont liés aucunement à la forme générale du corps et par conséquent, ne sauraient souffrir directement de la modification de cette forme[1]. On peut donc prévoir qu'ils se nourriront des débris des tissus de construction condamnés à la mort élémentaire; et l'on a constaté en effet une phagocytose intense dans les métamorphoses. Mais toutes les considérations précédentes nous amèneront à rejeter immédiatement les interprétations dans lesquelles on considère la métamorphose comme résultant de l'activité d'un agent spécial, qui exciterait les phagocytes à manger les tissus de construction de certains organes condamnés; la phagocytose, dans les métamorphoses, est la résultante et non la cause d'un phénomène qui est général et non local.

---

1. Si, pour modifier l'architecture d'une maison on doit détruire certains appartements de cette maison, ce seront naturellement les murs, les cloisons de ces appartements qui seront détruits; mais s'il y a des mouches ou des puces dans la maison, elles ne seront pas directement intéressées par la modification de l'architecture.

CHAPITRE III

BIOLOGIE GÉNÉRALE DE LA REPRODUCTION

Après avoir étudié la Biologie générale de l'être, il faudrait étudier celle de l'espèce; mais il suffit d'observer un instant la nature pour apprendre que les nombreux individus qui composent actuellement les espèces, proviennent d'autres individus antérieurs par le phénomène de la reproduction. L'étude de la reproduction constitue donc la transition normale entre la Biologie de l'être et celle de l'espèce.

Tout le monde a observé des cas de reproduction dans le règne animal et dans le règne végétal. Il suffit d'avoir fait un peu de jardinage pour savoir que beaucoup de plantes se multiplient par *boutures*. Pour reproduire les pommes de terre en particulier, on coupe certains morceaux de la plante, les tubercules, et on les enfouit; et c'est comme cela que les pommes de terre se conservent depuis qu'elles ont été adoptées en Europe pour la consommation.

Chez les animaux, et surtout chez les animaux inférieurs, on constate des phénomènes qui correspondent exactement au bouturage des végétaux. Nous avons déjà vu qu'il suffit de couper une hydre en plusieurs morceaux, pour que chaque morceau redonne une hydre complète, et nous savons que ce phénomène de *régénération* s'est manifesté à nous comme une conséquence de la propriété générale chez les êtres vivants, de l'existence d'un rapport entre la forme spécifique et la composition chimique.

Un mode de reproduction analogue à celui du bouturage est celui de la multiplication au moyen de cellules spéciales, chacune de ces cellules, spore ou œuf parthénogénétique, représente une bouture réduite à son minimum de volume et jouissant néanmoins de la faculté de se développer dans un milieu approprié. Il est bien certain que l'explication du bouturage sera donc appropriée également à la multiplication par spores.

Il se présente une autre complication dans la reproduction normale des animaux et des plantes en général, dans la reproduction par *œufs fécondés* ou par *graines*; c'est que, dans ce mode de reproduction, la cellule unique qui est le point de départ de l'animal ou de la plantule provient de la fusion de *deux* cellules dont chacune était, pour son compte, incapable de développement. La formation de ces deux cellules primitives et leur fusion dans l'acte de la fécondation constituent les phénomènes de *sexualité*. Mais, l'œuf fécondé qui résulte de cet acte sexuel se développe pour donner un être nouveau, d'une manière *qui ne diffère pas essentiellement* de celle dont se développent les spores ou les œufs parthénogénétiques. Donc, pour étudier l'essence même du phénomène de la reproduction, il faut d'abord l'étudier dans les cas plus simples où il n'y a pas sexualité. Si nous comprenons comment un œuf parthénogénétique donne naissance à un puceron, nous comprendrons de même comment cela est possible pour un œuf fécondé, mais nous réserverons pour une étude ultérieure, la complication due à la sexualité.

On donne le nom d'*Hérédité* à cette particularité fondamentale qui se manifeste dans la multiplication des êtres vivants et qui fait que cette multiplication mérite le nom de reproduction. Cette particularité a, de tout temps, paru très mystérieuse et l'on a invoqué pour l'expliquer des propriétés spéciales de certaines cellules spéciales. En réalité, l'hérédité est aussi générale que la vie ; partout où il y a vie, il y a hérédité. Il est donc logique d'essayer d'expliquer l'hérédité *de la même manière que la vie*.

Nous avons commencé la biologie par l'étude des êtres unicellulaires ; nous avons ensuite été conduits à la notion d'êtres pluricellulaires, par la considération de la multiplication d'une cellule dont les bipartitions successives donnent naissance à des éléments qui restent agglomérés entre eux. Donc, puisque nous n'avons conçu les êtres supérieurs que comme agglomérations dérivant d'une simple cellule, nous n'aurons pas à nous étonner de ce qui étonne le plus dans l'hérédité, savoir : que l'homme ou le ver de terre se reproduit par une simple cellule. Un premier œuf ayant donné l'homme, il est naturel, s'il paraît dans l'homme un œuf identique au premier, que ce second œuf, dans des conditions convenables, donne à son tour un homme nouveau.

Nous aurons donc à étudier : 1° comment un œuf, simple cellule, sans aucune complication apparente de structure, donne naissance à une agglomération cellulaire aussi admirablement coordonnée qu'un animal supérieur ou un homme ; c'est le problème de *l'évolution individuelle*, et ce problème est le même, que l'œuf provienne d'une fécondation ou soit primitivement une cellule simple et complète. 2° Comment, dans cet assemblage de tissus divers qui constitue l'animal adulte, il peut se produire une ou plusieurs cellules identiques à la cellule initiale de laquelle cet animal est lui-même provenu. C'est le problème de l'hérédité ; il est plus simple à traiter dans le cas de la génération agame que dans celui de la génération sexuelle.

Au cours d'une première approximation, nous avons déjà vu grossièrement comment une simple cellule pouvait donner naissance à une agglomération complexe et nous en avors déduit certaines lois intéressantes ; il faut maintenant reprendre avec plus de soin cette histoire de l'évolution individuelle, en introduisant, pour nous guider au milieu des variations si complexes des éléments histologiques provenus de l'œuf, l'admirable principe de la sélection naturelle. Nous établirons ainsi, entre les êtres unicellulaires et les animaux supérieurs, une relation beaucoup plus étroite que la première et nous trouverons le moyen, par l'application de la méthode de la navette, de pénétrer plus profondément dans la connaissance de la nature intime des êtres vivants.

Pour tous les êtres unicellulaires que nous savons cultiver aujourd'hui, en liberté, dans des bouillons purs, nous sommes sûrs qu'il existe certaines conditions dans lesquelles la multiplication cellulaire a lieu sans aucun changement de propriétés, autrement dit que, dans ces conditions très précises, toutes les cellules dérivant d'une cellule initiale sont *rigoureusement identiques à la première*. C'est là le phénomène d'assimilation débarrassé de toute complication étrangère[1], c'est le seul que

1. Je ne considère pas comme une complication étrangère le phénomène morphologique de division cellulaire qui accompagne toujours l'assimilation, mais laisse intact ce phénomène en tant que phénomène chimique. Je veux parler seulement des complications qui sont susceptibles de masquer la vraie nature chimique de l'assimilation.

nous puissions définir d'une manière précise et c'est par lui que nous sommes forcés, sous peine d'imprécision, de définir la vie élémentaire, même chez des êtres qui ne nous la présentent jamais sans complication superposée. Je ne saurais trop insister sur cette remarque qui est la base de toute la Biologie.

Traduisons ce phénomène dans le langage courant : La vie élémentaire, manifestée sans complication étrangère, se traduit par l'*hérédité absolue*, puisque tous les descendants d'une cellule initiale ont, si aucune cause de trouble n'intervient, reçu exactement en héritage les propriétés rigoureuses de l'ancêtre.

Nous sommes donc amenés à considérer *vie élémentaire manifestée* et *hérédité absolue* comme des choses *inséparables*; et cela est encore plus vrai que nous n'aurions pu le croire d'abord puisque, nous l'avons vu précédemment, les *complications étrangères* dont je viens de parler sont, en réalité, des phénomènes *non vitaux*, des manifestations des propriétés des substances vivantes dans des circonstances où ces substances vivantes se comportent comme des substances brutes; en un mot, ces complications étrangères sont des phénomènes de *destruction moléculaire*, c'est-à-dire, le contre-pied du phénomène d'assimilation.

D'où nous pouvons conclure que, si les phénomènes purement vitaux se manifestaient continuellement dans la nature, sans l'intervention de causes destructives étrangères à la vie, l'hérédité absolue serait la règle; il n'y aurait pas de *variation*.

Mais il est facile de voir que cela est impossible; par suite même de la vie élémentaire manifestée dans toute sa pureté, les conditions réalisées dans les milieux où se poursuit cette vie élémentaire *changent*. Je ne m'étends pas ici sur cette question que j'ai développée ailleurs. Dans la nature, la vie élémentaire manifestée ou *condition nº 1* alterne toujours avec des phénomènes de destruction ou de *condition n° 2*; le plus souvent même, il y a superposition de la condition n° 1 et de la condition n° 2, c'est-à-dire que des facteurs étrangers interviennent pour détruire partiellement les substances vivantes au fur et à mesure qu'elles se produisent. Il en résulte, comme nous l'avons vu précédemment, d'incessantes *variations quantitatives*.

Ces variations quantitatives se produisent en particulier au cours de l'évolution individuelle d'un métazoaire, et c'est à elles que nous devons de voir se former ici un muscle, là un cartilage, là un nerf, quoique tous ces éléments histologiques si différents descendent en droite ligne, par bipartitions successives, d'un ancêtre commun, l'œuf.

Étant donnée la complexité inouïe qui résulte de ces variations, le problème de l'évolution individuelle est loin d'être simple. On comprend cependant que si un œuf, se développant dans des conditions données, a donné un poulet, un autre œuf identique, se développant dans des conditions identiques donne également un poulet, car, avec le même point de départ et les mêmes conditions d'expérience, il est naturel que toutes les vicissitudes, si étonnamment complexes qu'elles soient, se reproduisent dans le même ordre et comme conséquence naturelle les unes des autres. Si donc nous comprenons comment un œuf identique à l'œuf initial peut se produire dans le poulet, le problème de l'hérédité ne nous paraîtra pas trop difficile. Mais le problème de l'évolution individuelle reste néanmoins plein de mystère. Comment, d'un œuf qui n'a aucune complication apparente, et par une série de variations *désordonnées*, un être aussi admirablement coordonné que le poulet peut-il provenir. Comment peut-il exister dans la nature un corps doué comme l'œuf de poulet de ce quelque chose qui dirige la production d'une coordination si merveilleuse?

C'est que précisément, grâce à la *sélection naturelle*, les

·ariations ne sont pas désordonnées; ou plutôt, si elles sont
désordonnées, tout se passe, au point de vue du résultat
btenu, comme si elles étaient providentiellement dirigées en
·ue d'un but déterminé. Et c'est même ce résultat qui, merveil-
eusement expliqué par Darwin, sans hypothèse, avec un raisonnement d'une simplicité extrême, a fait accuser ce savant
d'avoir seulement changé le nom de la providence, et de l'avoir
remplacée par la *sélection naturelle* pour plaire aux matéria-
listes!

J'ai déjà parlé souvent ailleurs [1] de l'admirable principe de
Darwin, je ne veux donc pas y revenir ici. D'ailleurs, son auteur
n'a jamais songé à l'appliquer aux éléments histologiques au
cours de l'évolution individuelle et j'ai montré que, s'il avait
eu l'idée de le faire, il serait sans doute devenu Lamarckien.
La *sélection naturelle* est une vérité évidente et, sans aucun
développement, nous allons bien concevoir son rôle dans l'évolution de l'individu.

La série de bipartitions qui conduit de l'œuf à l'adulte est
accompagnée d'une suite très complexe de variations quantitatives. Ces variations quantitatives ne sont pas livrées au hasard;
elles sont, à chaque instant déterminées par les conditions
réalisées en chaque point de l'agglomération cellulaire provenant de l'œuf, et ces conditions sont de deux natures : d'abord,
les conditions extérieures à l'œuf, conditions qui, dans le cas
des animaux supérieurs, sont assujetties à varier peu, sans quoi
l'embryon mourrait; ensuite, les conditions intérieures; ces
dernières conditions dépendent à chaque instant de la structure
générale de l'agglomération au moment considéré; or, la structure générale de l'agglomération à ce moment précis résulte de
ce qu'elle était un moment auparavant et ainsi de suite, en
remontant jusqu'à l'œuf. Ce sont donc les propriétés de l'œuf

1. *Lamarckiens et Darwiniens*, Paris, F. Alcan, 1900.

qui, dans des conditions extérieures données, dirigent la série des phénomènes du développement.

Les conditions extérieures constituent ce qu'on appelle l'éducation au sens large; les propriétés de l'œuf, ce qu'on appelle l'hérédité. Le développement est donc le résultat de l'hérédité et de l'éducation; si l'éducation est constante pour tous les êtres d'une espèce (incubation normale des œufs de poule par exemple) c'est donc l'hérédité seule qui peut être considérée comme dirigeant le développement et comme produisant les différences individuelles.

Est-ce à dire pour cela que cette admirable coordination du poussin soit une conséquence *directe* des propriétés de l'œuf de poule, que chaque complication du mécanisme du poussin soit en quelque sorte prévue dans l'œuf, et se produise, du premier coup, sans tâtonnements? Cela est possible assurément, nous verrons même que les phénomènes du développement doivent être considérés dans quelques cas comme absolument continus, et comme ne présentant jamais de production inutile appelée à disparaître; mais si cela est ainsi actuellement, aujourd'hui que *l'hérédité s'est de plus en plus précisée* au cours d'une grande suite de générations, nous avons le droit d'admettre, pour comprendre comment s'est réalisée cette chose merveilleuse, qu'il n'en a pas été de même de tout temps et qu'il a pu se présenter autrefois, dans l'évolution individuelle de certaines espèces, des sortes de tâtonnements, des adaptations successives avec destruction de parties persistantes, un peu comme cela a lieu aujourd'hui pour les espèces qui présentent des métamorphoses.

C'est la sélection naturelle qui va nous faire comprendre cela. Supposons une espèce en voie de progrès, c'est-à-dire dont l'hérédité détermine seulement en partie l'évolution individuelle, certains perfectionnements de la constitution de l'être étant encore dus à l'action directe des conditions de milieu;

supposons même une espèce dont l'hérédité est encore assez rudimentaire pour que l'éducation ait une énorme influence dans l'évolution individuelle[1]. Qu'arrivera-t-il? La coordination de l'adulte[2] n'étant pas complètement *prévue* dans l'hérédité, il se formera, au cours de l'évolution individuelle, un grand nombre d'éléments inutiles à cette coordination; les variations successives des éléments histologiques issus de l'œuf seront tout à fait désordonnées, *mais l'ordre s'établira naturellement.*

En effet, cette évolution individuelle, cette série de bipartitions accompagnées de variations, qu'est-ce sinon le résultat de la vie élémentaire manifestée des éléments histologiques; mais cette vie élémentaire manifestée des éléments histologiques ne peut se continuer qu'autant que la coordination de l'ensemble de l'agglomération assure le renouvellement du milieu intérieur; si donc il se produit des éléments inutiles ou nuisibles à cette coordination, de deux choses l'une :

Ou bien la coordination sera détruite, la vie cessera et l'évolution individuelle aussi; tous les éléments histologiques seront condamnés à la mort élémentaire, c'est ce qui arrive très souvent; il ne faut pas croire que, dans la nature, tous les œufs viennent à bien quand ils se développent dans des conditions nouvelles pour l'espèce.

Ou bien, le renouvellement du milieu intérieur s'effectuera néanmoins, par le moyen de l'activité des éléments coordonnés et alors les autres éléments, ceux qui sont inutiles ou nuisibles à la coordination, seront éliminés naturellement par la sélection naturelle, de sorte qu'au bout d'un assez grand nombre de générations passées dans les mêmes conditions de milieu, ces

---

1. Autrement dit, une espèce qui, s'étant développée jusque-là dans des conditions données, est amenée à se développer dans des conditions nouvelles; l'éducation joue ainsi un rôle bien plus considérable.

2. J'entends, la coordination nécessaire pour assurer le renouvellement du milieu intérieur dans les conditions spéciales où nous nous plaçons et où l'éducation a une importance primordiale.

él'minations se répétant constamment de la même manière finiront par être réglées par une hérédité de plus en plus précise, ainsi que nous le verrons lors de l'hérédité des caractères acquis.

A une évolution se faisant *par tâtonnements* avec adaptation progressive à des conditions nouvelles, succédera *à la longue* une évolution parfaitement précise et adaptée *d'avance* à ces conditions. Et ceci se continuera jusqu'à ce qu'un nouveau changement dans les conditions du milieu entraîne la nécessité d'une modification nouvelle dans la coordination, modification nouvelle qui deviendra héréditaire à la longue, et ainsi de suite...

On peut énoncer d'une autre manière le rôle de la sélection naturelle entre les tissus au cours du développement dans des conditions nouvelles pour l'espèce. J'ai exposé ce raisonnement ailleurs et je n'y reviens pas; il conduit par une nouvelle méthode à la loi d'assimilation fonctionnelle (v. *Lamarckiens et Darwiniens*, op. cit.)

Ces raisonnements rapides nous permettent de concevoir déjà comment l'évolution individuelle est, chez les espèces bien adaptées, presque complètement *dirigée* par l'hérédité, c'est-à-dire par l'ensemble des propriétés de l'œuf. Mais ce n'est là que la première partie du problème; nous avons maintenant à nous préoccuper de ce qui constitue l'hérédité proprement dite, savoir le fait que, dans un être pluricellulaire provenant d'un œuf, il se produit un ou plusieurs éléments *identiques* à l'œuf duquel est provenu l'être considéré lui-même. Cette question paraît fort compliquée au premier abord, car les variations quantitatives qui conduisent aux divers tissus semblent absolument désordonnées ou, du moins, ne paraissent réglées par la sélection naturelle qu'au point de vue de la coordination qui assure le renouvellement du milieu intérieur de l'être.

Nous avons été amenés précédemment à considérer les propriétés des êtres d'une espèce en général et des cellules initiales de ces êtres en particulier, comme pouvant se représenter par des coefficients quantitatifs dont une série caractérise *complètement* un individu de l'espèce donnée. Nous devons donc concevoir le problème de l'hérédité de la manière suivante : Peut-il se former, doit-il se former naturellement, dans un être provenant d'une cellule caractérisée par des coefficients donnés, une ou plusieurs cellules ayant exactement la même série de coefficients que la cellule initiale? Il est évident en effet que, si cela a lieu, chacune de ces cellules, isolée du corps de l'être et placée dans des conditions convenables, reproduira un être identique au premier.

On peut concevoir de diverses manières l'existence d'une ou de plusieurs cellules identiques à la cellule initiale, dans le corps d'un être vivant. Premièrement, il peut n'y avoir eu dans le développement de l'être aucune variation quantitative, mais seulement des variations apparentes ou variations purement morphologiques; alors, n'importe quelle cellule détachée du corps de l'être reproduira l'être tout entier. Il est évident que si cela a lieu ce n'est pas chez les êtres supérieurs, dans lesquels les différents tissus se distinguent nettement par des caractères qui ne sont pas seulement morphologiques.

Deuxièmement, on peut se demander si, parmi toutes ces cellules résultant de bipartitions successives avec variations désordonnées, quelques-unes ne sont pas *miraculeusement* respectées par la variation au point de se multiplier telles quelles au milieu des tissus différenciés et d'arriver à constituer les éléments reproducteurs identiques à l'élément initial. Ceci est, indépendamment des particules représentatives, la théorie de la continuité du plasma germinatif de Weissmann.

Il est évident que cette conservation de cellules intactes au milieu des cellules variables aurait quelque chose de miraculeux; on ne l'explique d'ailleurs, quand on l'admet, que par un raisonnement téléologique qui suppose une providence désireuse d'assurer la reproduction; nous ne nous y arrêterons donc pas, d'autant plus que les faits ne vérifieront pas cette hypothèse.

Troisièmement, on peut considérer tous les éléments du corps comme subissant des variations, et admettre que, ensuite, quelques-uns de ces éléments, se trouvant placés dans des circonstances spéciales, retournent au type de l'élément initial sous l'influence de conditions locales. C'est cette troisième hypothèse qu'il faut examiner avec soin.

Elle paraît au premier abord bien peu vraisemblable. Les coefficients caractéristiques d'une cellule sont quelque chose d'éminemment délicat et précis. Songez donc qu'il y a des différences quantitatives entre les œufs de deux poules différentes et que ces différences quantitatives doivent représenter les différences qui existent entre les deux poules elles-mêmes! Et cependant, nous voyons bien que les poules peuvent transmettre héréditairement à leurs petits leurs qualités individuelles quoique les tissus de la poule soient éminemment différents. Comment se fait-il, si des variations quantitatives sont intervenues dans toutes les lignées cellulaires au point de fabriquer des muscles, des nerfs, etc..., que dans un endroit spécial de l'organisme il se produise naturellement un élément ayant de nouveau exactement les coefficients de la cellule initiale?

Si nous nous en tenions à l'étude de la poule, nous aurions bien des chances de ne pas nous tirer de ce pas difficile; commençons par des cas plus simples :

Les *Bégonias* sont des plantes bien connues de tous ceux qui s'occupent de jardinage; elles sont célèbres surtout par leur grande aptitude à la reproduction par bouturage. Un jardinier habile peut multiplier à volonté ses bégonias en se contentant de mettre sur de bon terreau, dans de bonnes conditions, de petits morceaux de feuilles d'une de ces plantes.

Or, les boutures ainsi faites avec de petits amas de cellules pris en un point quelconque d'un bégonia, ont la propriété, non seulement de reproduire un bégonia, mais encore de reproduire un bégonia *identique*, comme qualités individuelles, à celui qui a fourni le petit morceau de feuille. Autrement dit, le nouveau bégonia obtenu aura les mêmes coefficients caractéristiques que celui duquel il provient. Et cependant, le premier pouvait être venu d'un œuf, le second est venu d'une ou de plusieurs cellules *différentes* de l'œuf. N'y a-t-il pas là quelque chose de contradictoire avec notre conception des coefficients quantitatifs déterminant l'individu? Une analyse superficielle pourrait le faire croire, mais en y réfléchissant bien on trouve dans cette apparente contradiction une idée neuve et intéressante.

Nous avons déjà été amenés précédemment à concevoir l'*unité spécifique* d'un être, c'est-à-dire à nous rendre compte que, malgré les différences considérables existant entre les tissus, tous les tissus d'un cochon sont de l'espèce cochon.

Nous sommes conduits maintenant à quelque chose de plus précis; non seulement tous les tissus de Bégonia sont de l'espèce Bégonia, mais encore, dans toute l'étendue de la plante, ils portent la *caractéristique individuelle*, caractéristique qu'ils manifestent en se montrant capables de reproduire un Bégonia identique à celui auquel ils appartenaient.

Il y a donc *quelque chose de commun* à tous les éléments si divers d'un Bégonia, et ce quelque chose de commun est précisément ce qui nous a permis de parler, assez confusément, d'abord, du rapport de la composition qualitative à la forme spécifique, puis plus précisément ensuite du rapport de la composition quantitative à la forme individuelle.

Ceci, nous le constatons expressément chez le Bégonia; nous

pourrions dire la même chose pour l'Hydre et pour tous les animaux inférieurs qui se reproduisent par petites boutures; mais nous ne saurions le constater chez le poulet, chez le chien ou chez l'homme car jamais, avec un morceau de poulet on n'a pu reproduire un poulet. C'est donc en introduisant une hypothèse, qu'il faudra vérifier ultérieurement, que nous admettons l'existence de quelque chose de commun à tous les éléments histologiques d'un poulet, de quelque chose qui caractérise tous les éléments histologiques d'un poulet par rapport aux éléments correspondants de n'importe quel autre poulet. Ce quelque chose de commun nous l'appellerons le *patrimoine héréditaire* des éléments histologiques d'un même individu.

Nous pouvons remarquer immédiatement que l'existence de ce patrimoine héréditaire a, en même temps, quelque chose de prévu et quelque chose d'imprévu. En effet, tous les éléments histologiques d'un même être dérivant, par bipartitions successives, d'un même œuf, il est naturel qu'ils aient en commun quelque chose qui manque aux éléments histologiques composant un autre être et dérivant *d'un autre œuf*. Mais d'autre part aussi, puisque c'est par *variations quantitatives* que les éléments histologiques arrivent à différer les uns des autres, on peut se demander comment ces *variations quantitatives* respectent un *caractère quantitatif* qui reste commun à tant d'éléments divers.

Ceci paraît au premier abord paradoxal, et nous voyons déjà combien nous avons eu raison de laisser dans le vague la détermination des éléments mensurables que représentent nos coefficients quantitatifs, puisque, dès à présent, nous concevons qu'il peut se produire au moins deux espèces de variations quantitatives, indépendantes l'une de l'autre, la *variation individu* qui différencie un individu de son voisin et la *variation tissu* qui différencie les divers tissus d'un même individu et leur laisse en commun le caractère individuel.

L'étude de l'hérédité des caractères acquis nous permettra de réciser cette notion et de montrer, en même temps, le bien ondé de notre hypothèse, mais nous pouvons déjà concevoir comment il se fait que le caractère quantitatif individuel reste commun à tous les éléments histologiques malgré leurs différences. Nous avons vu, en effet, comment la sélection naturelle, guidée par la nécessité de la coordination (sous peine de mort), adapte chaque tissu à sa fonction au cours de l'évolution individuelle, et ne laisse subsister qu'un muscle là où il faut un muscle, qu'un nerf là où un nerf est utile au renouvellement du milieu intérieur. Ne pouvons-nous pas, quoique plus vaguement d'abord, considérer aussi comme une cause de sélection naturelle le rapport de la forme individuelle à la composition chimique? Autrement dit, puisque telle composition chimique entraîne fatalement telle forme d'équilibre, ne pouvons-nous pas concevoir que, réciproquement, telle forme d'équilibre du corps entraîne la nécessité de telle particularité de composition chimique dans tous les éléments qui la constituent? et que ce *patrimoine héréditaire* commun à tous les éléments du corps soit précisément la condition d'adaptation à la vie dans ce corps? on concevrait alors que la sélection naturelle fît impitoyablement disparaître tout élément qui, par suite d'une variation dans le patrimoine héréditaire, ne serait plus adaptée à la vie dans le corps considéré. La sélection naturelle entretiendrait donc l'unité de composition dans l'individu. Ceci, nous le pressentons seulement maintenant; l'étude de l'hérédité des caractères acquis nous permettra d'approfondir cette manière de voir.

Avec l'hypothèse à laquelle nous venons d'être conduits, la question fondamentale de l'hérédité est bien facile à résoudre. Dans un Bégonia, quoiqu'il y ait des éléments reproducteurs spécialisés, un morceau quelconque d'une feuille est capable de reproduire le Bégonia. Qu'est-ce que cela veut dire? Il y a là deux choses distinctes : d'abord, la propriété qu'a ce morceau de feuille, en vertu de son patrimoine héréditaire, de ne pouvoir faire partie que d'une agglomération cellulaire ayant la forme et les caractères du Bégonia d'où il provient; ce caractère se retrouve, identiquement, d'après notre hypothèse de l'unité individuelle, dans un morceau quelconque de poulet ou de chien. Ensuite, ce morceau de feuille de Bégonia a la propriété de trouver réalisée, sur un peu de terreau humide, en dehors de l'organisme du parent d'où il provient, les conditions de sa vie élémentaire manifestée, de telle manière qu'il s'y développe et donne lieu à une agglomération cellulaire; or, cette agglomération cellulaire, en vertu de la première propriété énoncée, prend la forme et les caractères du Bégonia d'où provient le morceau de feuille initial. Il est bien évident que cette seconde propriété n'existe pas dans un morceau quelconque détaché d'un poulet. Ce morceau de poulet ne trouvait réalisées que dans le poulet les conditions de sa vie élémentaire manifestée, et il est *possible* que, si nous savions entretenir, en dehors du poulet, dans ce morceau détaché du parent, un courant convenable de sang alimentaire et respiratoire à une température convenable, cette petite masse cellulaire reproduise un poulet! Mais il y a dans le poulet certains éléments, dits reproducteurs, qui sont capables de trouver, en dehors du parent, les conditions de leur vie élémentaire manifestée. Naturellement donc, ces éléments donnent naissance à des agglomérations qui, en vertu du patrimoine héréditaire, ont la forme et les caractères du parent (il y a dans le poulet une complication de plus à cause de la sexualité; nous y reviendrons plus loin).

Et le problème de l'hérédité dans la génération agame devient bien plus simple. Nous n'avons plus à nous demander pourquoi et comment, au milieu de tant de tissus différenciés, certains éléments privilégiés conservent ou recouvrent le patrimoine héréditaire de la cellule initiale de l'être, puisque ce patrimoine héréditaire appartient à tous les éléments du corps sans exception, mais bien comment, en certains points bien précis du corps, il se forme un tissu dont les éléments ont la propriété de pouvoir trouver, en dehors du parent, les conditions de leur vie élémentaire manifestée.

Cette question est bien plus simple que la première et sera facile à résoudre; ce qui différencie les éléments reproducteurs au milieu des autres éléments du corps c'est donc un certain *caractère tissu* et non une propriété essentielle au point de vue héréditaire; ce n'est donc pas le véhicule de l'hérédité qu'il faut localiser, comme l'a fait Weissmann, dans les éléments reproducteurs, mais bien une propriété assez banale, s'étendant chez le Bégonia, chez l'hydre, etc., à tous les éléments du corps, la propriété de pouvoir vivre en dehors du parent.

Maintenant, la question si controversée et si mystérieuse de l'hérédité des caractères acquis va nous paraître toute simple. D'abord, qu'est-ce qu'un caractère acquis? C'est quelque chose qui, dans l'organisme, n'était pas prévu par l'hérédité; c'est une modification de l'organisme causée par l'influence directe des conditions extérieures. Il est bien évident, *a priori*, que tous ces caractères ne sont pas acquis aussi profondément par l'organisme; les uns sont passagers, ce sont des caractères apparents, n'entraînant aucune modification réelle dans la structure de l'être et disparaissant aussitôt que disparaît la cause extérieure qui les avait déterminés. Telle la courbure du dos d'un homme sous un faix; elle disparaît avec le faix. Ces caractères ne sont donc pas, à proprement parler, des caractères *acquis*. Il faut réserver ce nom de caractères acquis aux modifications *définitives*, à celles qui ne disparaissent pas avec la cause qui les a produites. C'est seulement pour ces caractères réellement acquis que se pose la question de savoir s'ils sont susceptibles d'être transmis héréditairement.

Même dans ces caractères réellement acquis, il y a une classification à faire ; tous les caractères ne sont pas acquis au même titre, en ce sens qu'il peut y avoir des caractères locaux et des caractères généraux. Et cette dernière affirmation semble *a priori* en désaccord avec ce que nous avons dit plus haut, à propos des métamorphoses par exemple, à savoir que l'organisme ne peut éprouver que des modifications d'ensemble ; mais la contradiction n'est qu'apparente.

Supposons, en effet, que nous coupions un membre à un animal. Suivant l'espèce à laquelle appartient le sujet mutilé, les phénomènes consécutifs à la mutilation seront différents.

Si l'animal est un triton, par exemple, la patte coupée repoussera et nous verrons ainsi que le *caractère* résultant de la mutilation n'est pas *acquis*, puis qu'il disparaît par la régénération du membre coupé, dès que l'équilibre total du corps a eu le temps de se rétablir.

Si l'animal est un homme au contraire, la patte coupée ne repoussera pas. Faudra-t-il en conclure que le phénomène est *essentiellement* différent dans les deux cas? Nous avons déjà vu que les différences qui existent entre les diverses espèces animales au point de vue de la régénération des membres sont imputables au rôle du *squelette* dans ces diverses espèces. Si la régénération a lieu chez le triton, cela prouve que, malgré l'existence du squelette résistant qui semble *fixer* la forme de l'organisme, cette forme mutilée ne saurait être une forme d'équilibre définitif ; l'animal reprend sa forme normale, absolument comme s'il n'avait pas de squelette ; le squelette ne joue qu'un rôle secondaire dans la conservation de la forme du corps ; il est sous la dépendance de cette forme plutôt qu'elle n'est sous la sienne. Chez l'homme au contraire, la forme de *manchot* est une forme d'équilibre possible et durable. Pourquoi?

Croyez-vous que, brusquement, par l'ablation du bras, il se fait une modification générale de l'organisme, telle que tous les éléments histologiques du corps aient pris un nouveau *patrimoine héréditaire* correspondant à cette forme de manchot! Croyez-vous qu'il y ait dans tout le corps un nouveau caractère chimique qui rendra *fatale* cette forme d'équilibre dissymétrique?

N'est-il pas bien plus vraisemblable d'admettre que le squelette [1] résistant et non plastique est lui-même, chez l'adulte, une des causes efficientes de la forme totale du corps et que les parties molles, quoique guidées elles-mêmes dans leur morphologie par leur patrimoine héréditaire, n'en épousent pas moins, d'assez près, la forme du squelette qui leur sert de charpente?

Si vous faites une bulle de savon, elle sera sphérique dans l'air libre et se déformera au contact d'un grillage solide (expériences de Plateau) dont elle épousera plus ou moins la forme quoique conservant sa propriété d'être sphérique si on la dégageait de ce squelette. Eh bien, l'homme correspond à une bulle adaptée à un grillage donné; si on modifie le grillage, la forme de la bulle change; si on coupe le bras à l'homme, on lui enlève un peu de son squelette et la forme de l'homme change.

Il pourrait donc y avoir chez l'homme un caractère acquis réellement local? Pas le moins du monde, si l'on y réfléchit bien, et la comparaison précédente avec les bulles à grillage de Plateau, nous fait précisément comprendre que *le squelette doit être considéré comme quelque chose d'étranger à l'homme*, comme le grillage est étranger à la bulle. Si donc la propriété d'être manchot est un caractère local, ce n'est pas un caractère acquis au sens que nous avons défini plus haut. Nous appelions en effet caractère acquis un caractère réalisé

---

1. J'entends naturellement par squelette toutes les parties résistantes formées des substances non vivantes, tant dans les os que les tendons, membranes, etc. Voyez plus bas, chap. v, *Le rôle du squelette.*

par l'influence directe d'une cause *étrangère à l'homme* et persistant après que cette cause a cessé d'agir ; or, dans l'homme manchot, la cause de la mutilation *persiste* ; c'est l'ablation du squelette du bras. On ne peut donc pas dire qu'en devenant manchot, l'homme a *acquis* un caractère local.

Et même, nous voyons aisément que nous ne pouvons plus concevoir qu'un caractère acquis soit *local* ; il peut y avoir des causes locales de modifications morphologiques, mais les modifications locales ne peuvent persister, en dehors de l'influence de ces causes locales, qu'autant qu'elles ont entraîné une modification *générale* de l'organisme, modification générale telle que, la cause locale disparaissant, la forme d'équilibre de l'organisme conserve la modification locale réalisée précédemment.

Autrement dit, étant donnée l'idée que nous nous sommes faite du rapport de la forme individuelle à la composition chimique, c'est-à-dire au *patrimoine héréditaire*, nous ne pouvons plus concevoir qu'un caractère soit réellement acquis s'il n'est pas inscrit dans le patrimoine héréditaire. Et cette série de raisonnements ne nous prouve pas qu'il puisse se produire, dans la nature, une réelle acquisition de caractères par un organisme ; elle nous prouve seulement que si un organisme acquiert réellement un caractère, au sens que nous avons défini plus haut, ce caractère sera par là même inscrit dans le patrimoine héréditaire, et sera par conséquent transmissible aux descendants de l'organisme en question.

Il est bien certain que nous pourrons toujours nous tromper, par l'observation directe, en admettant qu'un caractère est *réellement acquis* par un organisme, puisque, comme dans le cas de l'homme manchot, il pourra persister telle cause efficiente, étrangère à l'organisme, et que nous ignorerons. Mais en revanche, nous ne nous tromperons pas si nous constatons que cette modification est transmise héréditairement. Alors nous serons sûrs que le caractère en question a été réellement acquis par l'organisme, au sens précis que nous avons défini plus haut, c'est-à-dire qu'il s'est fait dans la composition chimique générale de l'organisme une modification générale qui a rendu fatale la nouvelle forme obtenue, en dehors de l'action de la cause étrangère sous l'influence de laquelle elle avait été obtenue d'abord.

La question importante est donc pour nous de rechercher si, réellement, il peut y avoir, dans la nature, transmission héréditaire d'un caractère acquis[1]. Or, il suffit d'observer attentivement pour s'en convaincre. Seuls Weissmann et son école ont nié la transmissibilité des caractères acquis, parce que leur système d'interprétation de l'hérédité ne l'expliquait pas.

Or, après les raisonnements que nous venons de faire, l'observation de la transmission d'un caractère acquis présente un intérêt capital. Elle nous donne en effet la preuve *a posteriori* de cette *unité* de composition de l'individu que nous avons admise d'abord avec quelque raison mais aussi avec une part d'hypothèse. Et non seulement elle nous donne la preuve de cette vérité fondamentale que, dans un organisme issu d'un œuf, il y a un *patrimoine héréditaire* commun à tous les éléments du corps, patrimoine héréditaire qui représente ce que nous avons été appelés à considérer au début, d'une manière assez vague, comme la composition chimique générale de ce tout si hétérogène; non seulement nous sommes certains maintenant que ce patrimoine héréditaire est en relation directe avec la forme générale de l'individu, ce qui étend singulièrement le rapport de la morphologie à la composition chimique d'abord établi chez les Protozoaires à la suite des expériences de mérotomie; mais encore, chose tout à fait imprévue, l'observation de l'hérédité d'un caractère acquis nous démontre que si,

---

1. Que ce soit en génération agame ou en génération sexuelle; nous verrons en effet plus loin, que dans le cas de sexualité intervient seulement une complication qui fait que le caractère acquis *par un parent* est transmissible, mais sans que sa transmission soit fatale.

sous l'influence de conditions étrangères à l'organisme, cet organisme *acquiert* une modification réellement indépendante de ces conditions étrangères et persistant après leur disparition, la modification acquise, même si elle paraît locale, *est générale*; autrement dit, le patrimoine héréditaire est modifié, ce qui était certain puisqu'il est en relation directe avec la forme individuelle, mais *il est modifié, de la même manière, dans tout l'organisme.*

En effet, le quelque chose de commun à l'ensemble du corps a disparu en tant que caractère commun à tous les éléments, puisque, sans cela, la forme générale du corps n'aurait pas changé; mais il pourrait se faire que ce caractère eût été conservé dans certaines parties du corps, remplacé dans d'autres par un second caractère différent, dans d'autres encore par un troisième, et ainsi de suite, c'est-à-dire que l'ensemble du corps ne présenterait plus cette homogénéité de structure caractéristique d'un être provenant d'une cellule. Si cela était, la forme nouvelle du corps serait-elle héréditaire? *Évidemment non*, car si cette forme nouvelle résulte d'une juxtaposition de parties hétérogènes, caractérisées, chacune pour son compte, par un caractère commun, ce caractère commun ne détermine pas *à lui seul* la forme acquise.

Autrement dit, si l'on détache, du corps ainsi modifié, divers morceaux capables de se reproduire, ces divers morceaux, doués de patrimoines héréditaires différents donneront naissance à des êtres différents dont aucun ne reproduira le caractère acquis par le parent. Donc, puisque l'observation nous enseigne que les caractères acquis peuvent être héréditaires[1], nous serons obligés de penser que, dans tous les cas où ils le sont,

---

1. Nous raisonnons ici comme si les caractères acquis étaient fixés en une seule génération. Et en réalité c'est bien le cas dans la nature, car si l'on considère quelquefois les caractères acquis comme partiellement héréditaires, c'est qu'ils ne sont que partiellement acquis ou fixés dans le patrimoine individuel.

ils ont été acquis par le parent d'une manière homogène, autrement dit que l'individu, déterminé avant l'acquisition de ce caractère par quelque chose de commun à tous ses éléments, aura été remplacé par un autre individu, également déterminé par quelque chose de commun à tous ses éléments.

Grâce à notre série de raisonnements, nous pouvons donc tirer de l'observation de l'hérédité des caractères acquis, la démonstration de ce fait que *l'unité* de l'animal n'est pas seulement congénitale, mais peut aussi être modifiée dans son ensemble sans cesser de présenter le caractère *d'unité*.

Et ceci montre le bien fondé d'une hypothèse, faite plus haut en passant, savoir que, si la composition chimique déterminait la forme individuelle, la forme individuelle pourrait aussi être considérée comme *réglant*, d'une manière uniforme, la composition chimique du corps; il n'est donc pas indifférent pour un tissu qui est à l'intérieur d'un animal, d'avoir ou de ne pas avoir le patrimoine héréditaire de cet animal; la possession de ce patrimoine est une condition essentielle de conservation pour le tissu considéré; s'il n'a pas le patrimoine héréditaire, il sera en état d'infériorité et de destruction, jusqu'à ce qu'il l'ait acquis, autrement dit, la sélection naturelle pourra intervenir pour conserver, dans tous les cas, l'unité de composition chimique d'un individu, soit à chaque reproduction, au cours de l'évolution individuelle, soit au moment des variations sous l'influence du milieu.

Nous pouvons donc nous rendre compte dès maintenant de ce qui se passera dans les phénomènes si curieux de la greffe, mais nous étudierons cela en même temps que la question de l'individualité. Avant d'aborder cette question, et pour lui donner toute la généralité qu'elle comporte, nous devons faire une incursion dans le domaine de la vie cellulaire, suivant la méthode de la navette.

*
* *

Tout ce que nous venons de dire au sujet de l'hérédité des caractères acquis en particulier, nous l'avons dit pour les êtres supérieurs et pluricellulaires, mais il suffit de passer en revue tous nos raisonnements pour constater que nous ne nous sommes jamais servi de la propriété de pluricellularité; nous avons seulement dit que le patrimoine héréditaire existait dans tous les *morceaux* de l'animal, sans spécifier si ces morceaux étaient des cellules ou des agglomérations de cellules. Si donc nous transportons nos résultats, et cela est parfaitement légitime, dans le domaine des êtres vivants les plus simples, les Protozoaires et les Protophytes, nous sommes amenés tout naturellement à concevoir *l'unité de composition chimique de la cellule*, c'est-à-dire l'existence, dans toutes les parties vivantes de la cellule, d'un patrimoine individuel comparable à celui qui existe dans tous les tissus d'un être supérieur.

Le cytoplasma, le noyau, la nucléole et en général tous les éléments figurés de la cellule seraient donc comparables à de véritables tissus dont l'activité synergique entretient les échanges avec le milieu, échanges qui permettent les réactions de la vie élémentaire manifestée de l'être tout entier; et dans ces éléments figurés d'une même cellule, existerait, malgré leurs dissemblances morphologiques, un caractère quantitatif commun, le patrimoine individuel ou héréditaire. Cela nous empêche donc d'accorder une créance quelconque aux théories qui, comme celle de Weissmann, *localisent* dans une partie du noyau le véhicule de l'hérédité.

C'est de ce caractère quantitatif commun que nous avons constaté les variations dans les cas de l'atténuation de virulence des Bactéries. C'est ce caractère quantitatif commun qui fait que, dans les expériences de mérotomie, tous les morceaux nucléés des Protozoaires régénèrent des êtres complets entre lesquels nous ne pouvons déceler aucune différence, quoique chacun d'eux dérive d'une masse de substance contenant, en *proportions très variables*, le noyau et le cytoplasma.

Je note plus loin[1] le paradoxe apparent qui existe dans cette constatation de l'indépendance de deux variations quantitatives, la variation tissu et la variation individu, et je montre comment l'on vient à bout de cette contradiction fictive qui permet au contraire de plonger plus profondément dans la connaissance de la structure intime des êtres vivants.

La définition de l'individu[2] devient une chose toute simple après cette constatation de l'existence de l'unité individuelle. Un être provenant d'un œuf serait-il donc toujours un individu, puisque le patrimoine héréditaire est commun à toutes ses parties? Le mot individu n'aurait alors aucune raison d'être, puisque cet être provenant de l'œuf peut, dans certains cas, être morcelé en plusieurs parties distinctes, continuant de vivre chacune pour son compte, et conservant, si toutes vivent dans les mêmes conditions, le même patrimoine héréditaire.

Il est bien facile de se rendre compte, je le montrerai au chapitre V, que la seule définition logique de l'individu est la suivante : l'individu d'une espèce donnée est la plus haute unité morphologique fatalement héréditaire. Il sera donc possible de savoir, en présence d'une agglomération vivante, si c'est un individu ou une colonie. Le patrimoine héréditaire sera bien commun à toute l'agglomération, si aucune modification n'est intervenue, mais ce patrimoine représentera-t-il la forme

1. Voir chap. x, § 1.
2. Voir chap. v.

de l'agglomération toute entière ou seulement d'une partie plusieurs fois répétée dans l'agglomération? Dans le premier cas l'agglomération sera un individu, dans le second, elle sera une colonie.

Par exemple, une agglomération d'hydres provenant du bourgeonnement d'une hydre est une colonie parce que c'est la forme hydre et non la forme de la colonie qui est déterminée par le patrimoine héréditaire commun à toute l'agglomération. Dans un arbre, l'individu (l'individu asexué, car il y en a d'autres) se compose d'un entre-nœuds, d'une feuille et de son bourgeon, pour la même raison que précédemment.

J'étudie la question de l'individu dans un chapitre ultérieur, mais on voit déjà combien cette question est connexe de celle de l'hérédité [1]. En particulier, l'unité qui résulte d'un caractère acquis ne s'étend que dans les limites de l'individu. Un caractère peut être acquis par un individu d'un arbre sans l'être par l'ensemble. On connaît cette particularité du lierre, que les rameaux extrêmes dans les vieux plants sont dressés et ont des feuilles différentes de celles d'un jeune lierre; eh bien, une bouture faite avec l'un de ces rameaux extrêmes, donne naissance à un plant nouveau qui conserve ces caractères particuliers et qui diffère par conséquent du résultat d'une bouture faite avec un rameau normal de la même plante [2].

C'est aussi à cette question de l'individu que se rattache le problème de la greffe. Quand on greffe, sur un homme, un morceau de peau emprunté à un autre homme, que devient l'unité individuelle? Nous devons penser, qu'à la longue, elle

---

1. En réalité, il nous a même été impossible d'étudier l'acquisition d'un caractère héréditaire sans nous appuyer sur l'unité individuelle; il aurait fallu, dès ce moment, donner la définition de l'individu.

2. Le résultat est différent avec le houx; cela prouve seulement que, dans le houx, le caractère spécial à certains individus est en rapport avec leur situation dans la colonie: il y a donc, dans le houx une tendance à l'individualisation totale; les caractères des feuilles extrêmes ne sont pas de véritables caractères acquis.

s'établit et que le patrimoine héréditaire devient commun à l'ensemble, mais en général, les greffes humaines sont trop peu importantes pour apporter une modification considérable à l'individu qui en est l'objet, et puis, il ne faut point oublier que, chez l'homme, l'absence de régénération d'un membre coupé prouvant l'importance du rôle du squelette, le lambeau greffé pourra, à la rigueur, conserver, de ses caractères individuels primitifs, ceux que le squelette fixait.

Dans la greffe végétale, on soude seulement, de manière à les faire profiter du même torrent circulatoire, *plusieurs individus* d'un plant à *plusieurs individus* d'un autre plant. Il est donc bien naturel que l'unité ne s'établisse pas dans l'ensemble formé par le porte-greffe et le greffon. Telle agglomération végétale ayant la forme d'un arbre pourra se composer, à la base, d'un grand nombre d'individus d'*aubépine*, et au sommet d'un grand nombre d'individus de *néflier*. Ce qui nous intéressera, ce sera l'étude de l'individu au niveau duquel s'est faite la soudure et des rameaux qui naîtront de cet individu.

Eh bien, dans le fameux *néflier de Bronvaux*, l'individu soudure a donné des rameaux qui présentent des caractères intermédiaires à ceux de l'aubépine et du néflier; il s'est formé dans cet individu, un nouveau patrimoine héréditaire qui a été la base de l'unité nouvelle résultant de l'union de deux demi-individus différents. Et je me demande si cette formation d'un *hybride de greffe* entre le néflier et l'aubépine, ne tendrait pas à faire considérer ces deux plantes comme dépourvues de différences *qualitatives*.

⁂

Cette production d'un individu intermédiaire à deux individus donnés nous amène naturellement à l'étude de cette complication nouvelle de la reproduction, dans laquelle chaque individu nouveau qui apparaît, résulte de deux individus préexistants ; je veux parler des phénomènes de sexualité.

Nous avons déjà vu précédemment que les éléments génitaux pouvaient être considérés comme des parasites morphogènes déterminant les caractères sexuels secondaires ; nous devons maintenant les étudier au point de vue du phénomène même de la reproduction.

L'étude de l'hérédité nous a amenés à savoir que, dans tous les éléments histologiques d'un individu, et en particulier dans ses éléments reproducteurs, existe un patrimoine héréditaire commun qui peut se représenter par des coefficients quantitatifs *caractéristiques de l'individu*, que ce patrimoine héréditaire corresponde à ses caractères congénitaux ou à ses caractères acquis.

Dans le cas de la reproduction asexuelle, chaque élément reproducteur est capable de se développer par lui-même et donne, en conséquence, un nouvel individu qui, sauf modifications sous l'influence de l'éducation, aura le même patrimoine héréditaire que son parent et lui ressemblera de très près. Dans les cas de la reproduction sexuelle, il arrive que chaque élément reproducteur, sous l'influence des phénomènes spéciaux appelés phénomènes de *maturation*, devient incapable d'assimilation et de bipartition, *mais sans perdre pour cela son patrimoine héréditaire, ses coefficients de composition quantitative*, ainsi que le prouvent les phénomènes ultérieurs.

Les éléments sexuels *mûrs* sont de deux sortes : on les appelle éléments mâles et éléments femelles. Ils ont la propriété de s'attirer et de se compléter, c'est-à-dire que, s'étant attirés et fusionnés l'un avec l'autre, ils donnent naissance à un élément capable d'assimilation et de bipartition. Cet élément ou œuf fécondé donne naissance par son développement à un être nouveau dont les caractères sont, soit ceux du père, soit ceux de la mère, soit quelques-uns du père et quelques-uns de la mère, soit encore des caractères nouveaux; cette remarque nous permettra peut-être d'établir le rapport entre le patrimoine héréditaire de l'œuf et ceux des deux parents.

Avant d'entreprendre cette étude, nous devons d'abord nous demander comment il se fait que les éléments reproducteurs deviennent, à la maturation, incapables d'assimilation. Les expériences de mérotomie nous ont déjà tout à l'heure mis aux prises avec une question analogue; nous nous sommes demandé si l'impossibilité de la vie élémentaire manifestée chez les mérozoïtes dépourvus d'un fragment de noyau était due à l'absence d'une substance chimique essentielle, aux réactions de l'assimilation ou à l'absence d'une partie importante du mécanisme cellulaire chargé d'assurer les échanges avec le milieu; en d'autres termes nous nous demandions si, dans ces mérozoïtes, nous constatons l'effet de l'absence d'une substance ou de l'absence d'un organe.

Le même problème se pose au sujet des éléments sexuels; pourquoi, quand ils sont mûrs, ces éléments sont-ils incapables d'assimilation. Sont-ils incomplets dans leur structure chimique ou dans leur mécanisme? Sont-ils composés de substances dont l'ensemble chimique incomplet n'est pas susceptible des réactions de l'assimilation ou de substances entièrement vivantes mais disposées d'une manière qui les empêche d'être le siège de ces réactions assimilatrices?

Les morphologistes et les biochimistes ont répondu différemment à cette question suivant que la tournure de leur esprit les portait à attribuer plus ou moins d'importance aux phénomènes figurés ou aux phénomènes non figurés. Avant d'accepter l'une ou l'autre des interprétations, il faut passer en revue tous les faits bien connus qui militent en faveur de l'une ou de l'autre. Voyons d'abord les faits d'ordre morphologique :

On décrit dans l'élément femelle mûr, un cytoplasma et un pronucléus femelle, pronucléus qui diffère, par certains caractères morphologiques, d'un noyau de cellule ordinaire; on n'y voit pas de *centrosome*, or, le centrosome est visible dans toutes les bipartitions karyokinétiques et semble y jouer un rôle important.

Au contraire, on décrit dans l'élément mâle, un cytoplasme presque nul, un pronucléus mâle et un *centrosome*.

D'où la conclusion assez naturelle pour un morphologiste, que ce qui empêche l'élément femelle d'assimiler et de se diviser c'est l'absence du centrosome que fournit l'élément mâle à l'œuf fécondé; mais cela n'empêchait pas d'accorder une grande importance aux deux pronucléus dont la fusion donne le noyau de l'œuf.

Voici maintenant les faits d'ordre chimique; ils peuvent se résumer dans les constatations de *l'équivalence* des deux sexes au point de vue héréditaire, c'est-à-dire que, si l'on étudie *un nombre assez grand* de cas de fécondation, on constate que les produits tiennent autant de caractères du côté paternel que du côté maternel; autrement dit encore, le patrimoine héréditaire de l'œuf fécondé a autant de chances d'emprunter au patrimoine du père qu'au patrimoine de la mère; il faut donc rejeter d'emblée toute explication de la sexualité qui, systématique-ment, donnerait aux éléments mâle et femelle des rôles essen-tiellement différents, dans la constitution de l'œuf, au point de vue héréditaire.

Remarquons que, à ce point de vue, nous n'avons pas le droit, *a priori*, de rejeter la théorie morphologique qui consi-dère l'introduction du centrosome mâle dans l'élément femelle comme le phénomène qui met en branle le développement.

Si, en effet, l'œuf se constituait ainsi, par une sorte de greffe de deux éléments cellulaires incomplets, il se passerait, dans cet œuf, ce qui s'est passé dans l'individu soudure du néflier de Bronvaux; l'unité individuelle se réaliserait; l'œuf acquerrait un patrimoine héréditaire, *commun* au cytoplasme, au noyau, au centrosome, malgré leurs origines différentes et l'on concevrait que ce patrimoine héréditaire fût intermédiaire à ceux du père et de la mère, sans aucune préférence essentielle pour l'un ou l'autre; ceci est une conséquence de notre conception de l'unité cellulaire primitive et acquise. Aucune différence essentielle ne résulterait, dans les éléments sexuels considérés comme véhicule de l'hérédité, de leur structure *histologique* différente. La fécondation serait comparable à la soudure de deux individus histologiquement incomplets, dont l'un posséderait les tissus qui manqueraient à l'autre. Il se formerait de cette soudure, un nouvel individu doué de l'unité de composition chimique comme un individu ordinaire, ainsi que nous l'avons vu plus haut.

Dans cette conception de la fécondation, la maturation rendrait les éléments incapables de développement par la destruction de la coordination qui permet les échanges avec l'intérieur (renouvellement du milieu intérieur).

Mais il nous resterait à nous demander quelle est la cause de ce phénomène si curieux de mutilation cellulaire qui se produit de temps en temps dans *presque toutes les espèces connues* et, surtout, nous ne comprendrions pas comment des éléments qui ne diffèrent que par des caractères morphologiques, peuvent, par leur présence dans le corps du parent, déterminer ce dimorphisme sexuel si remarquable. Il est plus naturel de penser qu'une différence chimique existe entre les éléments sexuels et que cette différence chimique régit non seulement le dimorphisme des éléments sexuels, mais encore l'apparition des caractères secondaires mâles ou femelles chez les êtres qui contiennent ces éléments.

Appelons d'ailleurs à notre aide les résultats des expériences entreprises sur les éléments génitaux.

Au moyen d'une immersion dans un bain déshydratant, Loeb a rendu capables de se développer sans fécondation des ovules d'oursin ; des expériences plus récentes ont étendu le phénomène à un grand nombre d'espèces animales.

Sans aller plus loin dans l'interprétation de ce résultat remarquable, nous voyons qu'il anéantit d'emblée la théorie morphologique de la fécondation par introduction du centrosome mâle.

Les expériences de *mérogonie* ont donné, sur la nature de la fécondation, des indications également précieuses.

Un morceau de cytoplasme ovulaire, même dépourvu de noyau, attire le spermatozoïde et le reçoit à son intérieur ; le résultat de cette fusion se développe comme un œuf normal. Les spermatozoïdes sont trop petits pour qu'on ait pu réaliser sur eux l'expérience correspondante, c'est-à-dire, couper un spermatozoïde en morceaux et voir si un morceau de spermatozoïde peut féconder un ovule ou un morceau d'ovule ; mais ce que nous savons de l'équivalence héréditaire des deux sexes nous amène à penser que le sexe femelle ne doit pas être plus privilégié que le sexe mâle au point de vue de la mérogonie.

Cette simple remarque suffit à rendre plus probable pour nous la théorie chimique de la sexualité ; je ne reviens pas sur cette théorie que j'ai exposée ailleurs [1] ; je dirai seulement qu'elle paraît en désaccord avec les expériences de Loeb, car si l'ovule diffère du spermatozoïde en ce qu'il est composé de substances *différentes* des siennes, on ne voit pas comment une simple déshydratation remplacerait les substances mâles déficientes et indispensables à l'assimilation. Cette objection serait fondée si la maturation chimique totale des ovules sur lesquels Loeb a opéré était démontrée [2] ; cette maturation chimique

1. *La sexualité* (coll. scientif.), Carré et Naud, 1900.
2. Et encore, même s'il était démontré que les ovules sur lesquels a opéré Loeb étaient chimiquement mûrs, c'est-à-dire dépourvus de toute trace de substance mâle, on pourrait concevoir que, sous l'influence de certains phénomènes osmotiques, des substances femelles se changent en substances mâles, surtout si la différence entre substances mâles et femelles était une dissymétrie moléculaire.

revient, nous le savons à une fonte des substances mâles qui disparaissent dans le milieu et n'est pas toujours absolument synchrone de la maturation morphologique. Il est fort possible que la déshydratation de Loeb arrête cette fonte de substances mâles et, empêchant l'œuf d'atteindre la maturité chimique, le rende capable de parthénogénèse; c'est ainsi que j'ai expliqué la *pseudogamie* dans le livre, cité précédemment : *la sexualité*[1].

Le fait d'une maturation chimique incomplète se rencontre d'ailleurs chez l'abeille, où l'ovule, qui n'est jamais qu'à moitié mûr, peut se développer avec ou sans fécondation[2].

* *
*

Cette question du sexe nous amènerait maintenant à l'étude des phénomènes morphologiques intracellulaires; ce que nous avons vu de l'unité cellulaire nous a conduits à considérer les éléments figurés de la cellule comme dépendant simplement de la forme d'équilibre que *doivent* prendre les substances cellulaires pour assurer le renouvellement du milieu intérieur qui autorise l'assimilation ; cette partie des conditions de la vie élémentaire manifestée pourrait donc s'appeler, comme chez les métazoaires, la *coordination* ou la *vie* de la cellule; mais si cette appellation est logique, elle est inutile et peut entraîner à des confusions; il vaut donc mieux accorder à la cellule la *vie élémentaire manifestée* seulement; on se comprend suffisamment ainsi.

Si, pendant la période d'accroissement, les éléments figurés de la cellule sont distribués d'après une coordination définie,

1. Voir aussi, *Le Développement des œufs vierges* (*Rev. Encyclopédique*, 1900, p. 151). M. Giard a appliqué le même nom de *pseudogamie* au phénomène de Loeb, dans les *comptes rendus de la soc. Biol.* 5 janvier 1901.
2. Voir plus bas chap. ix, l'*Hérédité du sexe*.

tout change au moment de la division cellulaire; je donne plus loin une interprétation sexuelle des phénomènes si curieux de la karyokinèse [1]. Je me contente de signaler ici ces explications auxquelles conduit la méthode de la navette. Je voulais seulement montrer, dans ce premier livre, que la méthode déductive, convenablement appliquée à la biologie, permet de devancer les conquêtes de la chimie des protoplasmas, à condition que l'on se serve, comme points de départ aussi bien des faits bien observés dans le domaine des métazoaires les plus élevés, que des connaissances les plus élémentaires acquises dans l'étude des êtres unicellulaires.

Il serait utile aussi de montrer de quelle importance peut être la méthode de la navette dans l'étude des manifestations psychiques des êtres supérieurs; j'espère pouvoir montrer bientôt comment l'unité individuelle, mise en évidence d'une manière si imprévue chez les animaux et chez l'homme, est susceptible de jeter une vive lumière sur des phénomènes profondément mystérieux jusqu'à présent, comme les faits de suggestion et de télépathie.

1. Voir chap. x, § 3.

LIVRE II

L'ESPÈCE ET L'INDIVIDU

CHAPITRE IV

LA DÉFINITION DE L'ESPÈCE [1]

Quand un voyageur arrive pour la première fois au Sénégal, au Tonkin, ou dans tout autre pays habité par une race profondément différente de celle à laquelle il appartient lui-même, il est, pendant quelques jours, exposé à des erreurs inévitables et souvent fâcheuses. Le portefaix qui a débarqué ses bagages à Dakar, l'hôte qui l'a conduit à son auberge, il les retrouve dans tous les nègres qu'il rencontre, à moins que des vêtements très particuliers ne les distinguent de leurs congénères. Et il confond fatalement les uns avec les autres, lorsqu'il les voit isolément, tous les enfants nègres, tous les nègres d'âge moyen, tous les vieillards nègres. Petit à petit, cependant, certaines physionomies lui deviennent plus familières; après un séjour un peu prolongé, il connaît individuellement tous les habitants du village, et il s'aperçoit enfin que, tout nègres qu'ils sont, ces habitants du même village diffèrent considérablement les uns des autres; il découvre à chacun des caractères personnels, comme il en trouvait à ses concitoyens dans sa ville natale; il

---

1. *Revue de Paris*, novembre 1900.

s'étonne même d'avoir pu confondre d'abord des êtres aussi nettement distincts.

Si ce voyageur était reparti le lendemain de son arrivée, il aurait emporté l'idée que tous les nègres se ressemblent; il aurait gardé le souvenir, non de la physionomie d'un individu spécial, mais d'un type de race, du type Yolof, par exemple, pour le Sénégal; le type de race, nouveau pour lui, aurait continué à masquer toutes les différences individuelles, qui sont moins saillantes. Au contraire, resté longtemps dans le même endroit, il s'est familiarisé avec le type de race et a remarqué les caractères personnels, ce qui ne l'empêchera pas d'ailleurs, s'il quitte le Sénégal pour le Tonkin, de retomber dans la même erreur et de confondre, au début, tous les Annamites les uns avec les autres.

C'est que, entre tous les Yolofs d'âge moyen, entre tous les Annamites d'âge moyen, il y a des ressemblances très frappantes et qui les distinguent nettement des Cingalais, des Lapons, des Botocudos. Supposons qu'un voyageur doué d'un excellent esprit d'observation traverse successivement tous les pays de la Terre en s'arrêtant peu de temps dans chacun d'eux; il rapportera de ses pérégrinations, non le souvenir précis des quelques individus particuliers qu'il aura rencontrés, mais bien une liste, un catalogue de types de races, dans lesquels il fera rentrer tous les hommes et qu'il réunira eux-mêmes en quelques grands groupes, le blanc, le jaune, le noir, le rouge, etc. Montrez ensuite à ce voyageur un Yolof, un Annamite, quelconques, il y reconnaîtra précisément le Yolof, l'Annamite, qui lui ont servi de types, comme s'il n'y avait qu'un Yolof, qu'un Annamite au monde.

Nous agissons comme ce voyageur hypothétique lorsque nous nous livrons à l'observation superficielle du monde animal, — à l'observation des animaux sauvages du moins, car je ne veux pas m'occuper ici de ces malheureux êtres, dits domestiques, chez lesquels la fantaisie de l'homme a, pendant une longue

suite de siècles, artificiellement développé les monstruosités les
plus bizarres. Nous ne remarquons pas de différences individuelles entre les moineaux, les corbeaux, les rats, les grenouilles ; sauf dans des cas tératologiques exceptionnels, le chas-
seur ne distingue pas le lapin, le lièvre, le perdreau qu'il tue,
des autres lapins, lièvres, perdreaux, qu'il a tués ; il les définit
ordinairement, dans son souvenir, par la blessure qu'il leur a
faite ou le pays dans lequel il les a tirés ; un lapin est un lapin
et non pas Jean lapin ou Pierre lapin. Et cependant les lapins
se connaissent entre eux, les fourmis se reconnaissent après
une longue absence, tout comme les Yolofs ou les Annamites,
mieux peut-être ; mais, pour un observateur superficiel, ces différences individuelles n'existent pas ; ce qui existe, ce sont des
espèces : l'espèce lapin, l'espèce lièvre, l'espèce moineau.

La notion d'espèce est une notion spontanée, qui résulte naturellement chez l'homme de l'examen rapide des êtres qui l'entourent ; nos ancêtres ont eu cette notion dès le début : la Bible
nous enseigne que Dieu a créé chacune des espèces qui existent
aujourd'hui ; Linné a adopté cette manière de voir et a dit :
« Nous comptons autant d'espèces qu'en créa, à l'origine,
l'être infini ». Dans cette hypothèse tout est facile, il suffit
de décrire séparément chaque espèce, la définition d'une espèce
est sa description rigoureuse. Or, cette conclusion d'une observation superficielle ne résiste pas à un examen approfondi ; le
naturaliste chargé de la description d'une espèce donnée se
trouvera gêné quand il arrivera aux petits détails d'organisation, car ces petits détails sont personnels, et diffèrent chez des
individus que l'on avait crus d'abord identiques. Supposons par
exemple qu'il faille décrire une feuille de chêne ; laquelle choi-
sira-t-on comme modèle ? Dans une forêt contenant des milliers
de chênes et des millions de feuilles de chêne, il est impossible
de trouver deux feuilles identiques. Comment donc définir une
feuille de chêne de manière que, muni de cette définition, un

observateur quelconque puisse la reconnaître partout et tou-
toujours!

Cette difficulté modifie profondément l'idée d'espèce que nous
avait suggérée une observation rapide. Au lieu de cette notion
précise d'identité, de reproduction intégrale d'un type primitif
créé à l'origine par l'Être infini, on se trouve conduit à adopter
une définition vague fondée sur une similitude plus ou moins
grande, et à donner le même nom à des choses réellement
différentes. Toute la précision des sciences naturelles sombre
dans ce compromis.

Il peut paraître puéril que l'on s'acharne à donner de la précision aux sciences naturelles; pour beaucoup d'esprits, les
sciences naturelles n'ont en effet d'autre objet que de cataloguer
d'une manière plus ou moins commode les êtres connus. Cela
fut vrai tant que l'on pensa, avec Linné, que toutes les espèces
avaient été créées séparément, mais la théorie transformiste est
venue donner à l'étude des formes vivantes une portée philosophique nouvelle. Le problème de la parenté des espèces, de
leur origine commune, de leur descendance d'ancêtres communs
préoccupe aujourd'hui tous les naturalistes et tous les philosophes. Chacun prend parti, qui pour, qui contre la théorie transformiste. Les plus acharnés des adversaires de cette théorie;
les plus chauds partisans de la création séparée de chaque
espèce, sont obligés d'admettre cependant une certaine variabilité que l'observation de tous les jours permet de constater.
Mais, disent-ils, cette variabilité indéniable ne va jamais jusqu'à
la formation d'espèces nouvelles; il apparaît seulement des
variétés, des *races*, jamais des *espèces*. Demandez-leur quelle
différence ils établissent entre les variétés et les espèces, ils
vous répondront précisément qu'ils réunissent dans une espèce
les êtres susceptibles de dériver les uns des autres, de se transformer les uns dans les autres.

Or, c'est là un cercle vicieux qui ne permet pas d'avancer d'un

pas. Le lapin et le lièvre sont-ils des espèces distinctes? Oui,
répondent les partisans de la création distincte, puisque jamais
on n'a vu le descendant d'un lapin devenir un lièvre, ou réciproquement. Mais supposez que l'on arrive d'une manière quelconque à faire descendre un lapin d'un lièvre. Ne croyez pas
qu'ils verront là une transformation d'espèce : « Votre expérience est intéressante, diront-ils ; elle nous prouve que nous
nous étions mépris sur les limites de l'espèce dans le genre
Lepus : le lapin et le lièvre ne sont que des variétés d'une
même espèce ». Ainsi, aucune expérience ne pourra résoudre
la question, au lieu que, si l'espèce était définie d'une manière
logique et scientifique, il suffirait d'obtenir, *une seule fois*,
une variation spécifique, pour donner une base inébranlable à
la théorie transformiste.

Darwin lui-même a conclu à l'impossibilité de définir l'espèce : « Nous serons obligé de reconnaître, dit-il, que la seule
distinction à établir entre les espèces et les variétés bien tran-
chées consiste seulement en ce que l'on sait ou que l'on suppose
que ces dernières sont actuellement reliées les unes aux autres
par des gradations intermédiaires, tandis que les espèces ont
dû l'être autrefois. En conséquence, sans négliger de prendre
en considération l'existence présente de degrés intermédiaires
entre deux formes quelconques, nous serons conduits à peser
avec plus de soin les différences qui les séparent et à leur attribuer une plus grande valeur. Il est fort possible que des formes
aujourd'hui reconnues comme de simples variétés, soient plus
tard jugées dignes d'un nom spécifique; dans ce cas, le langage
scientifique et le langage ordinaire se trouveront d'accord. Bref,
nous aurons à traiter les espèces comme de *simples combinaisons artificielles* inventées pour une plus grande commodité.
Cette perspective n'est peut-être pas consolante, mais nous
serons au moins débarrassés des vaines recherches auxquelles
donne lieu la définition absolue, non encore trouvée et introu-

vable, du terme espèce ». Malgré l'autorité du grand nom de Darwin, essayons cependant d'arriver à cette définition introuvable.

.·.

Revenons à nos feuilles de chêne; nous avons remarqué qu'elles sont *différentes* et non identiques : poursuivons au moyen de cette nouvelle donnée. La différence constatée nous amène à paraphraser la définition de Lipné : Dieu a créé, non pas un certain nombre de types rigoureusement définis, mais des types moyens autour desquels oscillent tous les êtres nés depuis, *sans néanmoins s'en écarter trop*. C'est à cette définition volontairement imprécise que les sciences naturelles doivent de ne pas être des sciences exactes. A la notion rigoureuse de l'espèce définie par un type constamment identique à lui-même, succède la notion nouvelle de la *variabilité dans les limites de l'espèce*. Pour définir une espèce, il ne s'agit donc plus de décrire un type d'animal ou de végétal, mais un certain nombre de types extrêmes entre lesquels devront se placer tous les individus de l'espèce considérée.

Nous voici en présence d'une formule spécieuse, qui semble rendre à la définition de l'espèce, sinon toute la précision primitive, du moins une rigueur qui suffira aux classificateurs, mais ce n'est qu'une formule spécieuse, qui ne résiste pas à l'user. Prenons 50 feuilles de chêne; il est très probable que chacune d'elles sera une forme extrême, divergeant dans un sens spécial du prétendu type moyen; une nouvelle feuille prise au hasard ne trouvera généralement pas sa place parmi les précédentes, mais manifestera une divergence nouvelle dans un sens nouveau; d'où suit que, pour fixer les limites entre lesquelles peut varier une feuille de chêne, il faudra décrire toutes les feuilles de chêne.

La variabilité dans les limites de l'espèce ne saurait donc être considérée comme une chose suffisamment précise. Au lieu de constater résolument cette défectuosité de la définition, on a essayé de la masquer : puisqu'il est impossible de fixer les limites de l'espèce, ne peut-on du moins fixer un maximum des variations permises? Ce raisonnement mène à la définition suivante : Étant données 50 feuilles de chêne, j'appellerai feuille de chêne un corps qui ne différera pas plus de ces 50 feuilles de chêne qu'elles ne diffèrent entre elles. Or, il peut y avoir des différences de divers ordres et qui, par conséquent, ne soient pas comparables entre elles, ne puissent pas être rapportées à une commune mesure. Si par exemple, on a relevé, entre les 50 feuilles initiales, des différences dans la longueur, la largeur, les sinuosités, le nombre et la disposition des nervures, on pourra comparer une 51e feuille aux précédentes au point de vue de chacun de ces caractères envisagés séparément, et estimer que les divergences ne sont pas trop grandes; mais cette 51e feuille pourra différer encore des premières par la couleur ou l'épaisseur : Comment apprécierons-nous ces nouvelles différences? Telle coloration constituera-t-elle un caractère plus aberrant que telle largeur ou telle longueur? Une feuille dont le vert tirera sur le rouge vineux sera-t-elle plus éloignée d'une feuille verte que ne l'est une feuille de même couleur ayant des nervures plus souvent bifurquées?

On ne peut comparer que des quantités qui sont susceptibles d'une commune mesure. Pour appliquer rigoureusement la précédente définition, il faudrait décomposer la description de la feuille de chêne en un grand nombre de paragraphes, dont chacun correspondrait à un caractère susceptible de mensuration. Il y aurait, par exemple, 25 paragraphes concernant, le premier la longueur, le second la largeur, le troisième l'épaisseur, les autres, les nervures, les sinuosités, la couleur, etc... On ferait, au moyen de ces 25 paragraphes, la description d'une feuille de chêne, ainsi qu'on fait le signalement anthropométrique d'un criminel, d'une manière absolument précise [1], par des coefficients numériques. Dans chaque paragraphe, on pourrait se proposer de fixer une limite supérieure et inférieure des coefficients et l'on aurait ainsi fixé les limites de l'espèce, on ne considérerait comme faisant partie de l'espèce étudiée qu'un corps dont tous les coefficients seraient compris, pour chaque paragraphe, dans les limites conventionnellement admises. Un tel procédé est-il applicable dans la pratique? Nous allons voir quelles objections il soulève, et j'espère que l'étude de ces objections nous amènera à une définition vraiment précise de l'espèce.

∴

D'abord, cette division en paragraphes, que nous venons de faire, pourra-t-elle être complète? Une fois établis ces 25 paragraphes pour la feuille de chêne, pourrons-nous, en nous y reportant, définir parfaitement n'importe quelle feuille de chêne? Ne peut-il arriver que nous trouvions, par hasard, dans une nouvelle feuille, un nouveau caractère resté jusque-là inaperçu, et qui nous obligerait à ouvrir une nouvelle rubrique. Cette difficulté se présentera d'autant moins que nous étudierons un nombre plus grand de feuilles, et l'on peut concevoir un catalogue complet des caractères; pour être sûr qu'on y est arrivé, il faudrait, strictement, avoir étudié toutes les feuilles de chêne; pratiquement il suffira d'en avoir étudié un grand nombre.

Il n'y a donc pas là d'objection valable. Nous pouvons sup-

---

1. Le signalement de notre feuille de chêne devra être *absolument complet*, et par conséquent bien plus complet que la détermination anthropométrique d'un criminel, puisque cette détermination anthropométrique pourrait aussi bien s'appliquer à une statue de cire ou de marbre qu'à un homme formé de substance humaine. Il faudra que ce signalement soit assez complet pour que nous puissions concevoir la possibilité de construire, en s'aidant de lui, une feuille de chêne *identique* à la première.

poser que, pour chaque espèce, on a établi le catalogue complet des caractères mensurables; ce catalogue permettra de faire le signalement de tout individu nouveau et, si l'on suppose fixées à l'avance, dans chaque paragraphe, les limites supérieures et inférieures entre lesquelles le caractère donné oscillera dans une espèce donnée, on déclarera que cet individu fait partie de l'espèce quand tous ses caractères signalétiques seront, pour chaque paragraphe, compris entre les limites préalablement assignées.

Ce critérium par le signalement serait ainsi la traduction précise et logique de la définition donnée tout à l'heure : étant données 50 feuilles de chêne j'appellerai feuille de chêne un corps qui ne différera pas plus de ces 50 feuilles qu'elles ne diffèrent entre elles. Or, cette définition serait mauvaise, car elle préjugerait de la variabilité dont les feuilles de chêne sont susceptibles; nous n'avons pas le droit de fixer, *a priori*, dans chacun de nos paragraphes, des limites aux dimensions individuelles[1].

Je suppose que l'on ait fait le signalement de *toutes* les feuilles de chêne; dans chaque paragraphe, on prendra donc comme limite le plus grand et le plus petit des coefficients individuels. Soit, par exemple, 20 centimètres, la longueur maxima de toutes les feuilles étudiées. Toutes les feuilles de chêne devront avoir moins de 20 centimètres de longueur. Et si, cela établi, je viens à rencontrer un objet qui, sous tous les rapports, ressemble à une feuille de chêne, mais qui mesure 21 centimètres, dirai-je que cet objet n'est pas une feuille de chêne ? Ce serait parfaitement illogique. Et cependant, c'est *uniquement* à cette fixation de limites que se réduit la définition précédente; or, cette définition, tirée de celle de Cuvier, est adoptée partout.

---

1. Dimension veut dire ici, naturellement, coefficient d'une qualité mensurable quelconque.

Il serait absurde de fixer conventionnellement, *dans une définition de l'espèce*, des limites aux dimensions individuelles, puisque, si l'on trouvait par hasard un individu qui dépassât un peu ces limites on serait obligé de modifier, par là même, la définition admise. Ce serait absurde, et ce serait, en outre un cercle vicieux évident; car c'est s'interdire tout examen de la thèse transformiste que d'assigner *a priori* des limites à la variabilité dans une espèce donnée.

Une définition de l'espèce établie sur des *inégalités* arbitrairement définies, contient en elle-même la solution des problèmes qu'impose l'idée d'espèce; elle est donc mauvaise, et il en faut chercher une autre, plus précise, établie sur une *égalité*.

∴

Les considérations précédentes sur le signalement des individus nous amènent à une conclusion que beaucoup considèrent comme très importante, celle de la continuité possible dans l'intérieur de l'espèce. Nous avons vu plus haut que Darvin considérait cette notion de continuité comme essentielle. De Candolle en faisait la base de la définition de l'espèce. Elle se présente naturellement à nous par le raisonnement que voici :

Supposons que nous ayons décrit deux individus d'une espèce donnée en inscrivant tous leurs coefficients numériques dans les paragraphes de l'état signalétique. Nous pouvons, en changeant arbitairement les coefficients, créer par l'imagination autant de types que nous voudrons, et qui appartiendront tous à l'espèce donnée. Plus précisément, si, dans chaque paragraphe, nous prenons exactement la moyenne des coefficients correspondants des deux premiers individus, nous aurons fabriqué le signalement d'un troisième individu qui sera rigoureusement la moyenne des deux premiers; si le premier avait

1 m. 74 et le second 1 m. 80, le troisième aura 1 m. 77 ; si le premier avait un nez de 4 centimètres et le second un nez de 2 centimètres, le troisième aura un nez de 3 centimètres, et ainsi de suite ; le troisième individu sera, jusque dans les moindres détails, la moyenne des deux premiers.

Ce troisième type existe-t-il ? Peu importe. Ce que nous pouvons affirmer, c'est que, si on nous présentait ce troisième type, nous le classerions immédiatement dans l'espèce définie par les deux premiers. Puisque toute la question du transformisme se ramène à rechercher la possibilité de telle ou telle variation d'une espèce donnée, il faut évidemment que la définition de l'espèce n'implique pas, à l'avance, la réponse à cette question ; la définition de l'espèce ne doit pas être le but, mais le point de départ des recherches d'histoire naturelle ; il faut seulement se proposer, l'espèce étant définie d'une manière logique, de rechercher ensuite quels sont les types des différentes espèces, existants ou possibles. Par exemple, Darwin rapporte ce fait surprenant et mystérieux, que les matous blancs qui ont les yeux bleus sont sourds : Supposez qu'on vous décrive un chat blanc ayant des yeux bleus et qui ne soit pas sourd, direz-vous que ce n'est pas un chat ? Non évidemment ; vous direz seulement que ce chat n'existe pas, ce qui est tout différent.

Nous avons fabriqué de toutes pièces le signalement d'un troisième individu exactement intermédiaire entre les deux premiers ; entre ce troisième et le premier ; nous pouvons déterminer un quatrième individu qui soit la moyenne exacte de ces deux derniers types et ainsi de suite, de sorte que nous pouvons établir, entre nos deux individus point de départ, une série *continue*[1] d'individus intermédiaires et qui seront tous de

---

1. Une série continue, c'est-à-dire une série telle que l'on puisse passer *insensiblement* de chaque individu à son voisin le plus immédiat dans la série.

l'espèce des deux premiers. Ceci est la notion de la continuité de l'espèce, au sens mathématique du mot.

Cette continuité existe-t-elle dans la nature? tout au moins, elle *peut* exister : Depuis sa naissance jusqu'à sa mort, un homme varie d'une manière continue; or, toutes les formes qu'il traverse sont des formes possibles de l'espèce homme; si donc nous établissons un tableau de toutes ces formes successives, nous aurons déjà un nombre infini de formes humaines, mathématiquement continues. Et ceci pourra être répété pour chaque homme, de sorte que nous obtiendrons un très grand nombre de séries continues de formes humaines.

Le voyageur hypothétique de tout à l'heure avait cependant établi, par un rapide coup d'œil jeté à la surface du globe, qu'il y a plusieurs types nettement définis parmi les hommes, et ces types semblaient séparés par des intervalles considérables, enlevant toute idée de continuité. Si le coup d'œil avait été moins rapide, la séparation des types aurait paru moins tranchée; si, par exemple, notre voyageur avait observé *tous* les Yolofs et *tous* les Pahouins, en tenant compte de tous leurs caractères, il aurait été obligé de confesser son impuissance à tracer entre ces deux groupes d'hommes une ligne de démarcation nettement tranchée; il aurait constaté l'existence d'un certain nombre de types de transition, et aurait été bien embarrassé pour classer ces types sous la rubrique Yolof ou sous la rubrique Pahouin. Entre le Yolof le plus Yolof et le Pahouin le plus Pahouin, il aurait dû établir toute une échelle de raccord composée d'êtres tenant à la fois du Yolof et du Pahouin. Y a-t-il continuité dans cette échelle? Pas au sens mathématique du mot. Le nombre des Yolofs et des Pahouins est limité, et pour établir une série *continue* entre deux êtres différents il faut une *infinité* d'échelons[1]. Pratiquement, l'on ne

---

1. On pourrait bien trouver ce nombre infini d'échelons en prenant, pour chaque individu, toute la série des formes par lesquelles il a passé

peut donc pas considérer que la continuité existe, au sens mathématique, dans une espèce donnée; la différence entre deux frères est *finie*, et il faudrait une infinité de formes intermédiaires pour combler l'intervalle qui les sépare.

Néanmoins, nous avons le droit de considérer théoriquement l'espèce comme continue, puisque nous pouvons toujours *imaginer*, entre deux types donnés, une infinité de types de même espèce qui comblent, par une série ininterrompue, l'intervalle des deux premiers. Mais ceci n'est qu'une conception théorique de laquelle nous ne pouvons tirer un critérium qui permette, pratiquement, de définir l'espèce. Toutes les considérations précédentes nous amenaient en effet à considérer l'espèce comme la collection des individus qui forment un ensemble continu, séparé, par des discontinuités, d'avec les autres espèces[1]. Or, si cette continuité est théoriquement acceptable, pratiquement, il y a discontinuité entre deux individus, différents, quelque voisins qu'ils soient l'un de l'autre. La continuité n'existe pas, puisque le nombre des individus est limité; quant à définir l'espèce par un certain maximum des discontinuités permises, ce serait retomber dans l'imprécision. Du Parisien au Fuégien, vous trouverez, dans l'échelle humaine, des discontinuités évidentes; seront-elles plus ou moins importantes que celles qui séparent le Fuégien du gorille ? On ne saurait comparer des différences qui ne peuvent être rapportées à une commune mesure. La définition de l'espèce par la continuité, outre qu'elle ne serait pas pratique, est donc impossible.

---

depuis son enfance, mais pour que la continuité entre deux Pahouins existât, il faudrait que leurs courbes évolutives eussent un point commun, c'est-à-dire qu'à un certain âge, l'un d'eux fût *identique* à ce qu'a été l'autre à un âge quelconque. Or, cela n'a pas lieu.

1. C'est la définition de De Candolle.

.
.

Toutes ces incertitudes, en dépit des apparences, nous amènent très près du port. Nous avons été conduits, pour comparer entre eux les divers individus d'une même espèce, à classer tous les caractères de ces individus en un certain nombre de paragraphes. Le caractère inscrit dans chaque paragraphe est susceptible d'une mensuration et, par conséquent, sa valeur dans un individu donné peut être représentée par un nombre. La série de tous les nombres relatifs à un individu, la série des coefficients individuels, constitue une description complète et précise de l'individu. D'autre part, tout individu de l'espèce peut être déterminé complètement au moyen des paragraphes comprenant les divers caractères. Pour passer d'un individu à un autre individu d'une même espèce, il suffit de changer les coefficients.

Ainsi les différences entre individus de même espèce sont des différences de quantité. Or, ce qui caractérise une espèce, c'est l'ensemble des paragraphes au moyen desquels on peut déterminer numériquement, définir d'une manière complète et précise, un individu quelconque de cette espèce; c'est, en d'autres termes, l'ensemble des qualités de l'espèce. Donc, la définition de l'espèce est qualitative, et la détermination de l'individu est quantitative.

En d'autres termes, étant donnés les éléments constitutifs d'un individu d'une espèce, on pourra avec des quantités variables de ces éléments *et de ces éléments seuls*, construire n'importe quel autre individu de la même espèce; réciproquement, si deux individus sont composés des mêmes éléments, et uniquement des mêmes éléments, en quantités différentes, ces deux individus sont de même espèce.

Mais, dira-t-on, avec la série des paragraphes destinée à la

détermination d'une feuille de chêne, il sera possible de décrire
complètement une feuille de hêtre, une feuille de lierre, une
feuille de platane!

Cela est faux. Parmi les caractères rangés dans les paragraphes, il y en a qui sont communs à tous les corps de la
nature, vivants ou bruts. Tous les corps ont une longueur,
une largeur, une épaisseur, une densité. Évidemment, ces
caractères n'ont rien de spécifique et il y aura à toutes les séries
de paragraphes caractérisant les diverses espèces un certain
nombre de paragraphes communs [1]. Au point de vue de ces
paragraphes communs, *mais de ceux-là seuls*, l'on pourra
décrire indifféremment une feuille de lierre, une feuille de
chêne, une feuille de platane. Cela n'empêche pas qu'il ne soit
impossible avec les éléments constitutifs d'une feuille de chêne,
en quelque quantité qu'on les prenne, de construire une feuille
de lierre. Les substances constitutives des feuilles de chêne
ont des propriétés différentes de celles des feuilles de lierre.
Réduisez des feuilles de chêne en bouillie, un bon chimiste
reconnaîtra dans cette bouillie les substances des feuilles de
chêne et ne les confondra pas avec celles des feuilles de lierre;
il y a entre ces corps des différences qualitatives.

Ainsi nous possédons une définition de l'espèce, définition
précise et complète et qui ne préjuge en rien de la solution des
problèmes qu'on se pose au sujet de l'espèce. Des êtres sont
d'une même espèce quand ils ne présentent entre eux que des
différences quantitatives. Il n'est plus question, dans cette définition, d'inégalités comprises entre de certaines limites.

La définition invoque uniquement l'identité qualitative; peu
importe l'amplitude des inégalités quantitatives.

---

1. Par conséquent, on n'aura à tenir compte d'aucun de ces paragraphes,
communs à toutes les espèces, dans la détermination d'une espèce
donnée.

.·.

La définition précédente est rigoureuse et générale; elle s'applique aussi bien aux corps bruts qu'aux corps vivants; dans les déductions que nous avons faites, il n'a jamais été question de vie ou de mort; elle n'est autre chose que la définition de l'espèce en chimie. Mais, depuis plus d'un siècle qu'on discute sur l'espèce en biologie, on a si bien entremêlé la question de la définition pure et simple avec celle de la variabilité, de la parenté, etc., qu'il est devenu presque impossible aujourd'hui d'aborder le problème d'une manière purement logique.

En chimie, on appelle corps de même espèce, des corps qui ne présentent que des différences quantitatives. Un gramme de sel marin et un kilogramme de sel marin sont des corps de même espèce; le sel et le sucre sont deux espèces différentes : étant donné un morceau de sucre, vous pourrez construire avec du sel un solide qui ressemblera à ce morceau de sucre, qui en aura la longueur, la largeur, l'épaisseur, mais qui en différera par des qualités *spécifiques*, la densité et les propriétés chimiques; ce sera un morceau de sel et non un morceau de sucre. Un mélange d'eau et de sucre peut se faire dans une infinité de proportions différentes; chaque mélange aura des propriétés individuelles suivant les proportions dans lesquelles il aura été fait, mais ce sera toujours de l'eau sucrée. Ainsi, dans l'espèce *eau sucrée*, nous trouvons des différences quantitatives entre les diverses eaux sucrées, comme nous en trouvons dans l'espèce homme entre les divers individus humains. Il est plus facile d'analyser une eau sucrée au point de vue quantitatif que d'analyser un homme au même point de vue; les chimistes sont encore bien embarrassés pour doser d'une manière précise les éléments de l'homme, mais ils y arriveront.

Les chiens y arrivent dès à présent. Mon chien me reconnaît, à travers une porte, à mon odeur; or, mon odeur se compose des mêmes éléments que l'odeur d'un homme quelconque, mais dans des proportions qui me sont personnelles puisqu'elles suffisent à me faire reconnaître par mon chien; le nez du chien est donc un organe d'une sensibilité extrême pour l'analyse quantitative des odeurs humaines. Notre odorat n'est pas aussi perfectionné que celui du chien, mais, chez certains hommes, le sens du goût est aussi admirable; les maîtres de chais de Bordeaux savent reconnaître, à la dégustation, le cru et l'année d'un vin du Bordelais; or, ces vins du Bordelais sont de même espèce; ce sont des mélanges des mêmes substances en proportions variables; les dégustateurs sont donc des instruments très précis d'analyse quantitative. Si certains organes permettent d'analyser avec autant de précision les caractères quantitatifs, les caractères qualitatifs n'en sont pas moins plus saillants; un dégustateur reconnaît qu'une boisson est du vin avant de savoir quel vin; mon chien reconnaît l'odeur d'homme avant de savoir que c'est moi qu'il sent.

J'ai connu un chien qui détestait tous les chats, sauf un seul, Minet, celui de la maison. L'odeur des chats le mettait en fureur. Un jour, dans un endroit où il n'avait pas l'habitude de rencontrer Minet, il fut attiré par l'odeur du chat et se précipita..., ce ne fut qu'en s'approchant qu'il reconnut, tout honteux, son camarade qui se moquait de lui. Il avait fait l'analyse qualitative de l'odeur du chat, avant l'analyse quantitative plus délicate de l'odeur de Minet.

C'est ainsi que nous-mêmes, nous reconnaissons un moineau, un rat, avant de savoir quel moineau, quel rat, et nous nous en tenons généralement à cette grossière analyse qualitative faute de savoir aller plus loin; nous ne connaissons pas individuellement les moineaux et les rats.

*
* *

S'il était si facile de donner une définition rigoureuse de l'espèce, comment se fait-il qu'on s'en soit tenu si longtemps à des définitions vagues, qui ne permettent pas de poser nettement les problèmes biologiques?

Cela tient à deux causes; la première, c'est qu'on a toujours abordé cette question avec des idées préconçues sur la fixité ou la variabilité de l'espèce et que l'on a introduit ces idées dans la définition, et le cercle vicieux dans tous les raisonnements établis ensuite sur cette définition.

La deuxième cause est l'erreur morphologique que l'on a commise, depuis l'origine, en s'acharnant à décrire tous les animaux avec les termes qui servent à la description de l'homme; on a trouvé des tibias et des fémurs chez les insectes, un pied chez les escargots, un cœur chez les oursins. En attribuant ainsi des dénominations communes à des choses essentiellement différentes, on a masqué volontairement les différences qualitatives et l'on a pu croire que ces différences n'existaient pas, que l'on pouvait décrire un poisson avec la série des paragraphes établis pour le signalement d'une hydre ou d'un ver de terre. Si cela était, il n'y aurait dans la série animale que des différences de quantités; tous les groupes de la classification, variété, espèce, genre, ordre, embranchement, seraient définis par des limites imposées arbitrairement à ces différences de quantité; ce seraient donc tous des groupes conventionnels, fantaisistes, que chacun pourrait définir et limiter à sa guise. Un groupe d'êtres ou de corps ne peut être défini d'une manière précise, que par une identité, que par quelque chose de commun à tous les êtres considérés, cette propriété commune étant d'une *précision absolue*. Toutes les eaux sucrées sont définies d'une manière rigoureuse par la formule « eau et sucre » commune à toutes.

Si l'on fait intervenir, dans une définition, des différences inférieures à une limite donnée, cette définition a quelque chose de forcément arbitraire, le choix de la limite adoptée. On définira, par exemple, *eau très sucrée*, une eau sucrée qui aura plus de 80 p. 100 de sucre, *eau moyennement sucrée*, une eau sucrée qui aura entre 40 et 80 p. 100 de sucre et *eau peu sucrée*, une eau sucrée qui aura moins de 40 p. 100 de sucre. On aura ainsi créé trois variétés d'eau sucrée, mais il est évident que ces variétés sont arbitraires, comme le sont ces limites. Ce qui est précis, rigoureux, susceptible d'une définition unique, c'est uniquement *l'espèce* eau sucrée, définie qualitativement « eau + sucre ». De même l'espèce *eau salée* définie par « eau + sel », et ce seul exemple prouve que la notion de continuité ne permet pas de définir les espèces, puisqu'il y a continuité entre les espèces différentes *eau sucrée* et *eau salée*, par le terme *eau pure* qui est la limite commune de ces deux espèces.

Dans tous les groupes de la classification des êtres vivants, il peut y en avoir beaucoup d'arbitraires et cela est indifférent si l'on veut seulement créer un catologue commode de ces êtres, mais il serait vraiment oiseux de discuter sur la variabilité de groupes définis arbitrairement, et puisque la question capitale du transformisme est la variabilité de l'espèce, il faut que le groupe *espèce* ait une définition rigoureuse, une définition qualitative. On pourra, dans une espèce, définir arbitrairement des sous-groupes que l'on appellera des races, des variétés et qui seront caractérisés quantitativement, mais la définition de ces sous-groupes étant arbitraire [1], aucune discussion sérieuse ne pourra être entreprise sur leur limitation.

Reprenons, par exemple, la série des types humains établie

---

1. Les individus d'une même espèce se groupent néanmoins autour de certains types de race qui ne sont pas quelconques et dont l'origine devra être étudiée avec la question du transformisme.

par notre voyageur hypothétique de tout à l'heure, et supposons
que tous les hommes ne forment qu'une espèce — je dis, *supposons*, car la question est discutée et, de ce que nous avons
défini l'espèce, il ne s'ensuit pas que nous sachions résoudre
immédiatement cette question; un problème est plus facile à
attaquer quand son énoncé est clair, mais il y a des problèmes
dont l'énoncé est clair et qu'on ne sait pas résoudre. — Supposons, dis-je, que l'espèce humaine soit unique; cela revient à
dire que, entre tous les hommes, il n'y a que des différences
quantitatives; en d'autres termes, la même feuille de signalement pourra être employée à la description complète de chacun
d'eux. Faisons toutes ces feuilles de signalement individuel et
ensuite, essayons de les répartir en un groupement statistique;
nous nous apercevrons bien vite que la distribution des individus dans notre statistique n'est pas homogène, qu'il y a
des accumulations plus considérables autour de certains types
quantitatifs. Si nous avons, par exemple, tous les signalements
des Yolofs, nous créerons, en faisant la moyenne de tous les
coefficients dans chaque paragraphe, le signalement d'un Yolof
moyen qui peut-être, n'existe pas, mais autour duquel se grou-
peront, dans notre statistique, tous les Yolofs, si bien qu'ils s'en
rapprocheront plus que du type moyen des Annamites ou des
Fuégiens. Chaque type moyen, déterminé par la moyenne
arithmétique d'un certain nombre d'individus relativement semblables, sera un type de race; mais la définition de ce type de
race n'aura rien de rigoureux; étant donné par exemple le
type moyen Yolof et le type moyen Pahouin, nous pourrons
rencontrer un nègre qui se trouvera à peu près à égale distance
de ces deux types moyens et que nous ne saurons pas à quelle
race rattacher.

Voici un exemple plus simple, emprunté au règne *inorga-
nique*, qui mettra nettement en évidence le vague des définitions quantitatives. Une lumière blanche se compose d'un très

grand nombre de radiations différentes que nous appelons les *couleurs*; chaque couleur résulte d'un mouvement vibratoire d'une vitesse déterminée; il n'y a, entre deux couleurs différentes, qu'une différence de vitesse vibratoire, une différence quantitative; toutes les couleurs sont de même espèce. Faisons un tableau de toutes les couleurs contenues dans une lumière blanche donnée, ce qui est bien facile en décomposant la lumière blanche avec un prisme, en réalisant ce qu'on appelle le *spectre* de la lumière blanche considérée; nous verrons immédiatement qu'il y a sept types principaux de couleurs, que nous appelons : Violet, indigo, bleu, vert, jaune, orangé, rouge, c'est-à-dire que les couleurs se groupent, pour notre œil, autour de ces sept types remarquables; mais, à mi-distance entre le vert le plus vert et le jaune le plus jaune, quelle couleur rencontrons-nous? Est-elle verte ou jaune? nous avons autant de raison de l'appeler verte que jaune. Ainsi, notre définition quantitative, précise pour chaque couleur simple que nous déterminons par un nombre précis de vibrations, ne nous donne qu'une classification vague, analogue à celle des races humaines. Il en est de même pour d'autres vibrations qui donnent cependant à nos sens l'illusion de choses de *qualité* différente, comme la lumière, la chaleur, les oscillations hertziennes, etc. Il n'y a peut-être entre ces mouvements vibratoires que des différences quantitatives; ce ne seraient pas alors des espèces nettement limitées.

.·.

D'où vient l'intérêt immense qui s'attache à la question de l'espèce en biologie?

Jusqu'à présent nous avons parlé des êtres vivants au même titre que des corps bruts, sans faire mention d'une manière plus expresse de leur qualité d'êtres vivants; et cependant, quand on parle d'espèce, c'est toujours aux êtres vivants que l'on pense : « Je ne discuterai pas, dit Darwin, les différentes définitions que l'on a données du terme *espèce*. Aucune de ces définitions n'a complètement satisfait tous les naturalistes, et cependant chacun d'eux sait vaguement ce qu'il veut dire quand il parle d'une *espèce*. Ordinairement le terme *espèce* implique l'élément inconnu d'un acte créateur distinct ». Remarquez que ce passage est tiré de l'*Origine des espèces*; on peut s'étonner que l'illustre auteur de cet ouvrage immortel n'ait pas songé à définir d'une manière précise les espèces dont il recherchait l'origine. Dans les ouvrages de Lamarck, de Cuvier, de Darwin, l'idée d'espèce est toujours encombrée de l'idée de parenté et c'est là à mon avis, un manque de logique.

Supposons que le monde soit, par une baguette magique, fixé dans l'état où il se trouve actuellement, sans qu'il reste aucun document sur son passé. — Il ne subsisterait aucune notion de parenté entre les êtres. Croyez-vous qu'un chimiste idéal doué d'une connaissance *surhumaine* de la chimie, s'en trouverait empêché de dresser un catalogue parfait des espèces actuelles? Non, évidemment : Pourquoi donc introduire toujours, dans la définition de l'espèce, la notion de parenté qui, *a priori* tout au moins, n'a rien à voir avec elle?

Les êtres vivants jouissent d'une propriété spéciale, qui les distingue des corps bruts : ils ont la faculté de former des corps semblables à eux : c'est ce qu'on appelle la faculté de reproduction. Pour les êtres inférieurs, cette propriété est la propriété fondamentale ; dans des conditions convenables, une bactérie donne naissance à deux bactéries identiques à elle-même ; chacune de ces deux bactéries donne, à son tour, naissance à deux bactéries nouvelles et ainsi de suite, c'est ce qu'on appelle la multiplication par bipartition. Chez les êtres supérieurs le phénomène est un peu plus compliqué; il faut deux êtres différents pour procréer un être nouveau qui ressemble toujours à

l'un de ses parents ou à tous les deux. Je pourrais montrer
rapidement que la notion de reproduction ne s'en trouve pas
altérée, mais il faudrait faire appel à des connaissances qui ne
sont pas familières à tous; j'aime mieux me limiter aux cas où
un seul individu peut se reproduire par lui-même sans aucune
intervention étrangère, ce qui n'ôtera au raisonnement rien de
sa généralité.

Le fait de la reproduction chez les êtres vivants est un fait
d'observation; que les rejetons soient, dans le cas des êtres
inférieurs, *identiques*, dans le cas des êtres supérieurs, *semblables* seulement à leurs parents, c'est ce que chacun peut vérifier facilement. C'est le fait qui a amené tant de complication
dans la notion courante d'espèce.

Il est, le plus souvent, facile de constater que les rejetons
sont de la même espèce que leurs parents; bien plus, au cours
d'une observation limitée, on voit toujours que les êtres vivants
quels qu'ils soient, dérivent d'êtres de même espèce qu'eux; on
peut affirmer qu'aujourd'hui, il n'y a sur la terre aucun être
vivant qui ne provienne d'un être de même espèce que lui;
l'espèce est héréditaire dans le cas normal, et il n'est pas d'individu vivant qui ne tienne son *espèce* de l'hérédité. De cette
constatation à la confusion entre la notion d'espèce et celle d'hérédité, il n'y avait qu'un pas; on l'a franchi immédiatement.
On a défini l'espèce par l'hérédité, par la parenté, comme si la
notion d'espèce n'était pas une notion primitive, une notion
logique indépendante des propriétés de reproduction spéciales
aux corps que l'on classe dans les espèces; on peut définir
rigoureusement l'espèce dans les corps bruts, et les corps bruts
ne se reproduisent pas; si les êtres vivants ne se reproduisaient
pas, ils appartiendraient néanmoins à des espèces; s'il n'y
avait pas deux individus qualitativement identiques, il y aurait
autant d'espèces que d'individus. C'est-à-dire que la notion d'espèce, applicable aux corps bruts, est indépendante des qualités

spéciales des corps vivants. L'espèce une fois définie logiquement, on *constate* que les êtres vivants ont la propriété tout à
fait caractéristique de donner naissance à des êtres *de même
espèce qu'eux*; mais, je le répète, cela est une *propriété* que
l'observation découvre; c'est, si l'on veut, le premier chapitre
de l'hérédité, le premier résultat de son étude : L'*espèce est
héréditaire*.

Dans tous les traités d'histoire naturelle on retrouve la confusion entre la question de la définition de l'espèce et le fait que
les enfants sont de même espèce que leurs parents ; le chapitre
sur l'espèce commence toujours par la remarque de l'hérédité
spécifique; Cuvier a défini l'espèce : « la collection de tous les
êtres organisés descendus l'un de l'autre ou de parents communs et de ceux qui leur ressemblent autant qu'ils se ressemblent entre eux ».

Après une série de considérations sur les métis, M. Ed. Perrier écrit, dans son *Traité de Zoologie* : « Il est donc bien clair
que les individus appartenant à une même lignée, *constituant,
par conséquent, une espèce absolument authentique* peuvent
différer beaucoup les uns des autres. Or, dans l'impossibilité où
sont les naturalistes de savoir quels liens de parenté peuvent
unir les individus plus ou moins semblables qu'ils étudient, ils
décrivent comme autant d'espèces distinctes tous les groupes
d'animaux entre lesquels ils aperçoivent, au même âge et dans
le même sexe, des différences constantes, ou encore les individus entre lesquels ils constatent des différences d'une certaine grandeur. A la notion d'espèce *basée sur l'origine commune*, se substitue donc, en fait, une autre notion basée sur la
ressemblance, *considérée comme signe de la communauté
d'origine*. Ces deux notions n'étant pas identiques, des variations individuelles, des variétés, des races naturelles sont souvent qualifiées du nom d'espèce ». Ces deux notions ne sont pas
identiques, en effet, mais la notion réellement primitive est

celle qui est fondée sur la ressemblance, indépendamment de toute question d'origine. Montrez une petite cuiller à un enfant qui apprend à parler et enseignez lui le mot *cuiller*, il appliquera naturellement ensuite cette appellation de *cuiller* à une cuiller plus grande que la première, à cause de la ressemblance et uniquement pour ce motif. La notion primitive d'espèce est fondée sur la ressemblance, et je crois avoir montré plus haut que de tous les groupes fondés sur la ressemblance, un seul peut être défini d'une manière précise et indépendante de toute convention ; c'est le groupe défini par l'identité qualitative. C'est à ce groupe qu'il faut donner le nom d'espèce ; alors seulement, on aura le droit de discuter la fixité ou la variabilité de l'espèce dans les générations successives d'êtres vivants ; on pourra poser la question du transformisme ; actuellement on ne la pose pas, ou, si on la pose, c'est avec un cercle vicieux évident : « Nous appelons êtres de même espèce des êtres qui descendent d'un ancêtre commun et nous voulons démontrer que beaucoup d'espèces actuellement vivantes descendent d'un ancêtre commun, autrement dit, *que des êtres d'espèces différentes sont de même espèce* ». Cela est parfaitement absurde et c'est pourtant l'état actuel de la question transformiste.

Cette absurdité ne saute pas aux yeux en général parce qu'en biologie on est habitué à l'absence de précision ; quand un naturaliste dit que deux choses sont identiques, cela ne veut pas dire quelles sont réellement identiques, il peut y avoir entre elles de petites différences. Ce manque de rigueur dans le langage est déplorable ; il enlève aux sciences naturelles le droit de cité parmi les sciences exactes. Parlons rigoureusement : Le fils est, par définition, de l'espèce de son père ; le père est, par définition, de l'espèce du grand-père, et ainsi de suite, donc, par définition, le fils est de l'espèce de son ancêtre le plus éloigné ; conclusion : l'espèce n'a pas varié. Le problème est résolu d'avance par la définition même. Et cependant, à cause de l'élasticité du langage naturaliste, ceux-là même qui acceptent la définition de l'espèce par la descendance sont transformistes convaincus.

L'espèce est donc quelque chose de logique et est susceptible d'une définition logique indépendante des propriétés spéciales des corps qui constituent telle ou telle espèce, indépendante des propriétés *des* espèces; on peut définir l'espèce rigoureusement; on constate ensuite qu'il y a beaucoup *d'espèces* et on étudie chacune d'elles séparément; le but des sciences naturelles est l'étude des propriétés de chaque espèce isolément, puis la recherche de ce qu'il y a de commun à toutes, s'il y a quelque chose de commun, car ce quelque chose de commun c'est *la vie*. La définition de l'espèce doit être faite avant que l'on commence l'étude des sciences naturelles, la définition de la vie après qu'on l'a terminée, ou, du moins, parcourue dans son ensemble. Voilà la méthode logique. Définir la vie *a priori* et l'espèce *a posteriori*, c'est un contresens.

.·.

Le problème du transformisme se traduit maintenant en langage précis : Des variations quantitatives se manifestent de la manière la plus nette à chaque génération d'êtres vivants; peut-il aussi intervenir, au cours des générations, des variations qualitatives, des changements d'espèce? Les transformistes répondent affirmativement à cette question. Je me borne, pour le moment, à donner au problème sa forme logique et précise.

Les travaux de Pasteur ont donné une base nouvelle à la biologie, qui est entrée avec lui dans ce qu'on peut appeler l'ère chimique ou l'ère scientifique. Nous connaissons un grand nombre de corps vivants, les bactéries, les êtres unicellulaires, dont nous pouvons donner, sinon l'analyse qualitative, du moins les propriétés rigoureuses; la précision entre chaque jour de plus en plus dans la microbiologie. Étant donnée une bactéridie charbonneuse, une cellule de levure de bière, etc... nous savons réaliser expérimentalement des milieux dans lesquels ces petits êtres se reproduisent *identiques* à eux-mêmes; dans d'autres conditions expérimentales également précises, nous savons déterminer dans ces petits êtres des variations quantitatives rigoureusement dosées[1]. Par l'étude de leurs propriétés chimiques, nous savons donc si deux de ces microorganismes sont de même espèce ou d'espèces différentes, de même variété quantitative ou de variétés différentes. Chaque jour, on étudie, au point de vue chimique, de nouvelles espèces microbiennes, et il n'y a aucune raison pour qu'on s'arrête en si beau chemin. La détermination des espèces, telles que je les ai définies rigoureusement plus haut, est donc chose possible pour les êtres unicellulaires; nous devons prévoir l'époque où l'on connaîtra des réactions qualitatives de *toutes* ces espèces.

Au moyen d'expériences fort simples et susceptibles d'une grande précision, les expériences de mérotomie inaugurées par Grüber, Verworn et Balbiani, j'ai réussi à montrer qu'il existe un lien constant entre la forme d'un être unicellulaire et sa composition chimique, ce qui m'a permis de rattacher la description morphologique de l'espèce à sa définition qualitative.

Je ne puis pas m'étendre ici sur ces questions qui sortent du domaine de la logique pure et entrent dans celui des sciences naturelles proprement dites; je dois cependant dire quelques

---

1. Par exemple, avec une bactéridie charbonneuse virulente, on sait faire des bactéridies atténuées aussi peu virulentes qu'on le veut; on peut en faire qui ne tuent plus un mouton et tuent encore une souris, qui ne tuent plus une souris adulte et tuent encore une souris d'un mois, qui ne tuent plus une souris d'un mois et tuent encore une souris d'un jour.

mots, avant de finir, de la manière dont la définition chimique de l'espèce s'étend aux êtres supérieurs.

Tout être vivant, animal ou végétal, provient d'une simple cellule, œuf ou spore; dans des conditions données, on peut affirmer que cette cellule initiale, œuf ou spore, détermine complètement l'être qui en sortira; un œuf de poule donne toujours un poussin, jamais un caneton; on doit donc pouvoir définir complètement l'espèce à laquelle appartient l'animal adulte par l'espèce à laquelle appartient son œuf, puisque l'adulte est, dans des conditions données, complètement déterminé par l'œuf; or, l'œuf est une simple cellule et nous avons vu plus haut que nous savons étudier l'espèce des êtres unicellulaires, telle qu'elle est définie qualitativement.

Indépendamment de toute autre considération, nous concevons donc, d'ores et déjà, que l'espèce des êtres supérieurs soit susceptible d'une définition qualitative, celle des œufs qui leur donnent naissance; et même, parlant le langage chimique le plus rigoureux, nous constatons que le développement de l'œuf, c'est-à dire la série des phénomènes par lesquels l'œuf donne naissance à l'adulte, est la réaction la plus précise et la plus caractéristique parmi les réactions chimiques qui nous servent à étudier l'œuf; nous pourrons donc renverser notre proposition et conclure de la similitude des adultes à la similitude des œufs d'où ils proviennent. Tout cela forme un ensemble d'une harmonie parfaite et que je me contente d'indiquer.

Enfin, il n'y a pas de différence essentielle entre la multiplication d'une bactérie et le développement d'un œuf. L'œuf, simple cellule, se multiplie comme la bactérie par bipartitions successives en donnant un nombre croissant d'éléments cellulaires qui restent agglomérés et dont l'ensemble constitue l'individu issu de l'œuf. Seulement, au lieu de rester tous semblables, comme il arrive pour les descendants d'une bactérie dans un milieu approprié, ces éléments cellulaires sont l'objet de variations quantitatives analogues à celles que nous savons expérimentalement produire chez les bactéries. De sorte que tous les éléments d'un adulte sont *de même espèce*[1] que l'œuf d'où ils proviennent, mais de variétés différentes (variété muscle, variété nerf,... etc...). Donc, l'adulte lui-même, composé d'une agglomération de cellules de même espèce que l'œuf, *est de même espèce que l'œuf*, c'est-à-dire qu'il est formé uniquement des substances de l'œuf, avec des coefficients variables.

Je prévois ici une objection; un homme qui a reçu une balle dans le corps, n'est donc plus de même espèce qu'auparavant, puisqu'il possède une substance, la balle de plomb, qui n'existe pas dans les autres hommes! Cette objection m'amène à spécifier que, dans toutes les déductions précédentes, il n'est question et ne peut être question que *des substances vivantes qui entrent dans la constitution de l'individu*; dire que la balle de plomb change l'espèce de l'homme, c'est raisonner comme quelqu'un qui dirait que du chlorure de sodium dans une bouteille de verre n'est pas de même espèce que du chlorure de sodium dans une bouteille de grès! C'est la question fondamentale de la biologie, que la détermination de ce qui, dans un être donné, est substance vivante et la distinction de cette substance vivante d'avec les substances alimentaires, squelettiques et excrémentielles.

Ces rapides considérations nous montrent que l'étude de l'espèce, définie qualitativement, est délicate et difficile, mais aussi qu'elle est possible; l'étude des phénomènes sexuels et des croisements facilite singulièrement cette étude chimique, mais je ne puis dire comment, sans faire appel à des considérations nouvelles et fort complexes.

Conservons seulement, de tout ce qui précède, la certitude

---

1. Ceci n'est pas admis par tout le monde; c'est une question à étudier avec l'hérédité.

que l'espèce ne peut avoir qu'une définition logique, la définition qualitative et que cette définition logique est applicable dans la pratique; qu'il y ait des difficultés dans cette application, cela n'est pas douteux, mais il n'y a pas d'impossibilités. Les sciences naturelles sont des sciences neuves; la biologie, née d'hier, ne sera pas finie demain!

Il ne faut pas cependant s'exagérer les difficultés que soulève la détermination des espèces définies qualitativement. La botanique nous fournit déjà un certain nombre d'exemples élémentaires d'espèces végétales entre lesquelles on connaît des différences qualitatives très faciles à découvrir.

Confiez à un même sol, dans des conditions identiques, une graine de digitale et une graine d'aconit; la première donnera une digitale, la seconde un aconit. De la digitale vous pourrez extraire un alcaloïde bien défini, la digitaline; de l'aconit vous pourrez extraire un autre alcaloïde tout différent, l'aconitine.

Vous aurez beau semer mille, dix mille, cent mille graines de digitale, jamais vous ne trouverez dans l'ensemble des plantes résultant de votre semis, un milligramme d'aconitine; c'est donc que les substances vivantes de la digitale et de l'aconit, qui, dans les mêmes conditions de culture, fabriquent des substances différentes, *sont différentes*. Voilà bien les différences qualitatives caractéristiques des espèces; il n'y a là aucune considération de quantité, puisque même avec cent mille pieds d'aconit on ne peut obtenir un milligramme de digitaline.

La digitale et l'aconit sont des plantes très éloignées; on peut trouver des différences qualitatives entre des plantes plus voisines; le tabac et la belladone par exemple, plantes de la même famille des solanées, fabriquent le premier de la nicotine, la seconde de l'atropine, alcaloïdes bien distincts l'un de l'autre; dans toutes les familles végétales, on pourrait

signaler plusieurs espèces entre lesquelles on connaît d'ores et
déjà des différences qualitatives.

Les différences quantitatives ne sont pas inconnues non plus,
soit entre les diverses parties d'une même plante, soit entre des
individus différents d'une même espèce. Les pharmaciens savent
bien que l'on ne retire pas la même quantité d'aconitine des
diverses parties d'un plant d'aconit, racine, tige, feuilles, fleurs,
graines; chez certaines plantes, on a pu croire qu'il y avait des
différences qualitatives entre les diverses parties de l'individu,
mais, dans quelques cas au moins, nous savons que c'est une
erreur; des feuilles de poirier,. traitées chimiquement d'une
certaine manière, ont fourni le parfum de la poire. Cette
question importante doit être discutée en même temps que
l'hérédité.

Quant aux différences quantitatives entre individus d'une
même espèce, tout le monde en connaît des exemples nombreux; les diverses betteraves ne donnent pas la même quantité de sucre; les diverses ciguës ne donnent pas la même
quantité de poison. La grande ciguë, par exemple, celle dont
le suc a servi à empoisonner Socrate, contient un alcaloïde, la
conicine, qui est très abondant dans les individus des pays
chauds et très peu abondant dans les individus des pays plus
tempérés. Aux bords de la Méditerranée, il suffit de manger
un morceau de feuille de cette ciguë pour mourir; en Bretagne
il en faut une très grande quantité. Ces différences sont dues
aux conditions dans lesquelles les individus correspondants
ont poussé; elles finissent néanmoins par devenir héréditaires, et
si l'on sème, dans un même sol, deux graines de ciguë dont
l'une a été récoltée en Bretagne et l'autre en Provence, on
obtient deux plantes inégalement vénéneuses. Ce sont des
variétés; mais supposez qu'à force de la cultiver dans des
pays de plus en plus froids, vous ayez fini par obtenir une
grande ciguë qui ne fabrique *aucune trace* de conicine, vous

aurez créé une *espèce* nouvelle qui différera de la grande ciguë actuelle par des caractères qualitatifs.

Il n'y a pas qu'en botanique qu'on trouve des différences individuelles susceptibles d'être *dosées*; nous avons vu tout à l'heure que le chien, en reconnaissant son maître à son odeur, fait en réalité avec son nez l'analyse *quantitative* de son maître. On pourrait citer bien d'autres cas analogues; je me contenterai, pour terminer, de rapporter succinctement l'histoire merveilleuse des fourmis.

Romanes voit un phénomène de mémoire dans le fait, établi par les expériences de Huber et de sir John Lubbock, que les fourmis peuvent reconnaître, après plusieurs mois de séparation, une de leurs sœurs. Cette particularité s'observe facilement chez des espèces qui, comme le *Lasius niger*, dévorent infailliblement celles de leurs congénères qui ne sont pas de leur famille. Étant donné le nombre des fourmis qui peuplent un nid, il est remarquable qu'elles se connaissent individuellement au point de se reconnaître au bout d'une très longue absence. Aussi, sir John Lubbock supposa que toutes les fourmis d'une même communauté ont une odeur particulière ou un mot d'ordre. Pour le vérifier, il institua l'expérience suivante : il prit des fourmis à l'état de chrysalides, puis, quand elles se furent complètement développées, il les remit dans le nid d'où elles provenaient et *elles furent accueillies par les habitants du nid*. Or, celles-ci ne pouvaient les reconnaître, ne les ayant jamais vues, car la chrysalide ne ressemble pas du tout à l'adulte ; de plus, les chrysalides couvées en dehors du nid natal, et par des fourmis étrangères, ne pouvaient avoir conservé, à l'état parfait, l'odeur caractérisque de ce nid. Il était également impossible que les fourmis de l'expérience eussent appris, d'une manière quelconque, un signe de reconnaissance de la communauté. Il faut donc renoncer à expliquer par l'odeur du nid ou par un mot d'ordre quelconque la reconnaissance extraordinaire des fourmis parentes. Lubbock et Romanes concluent en effet que cette ressemblance est un fait inexplicable...

Cependant, il y a bien là une question d'odeur! Forel a montré que les *Lasius* les plus féroces, quand on leur coupe les antennes (organe de l'olfaction), ne mangent plus les étrangers qu'on met dans leur nid. Les expériences de M. Béthé sont concluantes; il lave une fourmi à l'alcool et la remet immédiatement dans son nid; elle y est attaquée comme le serait une fourmi étrangère. Mais, s'il la conserve vingt-quatre heures après le lavage et la remet ensuite dans le nid, elle y est bien reçue, évidemment parce qu'elle a eu le temps, par le fonctionnement de ses glandes, de récupérer son odeur spéciale. Cette expérience me semble une preuve absolue du fait que l'odeur caractéristique est inhérente au corps même de la fourmi et non au nid d'où elle provient, et cependant M. Béthé appelle cette odeur *parfum du nid*.

Le même auteur fait une autre expérience qui donne la même conclusion que la précédente. Il écrase plusieurs fourmis d'un nid et en obtient un suc; une fourmi étrangère enduite de ce suc odorant, n'est pas attaquée quand on l'introduit dans le nid dont elle a ainsi acquis le parfum.

Le résultat de toutes ces observations me paraît être que les fourmis d'un même nid se reconnaissent à leur odeur et que cette odeur, odeur de famille et non odeur du nid, est la même pour toutes; les fourmis d'un même nid, habituées à leur odeur spéciale, n'y font plus attention, n'en sont plus incommodées et, quand on leur présente une de leurs sœurs séparée d'elles depuis longtemps, l'odeur de la nouvelle venue leur est indifférente. Elles sont, au contraire, immédiatement choquées et irritées par l'odeur insolite d'une étrangère, et elles la punissent de mort.

Il y a ici quelque chose de plus que dans le cas du chien;

mon chien me reconnaît à mon odeur, mais il ne reconnaîtrait pas mon frère ou mon cousin sans l'avoir jamais senti, parce que mon frère et mon cousin n'ont pas la même odeur que moi. Les variations quantitatives individuelles sont trop grandes chez les mammifères; or, l'odeur personnelle, soumise à une analyse aussi délicate que celle dont est susceptible le nez d'un chien ou l'antenne d'une fourmi donne la mesure rigoureuse du caractère chimique quantitatif, c'est-à-dire *de la personnalité toute entière*. Les expériences précédentes prouvent donc que, chez les fourmis, le caractère personnel quantitatif est héréditaire, avec des variations presque nulles, ce qui n'a pas lieu chez l'homme.

CHAPITRE V

LA DÉFINITION DE L'INDIVIDU

Il est certainement facile de se passer, dans le langage courant, d'une définition rigoureuse de l'*individu*. C'est là un mot que l'on a l'habitude d'employer sans cesse pour représenter des corps vivants quels qu'ils soient, sans spécifier aucunement la nature simple ou complexe de ces corps.

Mais dans la langue biologique, il est dangereux de conserver des expressions non définies; on est tôt ou tard amené à employer ces termes dans des discussions théoriques qui prennent, par suite, un caractère d'obscurité éminemment regrettable. Cela est arrivé en particulier pour le mot individu, car, tout en avouant que ce mot n'est pas défini, les biologistes s'en servent comme de quelque chose dont ils connaissent néanmoins la signification; et en effet, même dans le langage courant, nous sentons obscurément que cette expression représente une idée assez nette, et que nous ne savons pas exprimer...

C'est toujours la même chose qui arrive quand, empruntant un mot à l'histoire naturelle de l'homme nous la transportons sans précautions dans celle des animaux inférieurs; quand il s'agit de l'homme nous savons très bien ce que représente le terme *individu*; un individu, c'est un homme, et voilà tout, et nous *savons* ce que c'est qu'un homme. Tout au plus pouvons-nous être légèrement embarrassés en présence d'un monstre double; nous hésitons, suivant que ce monstre est plus ou moins nettement double, à déclarer qu'il se compose d'un ou de deux individus. En dehors de ce cas très spécial et heureusement très rare, nous ne sommes jamais embarrassés pour affirmer qu'un homme est un individu puisque sans nous l'avouer, nous avons défini l'individu, une *unité* de l'espèce humaine.

La difficulté n'est pas plus grande quand il s'agit d'un éléphant, d'un cheval, d'une tortue, d'un hareng, voire même d'un poulpe ou d'un escargot. Ces espèces animales comprennent seulement des unités nettement distinctes et, partant de notre définition anthropomorphique de l'individu, nous appliquons sans difficulté cette expression à chaque unité animale bien délimitée.

Quand nous nous attaquons à d'autres embranchements du règne animal, nous rencontrons une difficulté que l'étude de l'homme ne faisait pas prévoir; chez les *hydraires*, chez les *ascidies*, nous ne trouvons plus seulement des unités bien délimitées et toutes homologues, mais des groupements *variables* de corps vivants unis les uns aux autres par des liens plus ou moins étroits, et nous retombons dans le cas du monstre humain double, avec une complication plus grande. Dans certaines espèces, ces groupements sont assez lâches pour qu'il persiste une grande indépendance fonctionnelle entre les diverses parties du groupement; dans d'autres espèces, au contraire, et souvent dans des espèces très voisines des précédentes les groupements sont beaucoup plus compacts, tellement compacts même qu'une solidarité absolue semble établie entre tous leurs éléments constitutifs. Si l'on ne connaissait que ces dernières espèces, on attribuerait, semble-t-il, sans hésitation, la dénomination d'individu à la masse totale de l'agglomération, mais on serait ensuite bien gêné pour passer de ce cas extrême aux cas voisins dans lesquels la solidarité est plus faible et arrive même à devenir presque nulle !

C'est précisément à ces formations d'agglomérations de plus en plus solidarisées que plusieurs biologistes ont attribué la genèse de la complexité humaine; est-il possible de concevoir qu'une agglomération de plus en plus compacte d'éléments simples, donne finalement naissance à un tout aussi *un* que l'homme? Voilà une des questions les plus importantes de la biologie, et il est bien évident que pour pouvoir la discuter il faut posséder des expressions bien définies qui permettent de représenter les divers états des groupements successifs de solidarité croissante. Dans tous les cas, notre notion anthropomorphique d'individualité devient insuffisante pour l'étude de cette question, car, voyons ce qui se passe quand nous remontons la série des êtres organisés :

Si, au lieu de nous arrêter au *bourgeonnement* des polypes, nous étudions celui des vers, nous voyons que les divers éléments résultant du bourgeonnement, au lieu d'être disposés au hasard comme chez les polypes, sont mis bout à bout, constituant une série linéaire qui est le ver annelé lui-même; or, ce ver annelé, nous faisait, au premier abord, l'impression de ce que, dans notre langage vague et anthropomorphique, nous appelons un individu. Est-ce un individu ou une colonie d'individus? La question devient encore plus intéressante quand, passant des vers aux vertébrés, nous nous la posons au sujet des parties disposées en série chez les poissons, les mammifères, l'homme enfin. Nous arrivons à nous demander avec Durand (de Gros) si l'homme est un individu ou une colonie; nous nous posons la question du *polyzoïsme humain !*

Évidemment, posée ainsi, cette question est absurde; nous avons, implicitement, au début, défini *individu* quelque chose qui était, à un certain point de vue, analogue à l'homme, type de l'individu. Et voilà que maintenant nous arrivons à nous demander si l'homme, individu type, est une colonie ou un individu? Nous nous sommes donc trompés quelque part, nous nous sommes trompés parce que nous nous en sommes tenus, sans une définition précise, à cette notion vague, que nous savions à peu près ce qu'est un individu!

Je ne nie pas qu'il se pose une question et une question très intéressante au sujet de ce qu'on peut appeler le polyzoïsme humain, mais du moins cette question ne se pose pas sans absurdité si, *a priori*, on a implicitement appelé *individu* quelque chose qui est *un*, à peu près comme nous autres hommes sentons que nous sommes uns.

Précisément pour étudier cette question du polyzoïsme humain, pour la poser même, d'une manière logique, il faut une définition de l'individu; personne n'en a encore proposé une qui fût acceptable. M. Edmond Perrier, l'auteur qui s'est le plus particulièrement occupé de ces questions de polyzoïsme, a renoncé à définir l'individualité, ou plutôt, il a renoncé à donner à cette expression une signification quelconque dans la théorie du polyzoïsme : « Nous considérons, dit-il, comme un individu ou un organisme, tout ensemble de parties capable de vivre par lui-même, formé de plastides ayant une même origine et unis entre eux, soit par continuité protoplasmique, soit par simple contact, soit par l'intermédiaire d'une substance inerte produite par eux..... Il suit de là que, ce qu'on appelle ordinairement une colonie de Polypes hydraires, une colonie de Polypes coralliaires, une colonie de Bryozoaires, une colonie d'ascidies, est un individu, un organisme, au même titre qu'un lombric, un insecte, un poisson [1] ». Il est évident qu'avec une définition aussi large, aucune question ne se pose plus au sujet de l'individualité; autant vaudrait supprimer le mot.

M. Delage, adversaire de la théorie du polyzoïsme des méta-

---

1. Ed. Perrier, *Traité de Zoologie*, t. 1, p. 46.

zoaires, ne propose aucune définition de l'individu ; il déclare
au contraire qu'il *ne faut pas* définir l'individu et cependant il
pose de la manière suivante la question du polyzoïsme : « Tel
être métamérisé se compose-t-il de plusieurs individus ou bien
d'un seul ? »

Comment résoudre cette question et s'entendre, si l'on n'est,
par avance, tombé d'accord sur la définition du mot individu ?
Ce n'est pas l'avis de M. Delage qui déclare avoir omis, à dessein, de définir l'individu « car ç'aurait été porter la discussion
d'une question très positive sur le terrain de la métaphysique [1] ».

La définition de l'individu n'existe donc pas dans la science ;
je l'ai longtemps cherchée et je croyais, avec M. Ed. Perrier,
qu'il était impossible d'en donner une. Aujourd'hui, il me
semble cependant que je suis arrivé à une définition à la fois
logique et simple ; je vais essayer de le montrer.

§ I. — L'indivisibilité.

Puisque la notion d'individualité nous a certainement été suggérée par l'observation de l'homme, il faut que la définition
cherchée s'applique à l'homme, sans quoi nous aurions défini
autre chose que ce que nous avons cherché à définir ; nous
allons donc passer en revue les différentes qualités qui nous ont
amené à déclarer que l'homme est un individu et voir laquelle
de ces qualités peut être la base d'une définition généralisée.

Pris dans son sens étymologique, le mot *individu* représenterait un être vivant qui ne saurait être divisé sans cesser de
vivre ; or, il faut se rendre à l'évidence : il n'y a pas d'être
vivant, animal ou végétal, qui réalise cette condition. L'homme
lui-même peut être divisé sans mourir : on peut avoir perdu un
bras ou une jambe, et vivre tout de même. Aussi n'est-ce pas

____

1. Delage, *Revue scientifique,* 29 juin 1896.

tout à fait cela que nous voulons dire quand nous déclarons que
l'homme est un individu ; nous ne songeons pas à affirmer que
l'on ne peut pas couper un morceau de l'homme sans le tuer,
mais bien qu'en coupant un homme en deux on ne fait pas deux
hommes; que ce qui constitue notre *personne* est un tout indivisible, quoique susceptible de mutilations qui ne l'altèrent pas
essentiellement. C'est cette unité de notre *moi* que nous avons
en vue quand nous parlons de l'individualité humaine ; un
homme est *indivisible* en tant qu'homme et c'est là qu'est l'origine de notre notion d'individualité.

Même ainsi restreinte, la propriété d'indivisibilité, ne se
rencontre ni chez les animaux inférieurs *les plus simples*, ni
chez les végétaux. Un être aussi réduit que possible, un être
unicellulaire, est toujours susceptible d'être divisé en deux ou
plusieurs parties jouissant de la vie au même titre que l'être tout
entier ; et cela a même profondément étonné d'abord les savants
imbus d'idées anthropomorphiques, car, voyant instinctivement
un homme dans chaque cellule, ils se demandaient ce que pouvait devenir le *moi* d'un être coupé en plusieurs morceaux dont
chacun a ensuite son *moi* spécial. Nous ne saurons jamais
quelle est la psychologie d'une cellule, nous sommes forcés de
nous en tenir à la considération des phénomènes objectifs et de
constater par conséquent la *divisibilité* des êtres unicellulaires.

Quand une cellule vivante a atteint, dans un milieu convenable, sa taille maxima, elle se divise naturellement en deux
cellules vivantes qui grandissent et deviennent identiques à la
première, puis se divisent à leur tour, et ainsi de suite, indéfiniment, tant que les conditions de milieu sont restées favorables. C'est là le mode normal de multiplication des êtres unicellulaires scissipares.

Bien plus, si la dimension des cellules considérées le permet,
on peut, d'un coup de lancette, couper l'être unicellulaire en
deux parties contenant chacune une moitié du noyau et qui,

chacune pour son compte, continuent à vivre comme la cellule entière. Avec des cellules encore plus grandes, des *Stentors* par exemple, on peut faire en même temps, 5, 6, 7 morceaux et même davantage, qui tous continuent à vivre et semblent être des Stentors normaux.

Dans la cellule donc, le caractère d'indivisibilité n'existe pas. Nous ne le trouvons pas davantage dans le règne végétal; tout le monde sait que la plupart des plantes sont susceptibles de se multiplier par boutures; quelques-unes se reproduisent même normalement par ce procédé, les fraisiers, par exemple, avec leurs drageons. Les Bégonias, les mousses peuvent être coupés en un *très grand* nombre de morceaux qui tous, dans des conditions convenables, reproduisent une plante analogue à celle qui les a fournis.

Les expériences de Tremblay sont célèbres; il a coupé des *hydres* en un grand nombre de morceaux et chacun des morceaux a donné une hydre vivante, normalement constituée. Un petit morceau de la paroi du corps d'une anémone de mer suffit à reproduire un animal tout entier.

Une étoile de mer a cinq bras; coupez lui en un et vous la verrez reproduire un bras identique; il est même probable que le bras coupé reproduira de son côté les quatre autres, surtout s'il contient un fragment du péristome.

Les vers plats du groupe des Planaires ont une extrémité appelée tête et une autre appelée queue; si vous les coupez par le milieu, la tête régénère une queue et la queue une tête; il se produit donc deux planaires vivantes analogues à la première; la même chose se produit avec les vers d'eau douce du genre *Lumbriculus*.

Voilà un certain nombre d'exemples d'êtres vivants susceptibles d'être divisés en deux ou plusieurs êtres également vivants; chez d'autres animaux on rencontre des phénomènes analogues, connus sous le nom de phénomènes de *régénération*, mais qui, au point de vue de l'indivisibilité, n'ont pas la même importance que les précédents; le crabe régénère sa patte, le triton sa patte ou sa queue, le lézard sa queue; mais la patte du crabe, la queue du triton ou du lézard, ne reproduisent pas l'animal duquel ces membres ont été détachés; ici donc, pas plus que chez l'homme, il n'y a morcellement de l'animal en deux animaux nouveaux; nous reviendrons un peu plus tard sur ces phénomènes de régénération.

Quant aux premiers animaux cités et aux végétaux en général, il est bien évident qu'on ne saurait leur attribuer la moindre indivisibilité; si donc l'indivisibilité était le caractère par lequel on définit l'individu, il n'y aurait pas d'*individus* dans les espèces en question; ou du moins, on serait obligé d'appeler individu, dans chacune de ces espèces, le *plus petit morceau* de chaque être qui serait susceptible de reproduire un être nouveau. Autant supprimer immédiatement la notion d'individualité, puisque la cellule simple elle-même n'est pas indivisible! La conclusion de ceci est que, si nous voulons une définition de l'individu qui s'applique à la fois à tous les êtres vivants, il faut renoncer à recourir pour cette définition à la notion d'indivisibilité; renonçons-y donc immédiatement et cherchons, dans les autres qualités de l'homme, quelque chose qui puisse appartenir en commun à tous les animaux et à tous les végétaux.

§ II. — La communauté d'origine et la continuité.

L'homme provient d'un œuf; tous ses éléments histologiques, quelque divers qu'ils soient, épithéliums, muscles, nerfs, etc., dérivent de l'œuf par bipartitions successives; voilà un caractère bien net, celui de la communauté d'origine des parties constitutives; ce caractère sépare rigoureusement l'homme de n'importe quel autre homme ou animal provenant d'un autre œuf. N'y aurait-il pas là un point de départ convenable pour une définition de l'individualité?

On y a songé depuis longtemps et la plupart des définitions proposées pour l'individu comprennent le caractère de la communauté d'origine des parties constitutives; en particulier, celle de M. Ed. Perrier, que j'ai citée plus haut, contient le membre de phrase : « formé de plastides ayant une même origine ». Mais il est bien certain, en tout cas, que, si ce caractère peut être utilisé dans la définition de l'individu, il ne suffit pas, à lui seul, à constituer la définition.

D'abord, chose essentielle au point de vue où nous nous plaçons, si l'on définit l'individu par la communauté d'origine, que devient la question du polyzoïsme, c'est-à-dire, la seule question pour laquelle une définition de l'individu soit nécessaire? Évidemment, la question n'existe plus, car l'homme, le cheval, le serpent, le ver de terre, dérivant d'un œuf unique, sont, par définition, des individus.

Et cependant, cette seule considération de la communauté d'origine suffit à poser, d'une manière décisive, la question du polyzoïsme. Voici un œuf d'hydre d'eau douce; il donne naissance par son développement, à une hydre d'eau douce qui, dans certains cas, il est vrai, produit des bourgeons lui restant plus ou moins longtemps attachés, mais qui dans beaucoup de cas aussi vit devant nous sans bourgeonner. Voici, au contraire, un œuf d'une espèce voisine, d'un hydraire marin quelconque; cet œuf donne toujours naissance à une masse vivante ramifiée dont chaque rameau est *homologue* à une hydre.

Dirons-nous que, dans ce cas de l'hydraire comme dans le cas de l'hydre, l'individu est la masse totale des parties issues de l'œuf? Alors notre notion d'individualité serait dégagée de toute signification morphologique, puisque, dans deux espèces voisines, les individus ne seraient pas homologues; l'individu hydre équivaudrait, morphologiquement, à une petite partie seulement de l'individu hydraire.

Certains auteurs ont attaché une telle importance à la communauté d'origine qu'ils ont voulu y limiter la définition de l'individu; et alors, chose extravagante s'il en fut, ils ont proposé « de considérer les parties détachées naturellement ou artificiellement du corps d'un autre organisme comme continuant à former virtuellement avec lui ce qu'on devait appeler l'individu; c'est là, dit M. Ed. Perrier, une conception métaphysique inutile, et qui ne tendrait à rien moins qu'à rendre inintelligible la notion même de l'individualité, car tout être vivant se constitue aux dépens d'une partie détachée d'un être vivant antérieur[1] ». Songez donc que toutes les pommes de terre, qui depuis plusieurs siècles se multiplient par boutures, formeraient un seul individu! Nous ne savons pas encore ce qu'est un individu, mais nous sentons instinctivement que ce que nous devons appeler ainsi, par comparaison avec l'homme, doit être, certainement, un tout continu. La notion de la continuité du corps de l'individu est, sans aucun doute, inséparable de la notion même d'individualité.

Revenons à la question du polyzoïsme telle qu'elle ressort de la comparaison de l'hydre et de l'hydraire; nous avons vu que l'hydre est l'homologue de chaque rameau de la masse ramifiée de l'hydraire; cette masse de l'hydraire, comparée à l'hydre, est donc quelque chose de *complexe*. Est-il possible que ce quelque chose de complexe, formé de plusieurs parties *ressemblant* à des êtres vivants plus simples, finisse par devenir néanmoins un tout aussi *un* que l'homme? Est-il possible, autrement dit, que l'homme soit considéré comme formé de parties dont chacune soit, pour son compte, homologue à un être vivant plus simple?

____

1. Ed. Perrier, *op. cit.*, p. 16.

Cette manière de poser la question du polyzoïsme la transforme logiquement en une autre question, celle des *individualités de divers ordres*. Du moment où nous nous sommes décidés à considérer comme des individus, au même titre que l'homme, des êtres aussi simples que les Protozoaires ou les hydraires, nous avons été immédiatement forcés d'admettre que la propriété *d'être un individu* est indépendante de la complexité même de la structure de l'être. L'homme est un individu, le chien aussi et, pour nous en tenir aux cas où, même dans le vague qui précède la définition, aucun doute ne peut être émis, l'escargot, l'écrevisse, l'anémone de mer, l'hydre, le stentor, la Paramécie, sont des individus. Et cependant, les protozoaires sont de simples cellules, tandis que l'homme est composé de plusieurs trillions de cellules !

Un individu pourrait donc être composé de plusieurs individus plus simples? PAS LE MOINS DU MONDE, et c'est là précisément le vice de langage qui a rendu si indéchiffrable la question de l'individualité! Ce vice de langage est une erreur morphologique; il résulte de la tendance que nous avons à considérer comme équivalents des corps qui ont la même forme, la même structure.

Dans le mot individu, nous comprenons instinctivement une idée *d'unité* et c'est faire volontairement un calembour que de dire qu'une unité est *composée* d'unités d'ordre inférieur; or, c'est précisément ce que l'on fait le plus souvent en posant la question des individualités de divers ordres : « Tel individu peut-il être considéré comme formé de plusieurs individus d'ordre inférieur? » Ou bien le mot individu a un sens, ou bien il n'en a pas et alors il ne faut pas s'en servir; mais s'il en a un, du moment qu'un corps donné est considéré comme un individu, il ne peut pas être considéré comme formé de plusieurs individus. L'homme, par exemple, est un individu. — Ceci, nous en sommes sûrs puisque c'est à l'histoire naturelle de l'homme que nous avons emprunté la notion même d'individualité que nous voulons maintenant généraliser au règne animal et au règne végétal. Nous ne pouvons donc pas nous demander si l'homme se compose de plusieurs individus, mais bien, ainsi que je l'ai fait avec soin depuis le début de cet article, si l'homme peut être divisé en plusieurs parties dont chacune *ressemble* morphologiquement à des individus plus simples. A cette question, ainsi posée, l'histologie répond immédiatement par l'affirmative : L'homme se compose de plusieurs trillions de cellules et nous connaissons des *individus*, les protozoaires, qui sont de simples cellules. Mais il serait ridicule de dire que l'homme se compose de plusieurs trillions de protozoaires; avec plusieurs trillions de protozoaires, on ne fera jamais que des protozoaires, jamais un homme.

Il faut se défier du langage morphologique.

Si nous comptons, parmi nos ancêtres primitifs, un protozoaire très simple, et cela, je le crois fermement, ce n'est pas une accumulation plus ou moins grande de protozoaires *semblables* à lui, qui a fini par donner un homme. La substance des descendants de ce protozoaire s'est *modifiée* progressivement jusqu'à devenir une substance qui aujourd'hui définit un individu ayant forme humaine, de même qu'au début, la substance de notre ancêtre définissait un individu ayant forme de protozoaire; il se trouve que l'individu actuel ayant forme humaine, se compose de cellules dont chacune rappelle morphologiquement un protozoaire analogue à notre ancêtre, mais chacune de nos cellules n'est pas un protozoaire; je ne saurais trop insister sur ce point qui peut paraître enfantin et qui contient néanmoins la clé de la question de l'individualité, faussée par la morphologie.

Sans savoir encore ce que nous définirons précisément individu, nous savons donc déjà que la propriété d'être un individu est indépendante de la complexité morphologique et, si nous

sommes amenés à constater dès maintenant que certains individus sont composés de parties ressemblant à d'autres individus
plus simples, du moins ne nous demanderons-nous jamais si un
individu est formé de plusieurs individus.

Nous cherchons une notion générale et absolue d'individualité, quelque chose qui puisse s'appliquer de la même manière,
à l'homme, à l'escargot et à la Paramécie; il ne doit donc y
avoir qu'un ordre d'individualité et il est dangereux d'employer
l'expression, pourtant si courante, d'individualités de divers
ordres. Parmi les corps vivants, depuis le protozoaire jusqu'à
l'homme, nous reconnaissons la *propriété d'être un individu*
chez des êtres qui affectent des formes de complexité très
diverses; ces formes peuvent se rattacher à un certain nombre de
types de divers ordres, mais, ce qu'il ne faut pas perdre de
vue c'est que nous cherchons une définition de l'individualité
telle que, à quelque type qu'il appartienne, tout individu sera
doué de *l'individualité* au même titre qu'un autre individu
quelconque appartenant à un type supérieur ou inférieur.

Types animaux de divers ordres. Dans le règne animal,
par exemple, le type le plus simple d'individu que l'on con-
naisse est la *cellule* appelée aussi *plastide.* Les protozoaires
sont des plastides simples, qui s'associent quelquefois en *colonies,* comme nous le verrons tout à l'heure à propos de l'individualité de ces petits êtres. Les individus qui sont doués de
cette forme éminemment peu complexe présentent un intérêt
particulier à cause du fait, aujourd'hui définitivement établi,
que tous les individus vivants, quelque compliqué que soit leur
type, proviennent d'une simple cellule par bipartitions successives et sont formés de cellules agglomérées.

Voilà donc le premier type, dans la série des formes animales
de complexité croissante; on dit souvent que la cellule est
l'individualité de premier ordre; il vaut mieux, à mon avis,

pour éviter toute confusion, dire que la cellule est le type d'organisation le plus simple que nous puissions découvrir chez des individus vivants, car, je le répète au risque d'être taxé de radotage, un individu unicellulaire devra être considéré comme un individu au même titre qu'un homme, — si nous trouvons une définition générale de l'individualité.

M. Ed. Perrier appelle *méride* le deuxième type d'organisation ; le méride se compose de cellules disposées d'une manière analogue à celle qui caractérise la forme larvaire si célèbre sous le nom de gastrula. Tous les animaux pluricellulaires passent, au cours de leur évolution, par une forme méride; quelques-uns s'arrêtent à ce stade; ce sont des *individus* à forme méride; mais la plupart le dépassent en vertu de phénomènes de bourgeonnement qui donnent à la masse du corps la forme d'une association de mérides; c'est là le troisième type d'organisation, ou *zoïde*. Il y a certainement des zoïdes qui sont des *individus*, mais, une des questions que nous aurons à étudier sera précisément de savoir quels sont les animaux qui, à cette forme zoïde, sont doués d'individualité.

Enfin, la masse du corps vivant peut être formée d'une association de zoïdes, comme le zoïde est formé d'une association de de mérides; on a alors le quatrième type d'organisation ou *dème*.

Voici, d'après M. Edmond Perrier, des exemples de ces divers types d'organisation : « La *planula* ou larve des polypes, le *nauplius* ou larve des crustacés inférieurs, la *trochosphère* ou larve des annélides, sont des mérides... Une Méduse, un Polype coralliaire, une Néréide, un Lombric, sont des zoïdes dans lesquels les mérides sont respectivement : le manubrium et les quatre secteurs de l'ombrelle de la méduse; le sac stomacal et les tentacules du Polype coralliaire; les segments du corps de la néréide ou du lombric. Une Pennatule, un Siphonophore, un insecte, ont la valeur de dèmes dont les zoïdes sont res-

pectivement : les Polypes coralliaires de la Pennatule; les
méduses associées à des polypes hydraires du Siphonophore;
les régions du corps de l'Insecte (tête, thorax, abdomen)
composées chacune de plusieurs segments, qui ont eux-mêmes
la valeur de mérides. »

La citation précédente contient un exposé de faits d'ordre
morphologique; on pourra discuter l'homologation des régions
du corps de l'Insecte avec des zoïdes ou toute autre assimilation
analogue, c'est là une question de pure morphologie et qui n'a
rien à voir avec la définition même de l'individualité, car un
corps vivant peut être un *dème*, un *zoïde* ou un *méride*, sans
que nous ayons pour cela aucune raison de le considérer plutôt
comme un individu que comme une colonie. M. Edmond Perrier
regarde comme des zoïdes, aussi bien une anémone de mer
qu'une branche de polypes hydraires et nous serons amenés à
accorder à la première l'individualité que nous refuserons à la
seconde.

Cette définition des plastides, mérides, zoïdes et dèmes est une
chose commode au point de vue descriptif, mais nous devrons
arriver à savoir si un corps est, ou non, un individu, sans nous
être demandé à l'avance s'il est plastide, méride, zoïde ou
dème. Il nous faut une notion générale de l'individualité, mais,
en aucun cas, nous ne serons tentés de nous demander, quand
nous aurons accordé l'individualité à un être du type zoïde,
par exemple, si les mérides qui le constituent sont, eux aussi,
des individus...

Greffe. L'étude des individualités de divers ordres, ou, pour
parler correctement, des types organiques de divers ordres
auxquels peuvent appartenir les individus animaux, nous a éloignés de la question de communauté d'origine des parties

constitutives d'un être vivant. Nous avons vu qu'il est difficile de limiter à cette communauté d'origine la définition de l'individualité, mais il y a aussi des cas où il est à peu près impossible de refuser la qualité d'individus à des êtres qui sont composés de parties d'origines différentes. Si l'on greffe en un point de notre peau ou de notre périoste un morceau de peau ou de périoste emprunté à un autre homme, cessons-nous pour cela d'être des individus?

Non, au point de vue de la continuité; oui, au point de vue de l'origine commune de toutes les parties de notre corps; et cependant, nous sentons que notre personnalité n'a pas changé, mais nous ne serions peut-être pas du même avis si, au lieu de nous unir par la greffe un morceau de peau ou de périoste emprunté à un camarade, on nous avait greffé dans le cerveau une partie importante de son cerveau. Évidemment, ceci est hypothétique, car nous ne savons pas si on réussira jamais à faire de la greffe cérébrale. Que de questions troublantes néanmoins, quand il s'agit de la personnalité humaine !

Chez les végétaux, où la greffe est d'un usage courant, les phénomènes de cet ordre nous étonnent moins parce qu'ils nous sont familiers depuis longtemps et aussi parce que nous n'attachons pas une grande importance à la personnalité végétale. Et cependant, n'est-il pas curieux de voir, dans un même végétal, deux espèces différentes vivant à côté l'une de l'autre.

Quand nous aurons vu ce qu'est l'individualité chez les plantes, nous comprendrons que les phénomènes de greffe ne l'altèrent guère, sauf les cas dans lesquels il y a une influence réelle du porte-greffe sur le greffon ou vice versa. Quant aux greffes animales, leur signification au point de vue de l'individualité se rattachera à la question des caractères acquis. Mais nous voyons dès maintenant que l'on ne saurait chercher la notion d'individualité, ni dans l'indivisibilité du corps, ni dans l'origine commune de toutes ses parties.

§ III. — L'unité animale.

Il faut bien, cependant, que cette notion d'individualité réponde à quelque chose, car nous sentons confusément qu'il y a une différence entre une colonie formée de plusieurs individus *indépendants*, comme un polype hydraire, et une agglomération *plus individualisée* formée d'éléments analogues aux premiers, comme un siphonophore. Serait-ce dans la dépendance plus ou moins étroite des parties constituant le corps vivant qu'il faudrait chercher l'individualité?

On appelle *corrélation* l'ensemble des influences réciproques qu'exercent l'une sur l'autre les diverses parties d'une agglomération vivante et continue. Si cette corrélation était nulle dans certains cas et existait dans d'autres, il y aurait là un critérium excellent de l'individualité. On déclarerait *individu* une masse dans laquelle une modification locale retentit sur la masse tout entière. Un récif de corail, même provenu d'un seul œuf, ne serait donc plus un individu, mais une agglomération d'individus, chaque individu étant limité à la zone dans laquelle se fait sentir l'influence des variations survenues en un point donné. Malheureusement, il n'y aurait encore là qu'une chose approximative; la corrélation peut être très faible entre des parties éloignées d'une même agglomération traversée par des canaux nourriciers; mais, est-elle jamais nulle?

Si vous coupez une branche d'arbre, le reste de l'arbre ne semble pas modifié pour cela, et cependant, il est bien certain que, de la suppression d'une branche résulte une modification dans l'appel des sucs par les racines, dans la distribution de la sève, etc., il n'y aurait donc pas là un critérium absolu, et cependant, nous ne pouvons séparer la notion d'individualité de cette idée de *dépendance* réciproque des parties; c'est en effet là que nous allons trouver la solution de la question, grâce à une remarque qui nous donnera un critérium morphologique du degré de dépendance nécessaire à constituer l'individualité.

Revenons à l'exemple de l'arbre à la branche coupée; cette branche coupée *ne se régénère pas*; il reste une large plaie dont les parties superficielles finissent par mourir toutes et forment ainsi une armure protectrice pour les tissus vivants sousjacents. Au contraire, le bras coupé d'une étoile de mer *se régénère* bientôt, de même que la queue du lézard ou la patte du triton. L'étoile de mer, le lézard, le triton, se comportent donc, au point de vue de la régénération, d'une manière différente de celle dont se comportent les arbres; or, on ne peut nier que le phénomène de régénération ne soit le résultat de l'activité de la partie restante de l'organisme; la régénération d'un membre chez l'étoile de mer, le lézard, le triton est une manifestation morphologique de la corrélation générale. Il y a donc une différence entre la corrélation qui unit les parties d'un arbre et la corrélation qui unit les parties d'un lézard ou d'un triton.

La régénération de la patte du triton a pour résultat de restituer la forme totale primitive du corps; or, avec les idées actuelles sur les phénomènes vitaux, on doit considérer la forme totale d'un être comme la forme d'équilibre de ses substances constitutives au moment de sa formation. Les différences que nous constatons, au point de vue de la régénération, entre l'arbre et le triton, peuvent donc se traduire ainsi : la forme totale de l'arbre, telle que nous la connaissons, n'est pas une forme d'équilibre obligatoire, tandis qu'il en est autrement pour l'étoile de mer, le lézard, le triton, etc...

Voilà une constatation nouvelle et qui va nous être extrêmement utile; il y a des corps vivants chez lesquels la forme totale d'équilibre est obligatoire; il y en a d'autres, au contraire, chez lesquels cette forme totale n'est pas obligatoire et peut être modifiée définitivement par une lésion accidentelle. La régénération de la forme totale d'équilibre, indiquant une dépendance morphologique étroite des diverses parties du corps vivant, pourrait-elle nous donner une bonne définition de l'individualité? Non, certainement, comme nous allons le voir, mais elle va nous y conduire très logiquement tout de même.

D'abord, l'homme ne serait pas un individu, si l'on définissait l'individualité par la régénération fatale de la forme totale d'équilibre; un homme à qui on coupe le bras reste manchot. Or, nous nous sommes proposé de chercher une définition de l'individualité, qui permette d'étendre à tous les êtres vivants la notion de quelque chose dont l'étude de l'homme nous a donné la première idée; il faut donc que, dans notre définition, l'homme soit un individu; autrement, nous aurions travaillé inutilement et notre définition de l'individualité serait de pure convention et parfaitement inutile. Il y a plus; des animaux très voisins ne se comportent pas de la même manière au point de vue de la régénération; le triton est très voisin de la grenouille, et la grenouille ne régénère pas une patte coupée. C'est que, dans cette question de la régénération intervient un autre facteur indépendant de la corrélation; ce facteur est le *squelette* qui, par sa résistance, rend tantôt inutile, tantôt impossible, la récupération de la forme spécifique totale. J'ai déjà parlé plus haut de cette action du squelette mais je ne saurais trop revenir sur cette question capitale.

Rôle du squelette. — Le squelette intervient dans toutes les questions de morphologie et les rend, le plus souvent, beaucoup plus complexes; c'est son action qui a ordinairement empêché de voir dans la forme spécifique des êtres la forme normale d'équilibre de la substance spécifique qui les construit; en effet, si, au cours du développement qui résulte de l'assimi-

lation, les substances vivantes prennent toujours la forme
d'équilibre qui résulte de toutes les actions mécaniques exercées
à ce moment même, elles sécrètent généralement, *en même
temps*, certaines substances excrémentitielles qui se solidifient
autour d'elles, les encroûtent et les emprisonnent dans des
réceptacles de forme définitive ; de sorte que, si, ensuite, l'activité de ces substances continuant dans d'autres conditions, une
nouvelle forme d'équilibre leur devient nécessaire, *elles ne
prennent pas cette forme d'équilibre*, contraintes qu'elles sont
de rester dans le lit de Procuste qu'elles se sont précédemment
forgé à elles-mêmes et qui est le squelette. La forme d'un être
doué d'un squelette résistant est donc ce qui était forme d'équilibre de substances vivantes *au moment de leur activité constructive* et non plus maintenant que le squelette a *figé* la forme
spécifique d'une manière invariable et indépendante de l'activité
actuelle des substances considérées.

Autrement dit, la formation progressive du squelette introduit un facteur nouveau dans les conditions d'équilibre ultérieur
des substances vivantes d'un être et, suivant le cas, ce facteur
acquiert ou n'acquiert pas une influence prépondérante dans la
morphologie générale. Une jolie expérience de PLATEAU donne
un exemple très net de cette intervention du squelette inerte
dans la forme des substances vivantes actives.

On sait qu'il est possible de calculer mathématiquement la
forme que doit prendre, sous des influences mécaniques connues, une lame liquide douée d'une certaine tension superficielle ; par exemple, quand nous soufflons une bulle de savon.
nous connaissons d'avance la forme sphérique que prendra
normalement cette bulle, forme un peu modifiée parfois sous
l'influence du poids de la goutte liquide accumulée à sa partie
inférieure ; mais, si, au lieu de laisser flotter librement cette
bulle dans un air calme, nous la soufflons dans une cage de fil
de fer de forme choisie, elle épousera plus ou moins la forme de

cette cage de fil de fer, c'est-à-dire que les arêtes rigides de la
cage interviendront comme facteur dans les conditions d'équilibre de la bulle; la bulle ne sera plus sphérique; elle sera
limitée par plusieurs parois plus ou moins déprimées, unissant
les côtés de la cage; en chaque point de l'une de ces parois, il
y aura équilibre; mais cet équilibre sera différent de celui qui
eût été réalisé sans l'intervention de la cage; si la cage est faite
de mailles assez serrées, elle imposera même totalement sa
forme à la bulle, car le rôle des fils de la cage, dans la détermination de la forme d'équilibre de la bulle, sera plus important que la tension superficielle elle-même.

Les bulles de savon ne sécrètent pas de squelette; elles se
plient seulement aux exigences du milieu quand |le milieu con-
tient des corps durs capables de les déformer. Les substances
vivantes, au contraire, sécrètent le plus souvent des substances
inertes qui, se solidifiant autour d'elles, produisent des parois
plus ou moins rigides; ces parois rigides épousent, il est vrai,
la forme qu'avaient les substances vivantes qui les ont sécrétées
au moment où elles ont été sécrétées; mais ensuite, la prison
persiste et impose indéfiniment aux substances actives une forme
indépendante de leurs conditions successives d'équilibre. A ce
moment, on ne peut plus dire que la forme de l'être est la forme
d'équilibre de ses substances vivantes, puisque cette forme
est stéréotypée définitivement, indépendamment des conditions
extérieures.

Considérons, par exemple, un arbre, un chêne, si vous
voulez; ce chêne est sorti d'un gland qui contenait des substances actives dans sa gemmule; ces substances actives, les
mêmes pour tous les glands, ont la propriété, en assimilant, de
prendre certaines formes qui caractérisent l'espèce chêne; c'est
donc, évidemment, que les formes initiales du chêne sont les
formes d'équilibre que prennent, dans des conditions analogues,
les substances actives des glands. Mais ensuite, ces formes se

fixent dans un encroûtement de celluloses lignifiées, et la forme du jeune arbre, dans les parties qui ne s'accroissent plus, devient indépendante de l'activité des substances constructives; seules les extrémités bourgeonnantes non encroûtées conservent provisoirement la propriété morphogène qu'avait la gemmule au début. Et, en effet, le jeune chêne peut mourir; il *conserve* sa forme, grâce au squelette, sans qu'il reste, à son intérieur, aucune des substances qui ont, primitivement, produit cette forme.

Qu'est-ce que le tronc d'un chêne adulte? Une accumulation de prisons squelettiques dont quelques-unes conservent encore, dont la plupart ne possèdent plus les substances vivantes initiales. Si vous sciez une branche de ce chêne, y a-t-il une raison pour que l'équilibre soit rompu? Évidemment non; c'est comme si vous détruisiez une partie d'un mur; il n'y a aucune raison pour que le reste du mur soit troublé; il n'y a aucune raison non plus pour que l'activité des substances vivantes conservées dans l'arbre reproduise la partie enlevée; le squelette seul détermine les conditions d'équilibre dans cet arbre encroûté de substances solides.

Prenez au contraire un animal à corps mou, comme l'hydre. L'activité constructive des cellules initiales produit bien des substances squelettiques comme cela a lieu chez l'arbre, mais ces substances sont assez peu rigides pour ne jouer qu'un rôle tout à fait secondaire dans la détermination de la forme du corps; la forme du corps reste, à chaque instant, la forme d'équilibre de la masse des substances actives, dans les conditions mécaniques réalisées par leur activité même. Aussi, qu'arrive-t-il? Si vous coupez une hydre en deux parties, l'exemple de l'arbre pourra vous faire penser que chaque partie conservera sa forme; mais l'observation vous détrompera bien vite; les deux tronçons de l'hydre coupée reprendront bien vite, chacun pour son compte, la forme d'une hydre normale, parce que, dans cet être à squelette faible, la forme hydre est, à chaque instant, la forme d'équilibre d'une masse vivante de substance hydre.

Entre l'hydre molle et l'arbre dur, il y a beaucoup de cas intermédiaires; le squelette peut imposer plus ou moins sa forme au corps vivant; il se peut même que, chez deux espèces très voisines, des caractères d'importance minima modifient profondément la valeur du squelette comme facteur d'équilibre; chez le triton, la forme d'équilibre nécessaire reste la forme totale de l'individu adulte et il y a régénération d'une patte coupée; chez la grenouille, qui en est très voisine, un membre coupé ne se régénère pas!...

C'est donc à cause de l'existence du squelette que nous ne pouvons pas savoir, dans tous les cas, si telle ou telle forme de corps est une forme d'équilibre fatale pour une masse vivante d'une espèce donnée; du moins, nous ne pouvons pas le savoir par une expérience de régénération, mais, si nous pouvions faire abstraction des différences qui résultent du rôle du squelette dans la régénération, l'existence d'une forme d'équilibre obligatoire serait un excellent critérium pour la définition de l'individualité. Or, précisément, nous avons, dans l'hérédité, un mode de régénération particulier où le rôle du squelette est effacé [1]; j'espère montrer, dans cet article, qu'il est logique de définir *individu* une masse vivante dont la forme est *héréditairement obligatoire*; l'individu est *l'unité morphologique héréditaire*.

.*.

L'Unité morphologique. Chez les êtres unicellulaires vivant isolés, l'unité morphologique est évidemment la cellule isolée

—————

1. Ou du moins, un mode de régénération dans lequel le squelette se produisant au fur et à mesure du développement individuel épouse successivement les diverses formes du corps et ne les contrarie en aucune façon.

elle-même; que la reproduction ait lieu par bourgeonnement ou par bipartition, les êtres qui en résultent prennent naturellement la même forme spécifique que le parent; il est évident que cette cellule isolée est la forme d'équilibre normale de la substance vivante de l'espèce considérée, à l'état de vie élémentaire manifestée; une amibe, un foraminifère, un radiolaire isolé sont des *individus*. Il n'y a pas là la moindre difficulté et, pour des cas aussi simples, il n'était pas nécessaire de passer par toutes les considérations précédentes; l'individualité de ces êtres n'entraîne pas d'ailleurs l'indivisibilité; en coupant convenablement un protozoaire on peut faire plusieurs corps vivants qui, chacun pour son compte, reprennent la forme spécifique d'équilibre et sont autant d'individus nouveaux, jouissant exactement des mêmes propriétés que le protozoaire initial dont ils dérivent.

Où la difficulté commence, c'est dans le cas des colonies pluricellulaires; il s'en trouve qui sont composées d'êtres ressemblant beaucoup à des êtres unicellulaires connus; autrement dit, il y a quelquefois, chez les protozoaires, deux espèces très voisines dont l'une est représentée uniquement par des cellules isolées, l'autre par des agglomérations de cellules; ces deux espèces sont considérées comme très voisines, parce que les cellules isolées de la première ressemblent beaucoup aux cellules agglomérées de la seconde. Où est l'individu, dans l'espèce agglomérée? Doit-on le reconnaître dans une cellule de l'agglomération ou dans l'agglomération tout entière? Le moyen de répondre à cette question est de chercher quelle est la forme obligatoire d'équilibre et nous devons prévoir, dès maintenant, que la réponse pourra être différente pour différentes espèces unicellulaires voisines.

Voici, par exemple, un infusoire flagellé vivant à l'état de cellule isolée; chaque cellule isolée est un individu de l'espèce considérée, c'est entendu. Une espèce voisine nous montre au

contraire une masse vivante formée de plusieurs cellules flagellées, unies par des liens étroits; chaque masse vivante de cette
seconde espèce peut se reproduire au moyen d'une cellule
unique quelconque détachée de sa masse et qui, par bourgeonnement ou par bipartitions successives, donnera naissance à une
masse *analogue* à la première. Faut-il donc voir dans cette masse
une unité morphologique héréditaire? Cela dépend des cas;
si toutes les masses pluricellulaires de l'espèce considérée sont
formées d'un même nombre de cellules semblablement disposées, une cellule détachée de l'ensemble donnera naissance à une
nouvelle masse *identique* aux précédentes, formée du même
nombre de cellules semblablement disposées; on devra donc
considérer comme forme spécifique d'équilibre, cette agglomération constante d'un nombre donné de cellules; il sera évident
que, dans cette agglomération, chaque cellule dépend de toutes
les autres pour l'équilibre et a, par suite, perdu en quelque
sorte son autonomie; et en effet, il est impossible à une cellule
isolée de cet ensemble de rester seule; si on la laisse assez
longtemps dans un milieu convenable, elle reproduit exactement
l'agglomération d'où elle provient; cette agglomération à type
fixe et déterminé doit donc être considérée comme un individu.
C'est une unité morphologique héréditaire.

Mais les cellules qui constituent l'agglomération sont, elles
aussi, reproduites fidèlement par l'hérédité; sont-ce donc aussi
des individus? Nous l'avons vu plus haut, si l'on étendait ainsi
la signification du mot individu, cela reviendrait à le supprimer;
il faut considérer comme individu non pas n'importe quel trait
d'organisation que l'hérédité reproduit fidèlement, mais *l'ensemble le plus complet*, l'unité morphologique la plus élevée
que l'hérédité reproduise fidèlement dans une espèce
donnée.

Avant d'aller plus loin et pour bien fixer les idées, je dois
donner quelques exemples du cas que je viens de signaler; il y

en a deux précisément qui sont célèbres, dans le groupe des flagellates, les volvox et les magosphœra.

Les *volvocinées*, qui sont quelquefois si nombreuses dans les eaux douces, sont de petites sphères gélatineuses contenant des cellules à deux flagelles; pour une espèce donnée de volvocinée, le nombre de cellules contenues dans une sphère gélatineuse est constant et ces cellules sont disposées d'une manière constante pour chaque espèce; chez les *stephanosphœra*, par exemple, elles forment une élégante couronne autour de la sphère gélatineuse.

Les éléments vivants de ces sphères sont seulement les cellules à deux flagelles; la substance gélatineuse est une simple substance inerte qui unit les cellules comme un ciment. La reproduction, qui peut être agame ou sexuée, donne naissance à de nouvelles sphères identiques aux premières comme nombre et disposition des cellules; on doit donc considérer comme un individu une sphère de volvocinée.

Les *magosphœra*, qui ont été décrites par Hackel, habitent la mer; elles ont la forme de sphères entourées de nombreux flagelles; chaque sphère comprend 32 cellules en forme de poire unies par leur extrémité pointue au centre de la sphère et portant des flagelles sur leur partie large. La reproduction se fait d'une manière curieuse; la sphère se divise en ses 32 cellules dont chacune, après des vicissitudes diverses donne naissance à une nouvelle sphère composée de 32 cellules disposées exactement comme dans la *magosphœra* précédente.

Dans cette espèce donc, l'individu est la sphère formée de 32 cellules flagellées, puisque c'est, pour l'espèce considérée, la plus haute unité morphologique que reproduise fidèlement l'hérédité.

Ainsi, quand les cellules, ressemblant d'ailleurs à s'y méprendre à des protozoaires unicellulaires libres, sont unies en une agglomération constante comme nombre et comme dis-

position, on doit considérer comme individu cette agglomération constante dans l'espèce étudiée; et ainsi, les individus de
deux espèces voisines peuvent ne pas être homologues, celui de
l'espèce agglomérée équivalant morphologiquement à un
nombre défini d'individus de l'espèce unicellulaire libre.

Mais il ne faudrait pas croire que toutes les agglomérations
de protozoaires présentent le caractère de fixité dans la composition que nous venons de constater chez les volvox et les
magosphœra. Au contraire, j'ai cité d'abord des cas qui sont
exceptionnels. Dans la plupart des classes de protozoaires, on
trouve des espèces représentées par des cellules isolées et des
espèces voisines représentées par des colonies de cellules, mais,
ordinairement, ces colonies de cellules n'ont aucune fixité dans
la composition; par exemple, à côté des *Vorticelles* vivant
isolément, il y a les *Épistylis* et les *Carchesium* qui ont la
forme d'une grappe de vorticelles unies par le pied; si le
hasard fait qu'une cellule détachée d'une telle grappe, soit
placée dans de bonnes conditions de vie, elle donne naissance
à une grappe nouvelle et ce n'est que très provisoirement que
l'espèce peut être représentée par une cellule unique. L'état
d'équilibre de l'espèce est donc la grappe cellulaire, mais, soit
chez les *Épistylis*, soit chez les *Carchesium*, on ne trouve
jamais deux grappes *identiques* de forme et de composition; ce
qui est transmis héréditairement, ce qui est morphologiquement
obligatoire chez l'Épistylis, c'est la forme des cellules et la propriété de s'unir en grappe d'une certaine façon, ce n'est pas la
forme exacte de la grappe. L'unité morphologique la plus élevée
que l'hérédité reproduise fidèlement chez l'Épistylis, c'est donc
la cellule et non la grappe; c'est la cellule qui est l'individu. Et
cependant, il y a une certaine différence entre l'individu Épistylis et l'individu Vorticelle, puisque le second existe isolé et
que le premier fait toujours partie d'une grappe; on rappelle ce
fait en disant que l'Épistylis est une espèce coloniale; une

grappe d'Épistylis est une colonie d'individus unicellulaires.

Supposons maintenant, hypothèse toute gratuite d'ailleurs, que dans une espèce particulière d'Épistylis, les grappes soient composées de cellules nombreuses, comme dans les autres espèces du même genre, mais groupées régulièrement quatre par quatre, de manière que n'importe quelle cellule, isolée de la grappe, reproduise une nouvelle grappe contenant des cellules groupées quatre par quatre de la même façon. Alors, l'unité morphologique la plus élevée de l'espèce considérée sera le groupe de quatre cellules et non la cellule isolée ; ce sera le groupe de quatre cellules qui sera l'individu, et l'on aura bien encore une forme coloniale, mais une forme coloniale dont les individus seront formés de quatre cellules régulièrement disposées.

Supposons, enfin, que, dans une autre espèce du même genre Épistylis, la grappe elle-même prenne une forme absolument déterminée, soit composée des mêmes éléments semblablement disposés dans tous les cas ; la grappe sera elle-même l'unité morphologique la plus élevée que reproduise fidèlement l'hérédité dans l'espèce considérée ; la grappe sera l'individu ; l'espèce considérée ne sera plus une espèce coloniale, pas plus que les Volvox et les Magosphœra.

Chez les Protozoaires coloniaux, on remarque, en faisant l'étude systématique des espèces, une *tendance à l'individualisation*. Parmi les infusoires flagellés en particulier, on trouve pour ainsi dire toutes les étapes de l'individualisation progressive des colonies ; on commence par des espèces coloniales dont les cellules sont réunies en groupes absolument quelconques ; on voit ensuite des agglomérations qui, sans être encore tout à fait fixes dans leur structure et leur composition, ont déjà certains caractères définis, en tant qu'agglomérations : puis, le nombre de ces caractères définis augmentant, on finit

par arriver aux espèces telles que les Volvox et les Magosphæra, dans lesquelles les agglomérations sont définitivement
des individus.

Et il peut arriver même que, dans une série comme celle que
nous venons de parcourir, la cellule d'une espèce unicellulaire
nous paraisse identique à la cellule d'une espèce dont l'individu
est pluricellulaire; vous trouverez quelquefois dans des livres
de zoologie que telle espèce ne diffère de telle autre que par la
réunion des cellules en groupement défini. De là à dire que la
deuxième espèce se compose de colonies d'individus de la première, il n'y a qu'un pas; et c'est là une erreur grossière. L'individu d'une espèce unicellulaire peut nous paraître morphologiquement identique à la cellule constitutive d'une espèce
pluricellulaire; *il ne l'est pas*; il en diffère par un caractère
chimique, peu apparent dans la forme de la cellule même,
mais qui se manifeste précisément à nous par le fait que le premier donne naissance à des individus isolés, le second à des
cellules agglomérées en un individu pluricellulaire.

La série des espèces à individualisation croissante de l'agglomération pluricellulaire reproduit peut-être, dans le présent,
les étapes par lesquelles ont passé les espèces pluricellulaires
franchement individualisées, comme les Volvox. Les ancêtres
des Volvox étaient peut-être des formes coloniales sans aucune
fixité; chez ces espèces ancestrales, l'hérédité reproduisait seulement la cellule et non la forme même de la colonie; puis sous
l'influence de certaines conditions de milieu, il s'est formé successivement, pendant plusieurs générations, des colonies ayant
un caractère commun en tant que colonies; les conditions de
milieu venant à changer, ce caractère commun a pu quelquefois disparaître, mais quelquefois aussi, il a pu se trouver fixé
par l'hérédité dans la composition chimique de chacune des cellules constitutives, c'est-à-dire que la composition chimique de
chaque cellule déterminait non seulement la forme de la cellule,

mais encore l'existence de tel caractère dans la colonie de cellules; autrement dit une modification chimique s'était faite dans toutes les cellules de l'agglomération, de manière à rendre nécessaire, obligatoire, fatale, non plus seulement la forme de la cellule, mais telle particularité de la forme de la colonie. *Il y avait eu caractère acquis par la colonie dans la personne de ses individus constitutifs.* Et ainsi de suite, à mesure que se fixaient, dans l'hérédité, c'est-à-dire dans la composition chimique des cellules, *tous* les caractères déterminatifs de l'agglomération, l'agglomération s'individualisait progressivement. De telle manière qu'il y a aujourd'hui des protozoaires pluricellulaires comme les *Volvox* et les *Magosphæra*, à côté de protozoaires unicellulaires et de protozoaires coloniaux dont les cellules présentent de grandes ressemblances avec les leurs; mais, je ne saurais trop le répéter, elles en sont différentes; un individu pluricellulaire ne saurait être considéré comme formé d'individus unicellulaires, mais bien de cellules qui ressemblent à des individus d'espèces unicellulaires ou coloniales *voisines*. ,

L'individu étant défini désormais comme la plus haute unité morphologique que l'hérédité puisse reproduire fidèlement dans une espèce donnée, nous avons donc constaté chez les protozoaires, des individus de trois catégories : 1° des individus unicellulaires; 2° des individus réunis en colonies; ceux-là nous pouvons les appeler des individus coloniaux pour les distinguer des individus unicellulaires et quoique l'individu colonial soit unicellulaire lui aussi; 3° des individus pluricellulaires.

**

Chez les magosphæra, les 32 cellules constituant l'individu adulte sont toutes identiques, mais au cours de l'évolution individuelle qui, d'une cellule isolée, fait un individu à 32 cellules, ces cellules subissent des variations de forme. Chez les Volvox adultes, certaines cellules sont différentes des autres et donnent des éléments reproducteurs, mais c'est surtout dans une espèce coloniale appelée *Protospongia* que l'on constate un dimorphisme cellulaire très remarquable.

Une colonie de Protospongia est formée d'une masse gélatineuse unissant entre eux les individus de la colonie; ces individus sont unicellulaires; ceux qui sont à la surface de la masse gélatineuse sont des éléments flagellés munis d'une élégante collerette protoplasmique et ressemblant aux individus du genre *Monosiga* (choanoflagellés); ceux qui sont à l'intérieur de la masse gélatineuse sont tout différents; ils ressemblent à des amibes.

Voilà donc une colonie, qui provient cependant d'une cellule unique, et qui contient des individus de deux formes. Que devient dans ce cas, la notion d'hérédité? Quelle est l'unité morphologique héréditaire? C'est la cellule, comme dans les autres colonies, seulement, dans le cas actuel, la forme de la cellule n'est pas déterminée par l'hérédité seule; elle est subordonnée aux conditions de milieu, comme nous le verrons plus tard pour des individus plus complexes; autrement dit, l'hérédité, l'ensemble des propriétés chimiques de la cellule, se manifeste morphologiquement d'une manière différente suivant que la cellule est plongée au sein de la masse gélatineuse ou déborde à l'extérieur.

Les Protospongia sont des colonies, mais supposons que, sous l'influence de certaines conditions de milieu, il se forme de ces colonies une variété de plus en plus individualisée; que, progressivement, apparaisse une espèce de Protospongia qui soit toujours formée du même nombre de cellules semblablement disposées! Nous aurons alors un *individu* pluricellulaire formé de deux espèces de cellules, et ceci nous fait prévoir l'individu *métazoaire*, que nous allons étudier maintenant; mais avant d'entamer cette étude, faisons encore une remarque.

Nous avons défini individu, dans chaque espèce, la plus haute unité morphologique que puisse reproduire fidèlement l'hérédité; nous nous proposions de savoir répondre sans hésiter à toute question posée relativement à une agglomération donnée; ceci est-il un individu? est-ce une colonie? Notre définition nous permet de répondre à la question précédente, toutes les fois qu'il s'agit d'une agglomération ayant achevé son développement; il va de soi que, pour un volvox, par exemple, nous appellerons *individu en voie de développement*, toute agglomération cellulaire de 2, 4, 8 cellules, etc., qui sera un stade de l'évolution individuelle d'un volvox.

.˙.

Les Métazoaires. Nous avons vu comment l'individualisation progressive d'une agglomération cellulaire conduit à un individu pluricellulaire aussi bien défini que le Volvox; nous avons vu aussi qu'il est possible de concevoir un individu pluricellulaire formé, comme le Protospongia, de cellules de deux formes différentes. Ces deux constatations nous permettent de concevoir la formation de l'individu métazoaire primitif. Les métazoaires que nous connaissons sont en effet des êtres extrêmement complexes; — l'homme n'a pas moins de 60 trillions de cellules appartenant à un grand nombre de types distincts; — mais tout métazoaire, quelque compliquée que soit sa structure, passe, au cours de son développement par une forme particulière, la Gastrula, que l'on peut considérer comme la première étape de l'individualisation métazoaire.

La Gastrula la plus facile à décrire, la gastrula embolique de l'amphioxus, par exemple, se construit de la manière suivante:

L'œuf, point de départ du métazoaire, se divise successivement plusieurs fois, de manière à donner une agglomération cellulaire sphérique et compacte appelée *morula*; puis, toutes les cellules de la morula se disposent en une couche unique à la surface de la sphère; cette sphère est alors creuse (cavité de segmentation) et on l'appelle une *blastula*. Elle continue à grandir, les cellules de sa surface ne cessant de se multiplier par bipartitions successives, mais les conditions mécaniques réalisées dans une sphère creuse qui grandit ainsi ne sont pas compatibles avec une forme d'équilibre sphérique; au lieu de conserver sa forme régulière primitive, la blastula se modifie; un de ses pôles s'invagine dans l'autre, exactement comme cela a lieu pour une balle de caoutchouc percée d'un trou d'aiguille, et la sphère se trouve remplacée par un sac à double paroi; la cavité de segmentation continue d'exister, quoique très réduite, entre les deux parois du sac, et l'on donne le nom d'archenteron ou intestin primitif au contenu de la paroi interne; à partir de ce moment, les cellules de l'agglomération, surtout celles qui se trouvent à l'endroit où la paroi interne se continue par la paroi externe, donnent, en proliférant, de nouvelles cellules qui viennent combler partiellement la cavité de segmentation ; alors, l'agglomération cellulaire comprend trois feuillets, trois couches de cellules distinctes : la couche externe ou exoderme, la couche interne ou endoderme et la couche moyenne ou mésoderme.

On donne le nom de Gastrula à cette agglomération cellulaire à trois feuillets; naturellement, comme cela avait lieu dans *Protospongia*, les cellules des divers feuillets prennent des caractères différents à cause des conditions d'existence différentes réalisées au niveau de chacun de ces feuillets; la Gastrula comprend donc, non seulement un très grand nombre de cellules, mais encore des cellules de différentes formes. C'est quelque chose de très compliqué déjà par rapport à ce que nous avons vu chez les protozoaires.

Tous les métazoaires, quels qu'ils soient, passent par une phase *gastrula*; les gastrules peuvent se former par divers procédés (embolie, épibolie, délamination, etc.) mais elles se composent toujours de trois feuillets disposés de la même manière et jouissant des mêmes propriétés. Dans une espèce animale donnée, la gastrula se forme toujours de la même manière; le nombre des cellules est trop grand pour que quelqu'un puisse avoir la prétention de le connaître dans tous les cas; il est donc à peu près impossible d'affirmer que, dans une espèce donnée, la gastrula à un stade donné se compose toujours du même nombre de cellules semblablement disposées. Or, cela serait nécessaire pour que nous ayons le droit, d'après notre étude des protozoaires, de considérer comme individualisée l'agglomération gastrulaire. Peut-être (et je trouve même que cela est très vraisemblable), la gastrulation se fait-elle toujours, pour une espèce donnée, avec un nombre donné de cellules, mais comme nous ne le savons pas, nous sommes obligés de donner à notre définition de l'individualité, dans le cas actuel, un peu moins de précision que dans le cas des protozoaires et de ne plus tenir compte du nombre des cellules. Nous considérons comme individualisée une agglomération qui, dans une espèce donnée, se présente toujours avec trois feuillets semblablement disposés et jouissant des mêmes propriétés. D'ailleurs, tout ce que je dis actuellement de l'individualité de la gastrula a uniquement pour but de faire comprendre par comparaison avec les protozoaires, comment a pu se faire cette individualisation d'une masse cellulaire formée d'éléments de diverses natures. On n'a jamais, en zoologie, à discuter l'individualité de la gastrula; la gastrula est, chez les métazoaires, ce que la cellule est chez les protozoaires; on peut avoir à se demander si telle ou telle agglomération de gastrulas est individualisée et mérite le nom d'individu, mais la gastrula est l'individu le plus simple chez les métazoaires; elle est l'élément avec lequel se constituent les individus plus complexes.

Ceci posé, nous allons avoir à répéter avec les gastrulas

comme point de départ, ce que nous avons dit, chez les protozoaires, avec les cellules comme point de départ. La gastrula correspond au type d'organisation que les zoologistes appellent *méride*. Quelques métazoaires sont des mérides simples, vivant isolément; pour ceux-là, la question de l'individualité est immédiatement résolue; mais le plus souvent, les mérides, forme d'équilibre primordiale d'une espèce donnée, ont la propriété de se multiplier par bourgeonnement, comme les cellules se multiplient par bipartition ou bourgeonnement; il se forme ainsi des agglomérations de *mérides* que l'on appelle des *zoïdes*; pour ces zoïdes, de même que pour les agglomérations pluricellulaires chez les protozoaires, la question de l'individualité va se poser; dans un zoïde donné, où est l'individu? Est-ce le zoïde? est-ce le méride? est-ce un groupement intermédiaire?

Prenons un premier exemple chez les *Cœlentérés*. L'hydre d'eau douce peut être considérée comme un méride typique; elle se reproduit par bourgeonnement, mais les hydres nouvelles qui bourgeonnent sur elle ne lui restent pas longtemps adhérentes; la colonie n'est que provisoire et ne contient pas en général plus de quatre ou cinq individus. Dans cette espèce la question de l'individualité ne se pose pas; il est évident que c'est l'hydre qui est l'individu.

Chez les polypes hydraires marins, la question se complique progressivement. D'abord, le bourgeonnement produit des agglomérations durables d'un très grand nombre de mérides; l'organisme est franchement polyméride.

Dans un très grand nombre de familles de polypes hydraires, chez les *Campanulaires* et les *Sertulaires*, par exemple, qui sont si communs sur nos côtes, il n'y a évidemment aucune individualisation de ces colonies d'hydroïdes qui forment d'élégantes arborescences; l'individu est certainement le méride lui-même, absolument comme chez l'hydre d'eau douce, avec cette différence que l'individu est franchement colonial.

Chez certains hydroïdes, nous trouvons une nouvelle complication, que l'étude des protozoaires nous a déjà fait prévoir : dans une colonie absolument dépourvue d'individualisation, il y a des individus appartenant à des types morphologiques très distincts ; ce polymorphisme est très remarquable dans des espèces bien connues comme *Podocoryne carnea* et *Hydractinia echinata* ; mais il n'offre pas plus d'intérêt que le polymorphisme cellulaire des agglomérations de protozoaires ; il prouve seulement que les conditions sont différentes aux divers points de la colonie, et que ces conditions différentes peuvent donner des formes différentes à des individus ayant pourtant même hérédité. Un des types morphologiques que présentent les individus des colonies de certains hydroïdes offre cependant un intérêt particulier ; c'est le type *méduse*, dont la découverte dans ce groupe d'animaux a si profondément étonné les naturalistes et a fait croire à la génération alternante.

La méduse diffère profondément des autres individus, non seulement par sa forme et sa structure, mais aussi par la propriété qu'elle a dans quelques espèces de se détacher, à un certain moment, de la colonie, pour nager librement dans la mer.

Autrefois, lorsque l'on considérait la fixité comme un caractère de végétaux et la motilité comme une propriété animale, on a trouvé extraordinaire que des plantes, comme les polypes hydroïdes fixés, donnassent naissance à des animaux comme les méduses libres qui, à leur tour, pouvaient donner naissance à des polypes nouveaux. C'est qu'en effet, la méduse produit des œufs ; la méduse est même le seul individu de la colonie dans lequel s'observe une reproduction *sexuelle* et cela suffit à expliquer sa forme très spéciale ; sans se demander quelle est la cause même de la formation des produits sexuels chez les êtres vivants, il suffit de parcourir l'ensemble des règnes animal et végétal pour s'apercevoir que cette formation de produits sexuels a, sur la morphologie des êtres, une répercussion très importante; chez des êtres aussi individualisés que l'homme, l'influence morphogène des organes génitaux s'étend à l'ensemble du corps; dans une colonie comme les polypes hydroïdes, cette influence est *localisée* et détermine la formation d'une méduse là où, en l'absence de produits sexuels, se seraient formés des polypes ordinaires.

On s'est demandé si la méduse représentait morphologiquement un ou plusieurs polypes [1]; nous n'avons pas à discuter ici cette question, qui n'entre pas dans le cadre de notre sujet; il nous suffit de constater que, chez les polypes hydroïdes, la méduse est nettement individualisée, et qu'il y a, par conséquent, dans une colonie de polypes hydroïdes, des individus de plusieurs natures; les uns asexués et ayant eux-mêmes des formes variées suivant l'endroit où ils sont placés, les autres sexués et n'ayant qu'une seule forme dans chaque espèce. Les individus asexués sont des individus coloniaux, les individus sexués peuvent être des individus libres.

On voit qu'il existe un parallélisme absolu, au point de vue de l'individualité, entre les colonies polymorphes d'hydraires et les colonies dimorphes que nous avons constatées chez les protozoaires du genre *protospongia* par exemple. On peut donc répéter pour les hydraires ce qui a été dit à propos de l'individualisation progressive chez les protogonies en général. Tant que les polypes sont répartis d'une manière quelconque dans l'agglomération, chaque polype, chaque méduse constitue la plus haute unité morphologique héréditaire — toujours avec cette considération que, l'hérédité étant la même pour tous les polypes, la forme de chacun d'eux est déterminée, en vertu de cette hérédité, par les conditions extérieures (place dans la colonie, présence des organes génitaux, etc.).

---

1. Autrement dit si la méduse était un méride ou un zoïde.

Mais supposons qu'il apparaisse, dans l'agglomération, des groupements fixes d'un nombre fixe de polypes de forme déterminée; chacun de ces groupements, étant reproduit par l'hérédité, devient l'*individu* de l'espèce considérée. Dans l'ordre si intéressant des *Hydrocorallines*, on constate une individualisation croissante de ces groupements. Les polypes de cet ordre offrent deux types distincts; il y a de gros polypes, dits polypes nourriciers, et de petits polypes, dits polypes préhenseurs et dépourvus de bouche; dans les espèces les plus inférieures de l'ordre, les polypes préhenseurs sont répartis très irrégulièrement; dans des espèces plus perfectionnées, ces polypes préhenseurs se localisent autour des polypes nourriciers; enfin, dans les espèces les plus élevées, chaque polype nourricier est entouré d'un nombre constant de polypes préhenseurs régulièrement disposés; alors, ce groupement fixe d'un polype nourricier et de ses acolytes représente l'individu de l'espèce considérée; c'est un *zoïde* formé d'un *gastroméride* (polype nourricier) entouré de ses *dactylomérides* (polypes préhenseurs), et la colonie tout entière est un *dème* dont les individus sont les zoïdes ainsi constitués. Ce qui donne un intérêt particulier à l'étude de ces hydrocorallines, c'est que des naturalistes ont vu dans cette individualisation croissante des hydrocorallines la genèse d'autres polypes dits polypes coralliaires et dont chacun correspondrait à un zoïde d'hydrocoralliaires. Or, ces polypes coralliaires, vivant quelquefois isolément (anémones de mer), sont le plus souvent réunis en grandes agglomérations; une branche de corail est donc une colonie d'individus dont chacun a la valeur morphologique d'un zoïde; et, dans ces colonies de zoïdes, une nouvelle individualisation peut s'opérer encore, certaines espèces présentant, chez les Pennatulides en particulier, une disposition de plus en plus régulière des zoïdes..., etc.

Au lieu d'une individualisation locale d'un groupement de

polypes d'une colonie d'hydraires, on constate quelquefois une individualisation progressive de l'ensemble de la colonie; cela a lieu, par exemple, chez les animaux pélagiques si curieux connus sous le nom de *Siphonophores*. Les Siphonophores sont des agglomérations de polypes souvent très polymorphes quoique ayant tous la même hérédité; ces agglomérations sont libres dans la mer et y ont des mouvements propres; chez certains siphonophores on constate une assez grande variabilité dans la disposition des divers polypes de l'agglomération, mais chez d'autres on constate au contraire une fixité de plus en plus grande et qui finit par devenir absolue dans les espèces les plus élevées; dans ces dernières espèces, l'ensemble de l'agglomération constitue donc l'individu.

Aucun groupe zoologique n'est plus favorable que l'embranchement des Cœlentérés à l'étude de l'individualisation progressive des colonies; mais les mêmes phénomènes se retrouvent, plus ou moins évidents, dans la plupart des autres embranchements.

Le bourgeonnement, si évident dans la formation des agglomérations de polypes, l'est également chez les bryozoaires et les Tuniciers, mais il l'est moins dans la formation des agglomérations linéaires que l'on appelle les vers et les arthropodes; on est néanmoins d'accord généralement pour admettre que les diverses parties appelées les *métamères* dans les vers, sont des mérides dérivés par bourgeonnement les uns des autres. Cette hypothèse admise, la question de l'individualité se résout immédiatement pour ces agglomérations de mérides.

Si l'agglomération se compose toujours, dans une espèce donnée, d'un même nombre de mérides semblablement disposés, c'est l'agglomération qui est l'individu; si l'agglomération présente au contraire une grande variabilité dans sa constitution au moyen de mérides, c'est le méride qui est la plus haute unité morphologique héréditaire, l'individu par conséquent ; — et cet individu peut être extrêmement polymorphe d'un bout à l'autre de la colonie linéaire dont il fait partie.

Rigoureusement parlant, un ver qui, dans une espèce donnée, n'a pas toujours exactement le même nombre d'anneaux, est une colonie et non un individu ; mais, dans la pratique, une colonie linéaire de mérides peut être considérée comme très hautement individualisée sans que le nombre de ses anneaux soit absolument fixe ; étant donné en effet que les mérides constitutifs appartiennent, d'avant en arrière, à des types très distincts, c'est déjà un signe d'individualisation très considérable que le fait de voir se succéder, dans toutes les agglomérations d'une espèce donnée, exactement les mêmes types de mérides, dans le même ordre, d'un bout à l'autre de l'agglomération. Néanmoins, on n'a pas le droit d'appeler individu une agglomération dans laquelle le nombre des mérides n'est pas rigoureusement constant ; il faut seulement dire, quand les mérides sont en nombre variable, mais se suivent régulièrement quant au type d'organisation de chacun d'eux, que l'agglomération est une *colonie* hautement individualisée ; c'est néanmoins une colonie.

On constate d'ailleurs, dans tous les groupes d'arthropodes et de vers, que les espèces les plus élevées en organisation, présentent toujours un nombre de mérides absolument fixe. Bien plus, dans les groupes supérieurs des embranchements, le nombre des mérides est constant, non plus seulement pour tous les représentants d'une même espèce, mais chez toutes les espèces d'un même genre, chez tous les genres d'une même famille, d'un même ordre, d'une même sous-classe ! Dans la classe des crustacés par exemple, on distingue deux sous-classes, l'une, celle des crustacés supérieurs qui est caractérisée

par le nombre fixe de 21 segments, l'autre celle des crustacés
inférieurs, dans laquelle chaque espèce est bien caractérisée le
plus souvent par un nombre fixe de segments, mais dans
laquelle aussi le nombre spécifique de segments peut varier
considérablement dans une même famille.

Cette simple constatation donne de l'intérêt à la notion d'individualité puisqu'elle montre que l'individualisation au sens où
nous l'avons comprise, est une condition nécessaire à l'évolution progressive des espèces. Que conclure en effet de ce fait
que tous les crustacés supérieurs ont 21 segments, si ce n'est
qu'ils descendent tous d'un même ancêtre dans lequel l'individualisation d'une colonie de 21 mérides était déjà un fait
accompli? Au contraire les crustacés, chez lesquels l'individualisation a été plus tardive, ceux qui ne reconnaissent que chez
des ancêtres *plus récents*, et communs à moins d'espèces, une
individualisation définitive, sont restés considérablement inférieurs en organisation aux malacostracés antérieurement individualisés. Nous allons trouver l'explication de cette particularité
en montrant que l'individualisation est la condition indispensable de la possibilité d'une transmission héréditaire d'un
caractère acquis; — ce qui est le seul facteur important d'une
évolution réellement progressive!

§ IV. — L'individualité et les caractères acquis.

Nous avons déjà vu, à propos des Protozoaires, que l'individualisation d'un groupe de cellules d'une colonie était le
résultat de la fixation, dans l'hérédité de l'espèce, d'un caractère acquis sous l'influence prolongée des mêmes conditions de
milieu; les ancêtres des Volvox étaient peut-être, avons-nous
dit, des formes coloniales sans aucune fixité; chez ces espèces
ancestrales, l'hérédité reproduisait seulement la cellule et non

la forme même de la colonie; puis, sous l'influence de certaines conditions de milieu, il s'est formé successivement, pendant plusieurs générations, des colonies ayant un caractère commun en tant que colonie; les conditions de milieu venant à changer, ce caractère commun a pu quelquefois disparaître, mais quelquefois aussi, il a pu se trouver fixé par hérédité dans la composition chimique de chacune des cellules constitutives, c'est-à-dire que la composition chimique de la cellule déterminait, non seulement la forme de la cellule, mais encore l'existence de tel caractère dans la colonie de cellules; autrement dit, une modification chimique s'était faite dans toutes les cellules de l'agglomération de manière à rendre nécessaire, obligatoire, fatale, non plus seulement la forme de la cellule, mais telle particularité de la forme de la colonie. *Il y avait en caractère acquis, par la colonie, dans la personne de ses individus constitutifs.* Et ainsi de suite, à mesure que se fixaient, dans l'hérédité, c'est-à-dire dans la composition chimique des cellules, *tous* les caractères déterminatifs de l'agglomération, l'agglomération s'individualisait progressivement.

L'acquisition d'un caractère transmissible héréditairement en tant que caractère colonial est donc un pas fait dans la voie de l'individualisation, et, réciproquement, l'individualisation progressive d'une colonie ne peut se faire que par la fixation successive, dans l'hérédité de l'espèce, des divers caractères acquis par la colonie. Ce qui est vrai pour les colonies de cellules est vrai pour les colonies de mérides; j'ai insisté plusieurs fois au cours de cette étude sur le fait que tous les mérides d'une même colonie *ont même hérédité*; cela est vrai d'autre part, pour toutes les cellules d'un même méride, de telle manière que toutes les cellules d'une colonie de mérides *ont même hérédité*; autrement dit, tout ce qui, dans la forme ou les propriétés de la colonie est déterminé héréditairement, tout ce qui ne dépend pas uniquement des conditions momenlanées du milieu ambiant, est représenté, de la même manière, dans toutes les cellules si différentes de la colonie. C'est là précisément ce qui constitue l'unité de la colonie issue d'une cellule unique.

Ce quelque chose de commun à toutes les cellules de l'agglomération peut être, suivant les cas, plus ou moins important ; cela peut se borner à la détermination des propriétés des cellules seulement, et alors : l'individu est la cellule ; la colonie est une colonie de cellules, dont l'agencement colonial, indépendamment de la forme même des cellules constitutives, est absolument livré aux conditions extérieures, au hasard par conséquent.

Ou bien, ce quelque chose de commun détermine le *méride* et le méride seul, c'est-à-dire que la forme d'équilibre d'une masse de cellules ayant en commun ce quelque chose ne peut être que celle ou celles dont est susceptible le méride dans les conditions de milieu ; alors l'agencement des mérides est livré au hasard... et ainsi de suite, jusqu'au cas, le plus complexe, où le quelque chose de commun à toutes les cellules de l'agglomération détermine tous les caractères de l'agglomération tout entière. Alors, l'agglomération est un individu bien défini et cette agglomération, qu'elle soit d'ailleurs méride, zoïde, ou dème est la forme fatale d'équilibre d'une masse de cellules ayant en commun ce quelque chose...

Cette conception de l'hérédité, qui accorde à toutes les cellules d'un organisme quelconque la possession de ce qui représente le patrimoine héréditaire de l'ensemble est la négation de la théorie du plasma germinatif. On y est cependant conduit tout naturellement par les considérations précédentes et de plus, il est bien facile de voir que c'est la seule conception du mécanisme de l'hérédité qui permette de comprendre la transmission héréditaire des caractères acquis.

La seule différence qu'il y ait, au point de vue héréditaire,

entre les colonies non individualisées et les individus est donc
que le patrimoine héréditaire commun à toutes les cellules de
l'organisme se réduit, dans la colonie, à la détermination des
caractères des individus constitutifs et comprend au contraire,
dans l'individu, *tous* ses caractères personnels. *L'individu est
un être à hérédité totale*; hérédité et individualité sont inséparables.

Voyons maintenant pourquoi l'individualisation est nécessaire
à l'acquisition définitive de caractères nouveaux utiles à l'espèce.

Il suffit d'ouvrir un traité de zoologie au chapitre des arthropodes, par exemple, pour voir que dans ces agglomérations
linéaires de mérides différents, la division du travail physiologique est la cause des perfectionnements organiques; les mérides successifs sont composés de parties homologues, mais ces
parties homologues, adaptées à différentes fonctions, varient
d'un segment à l'autre; comment l'adaptation fonctionnelle des
parties des divers mérides serait-elle héréditaire si la place de
chaque méride n'était, pour ainsi dire, inscrite dans l'hérédité de
l'espèce. Voici, par exemple, un homard mâle; les organes
génitaux débouchent à la base de la cinquième paire de pattes
du thorax, c'est-à-dire, dans le treizième méride, et ce sont les
pattes du quatorzième méride qui sont transformées de manière
à prendre les produits génitaux mâles et à les conduire où il
faut dans l'acte de la copulation. Nous ne savons pas comment
ce caractère a été acquis, mais nous constatons qu'il existe et
que c'est grâce à lui qu'est assurée, dans l'état actuel des
choses, la reproduction de l'espèce. Eh bien! comment ce
caractère eût-il pu se fixer dans l'hérédité spécifique du homard
si le treizième méride n'y avait déjà été déterminé complètement, ainsi que ses relations avec le quatorzième? Il est bien
certain qu'un perfectionnement qui résulte d'une modification
dans les relations de méride à méride ne peut être héréditaire
que si tous les mérides sont déjà déterminés dans l'hérédité

spécifique; c'est là le grand intérêt de l'individualisation; elle
permet à un perfectionnement acquis sous l'influence de certaines conditions de milieu, de se fixer dans l'hérédité de l'espèce; c'est le seul moyen qui soit à la disposition de la nature
pour réaliser l'évolution progressive. Il est donc bien naturel
que, dans tous les groupes zoologiques, les individus les plus
élevés en organisation se rencontrent parmi ceux qui descendent
des agglomérations polymérides les plus anciennement individualisées; c'est pour cela qu'en moyenne, les malacostracés ou
crustacés à 21 mérides, sont plus élevés en organisation que
les entomostracés ou crustacés à nombre de mérides variable
dans les espèces ou les genres.

Ainsi donc, dans une agglomération vivante quelconque,
ayant pour origine une cellule unique, il y a quelque chose de
commun à toutes les cellules de l'agglomération; c'est ce que
nous avons appelé le patrimoine héréditaire. Ce patrimoine
héréditaire détermine la forme d'équilibre obligatoire de l'individu dans l'agglomération, que cet individu soit la cellule, le
méride, le zoïde, ou même l'agglomération tout entière. Une
agglomération composée de plusieurs individus n'est donc pas
déterminée dans l'hérédité de l'espèce; elle varie sous l'influence des conditions extérieures, mais ces variations, livrées au
hasard, n'influent aucunement sur l'hérédité spécifique, à moins
que, précisément, des conditions identiques longuement pro-
longées, ne préparent l'individualisation de la colonie. D'une
manière générale, on peut dire que la seule variation qui
modifie l'espèce est la variation de l'individu; quand une
colonie est réellement une colonie non individualisée, ses
variations en tant que colonie sont insignifiantes au point de
vue spécifique.

Défini comme nous venons de le faire, l'individu est réellement *l'unité* dans l'espèce; l'individu est la forme d'équilibre de la substance spécifique et cette forme d'équilibre est déterminée, *représentée*, si l'on donne à ce mot son sens le plus large, dans chaque cellule constitutive de l'individu; et, malgré son hétérogénéité apparente, puisqu'il peut être composé de plusieurs tissus extrêmement différents, l'individu n'en conserve pas moins une homogénéité réelle, puisque tous ses éléments, malgré leur configuration adaptée aux diverses conditions locales, ont néanmoins en commun la particularité la plus importante, la *personnalité* de l'individu considéré. Et c'est grâce à cela que l'on peut parler d'un individu comme on parle d'une cellule; c'est grâce à cela que l'on peut expliquer l'hérédité des caractères acquis ainsi que je vais le montrer en quelques mots. La variation que nous constatons dans les cellules sous l'influence des conditions de milieu est une variation *quantitative* ainsi qu'il est facile de le prouver par les raisonnements les plus simples. Les qualités individuelles, la personnalité de chaque organisme, sont donc pour ainsi dire inscrites dans les coefficients de la composition quantitative de leurs diverses cellules; le quelque chose de commun dont nous avons reconnu l'existence dans tous les éléments d'un individu est donc susceptible d'être représenté par des nombres, par des coefficients quantitatifs. Une variation d'un individu doit donc altérer ses coefficients quantitatifs héréditaires; c'est l'ensemble des coefficients quantitatifs d'un individu qui détermine tous ses caractères et, en particulier, sa forme, dans des conditions données.

Voici un exemple hypothétique infiniment simple et qui suffira à faire comprendre d'une manière générale ce qu'est une variation héréditaire, *un caractère acquis*[1].

---

1. J'ai déjà esquissé cet exemple dans un article de la *Revue Philosophique. La Théorie biochimique de l'hérédité.*

Je suppose que, dans des conditions données, un individu d'une espèce donnée ait la forme sphérique pour forme d'équilibre. Cela veut dire, d'après tout ce que nous avons vu précédemment, que la forme sphérique résulte, pour l'individu considéré, dans les conditions considérées, du caractère quantitatif commun à tous ses éléments cellulaires. (Admettons, pour rendre le raisonnement plus simple, qu'il n'y ait dans l'individu aucun squelette capable d'intervenir mécaniquement dans la détermination de la forme d'équilibre.)

Soumettons maintenant cet individu de forme sphérique à des pressions exercées par six plans formant un cube, de manière à donner à notre individu la forme cubique. Cette forme nouvelle, déterminée par des pressions *vigoureuses*, sera indépendante de la nature de la masse sphérique considérée; toute autre masse suffisamment molle, soumise aux mêmes pressions, subira la même déformation et deviendra momentanément cubique; autrement dit, ce ne sera plus le patrimoine héréditaire, mais uniquement l'ensemble des conditions extérieures qui déterminera la forme de l'individu ; et, sans entrer dans de plus grands détails, nous comprenons que cette transformation obligatoire *génera* le fonctionnement normal de la vie individuelle, puisque le fonctionnement normal de cette vie individuelle donnait au corps la forme sphérique; nous devons donc prévoir que ces pressions intempestives produiront, dans l'intérieur de l'individu, des phénomènes de destruction, c'est-à-dire, de variation.

Maintenons mécaniquement la forme cubique pendant un certain temps; il pourra se présenter plusieurs cas :

1° Les phénomènes de destruction causés par cette déformation violente du corps détermineront la mort; ce cas n'a rien d'intéressant.

2° Les phénomènes de destruction n'auront pas produit d'effet sensible et n'auront apporté aucun changement constatable dans le caractère quantitatif commun aux éléments du corps, dans le patrimoine héréditaire; alors, naturellement, dès qu'on supprimera les pressions, le corps reprendra sa forme sphérique normale, comme le ferait un ballon de caoutchouc longtemps emprisonné dans un cube. Dans ce cas, le caractère quantitatif commun qui, dans les conditions normales, donnait au corps sa forme sphérique d'équilibre se sera conservé intact et, par conséquent, la forme cubique ne sera pas héréditaire; autrement dit, si un morceau détaché du corps est susceptible de se développer, il donnera naturellement naissance à un individu sphérique dans les conditions de milieu où le premier individu était sphérique.

Alors, le caractère cubique aura été un caractère transitoire *indépendant* du corps qui l'a présenté pendant quelque temps et réalisé seulement par les conditions de milieu; ce n'aura pas été un caractère acquis par l'individu, puisque, jamais, il n'aura été inhérent à l'individu; on ne peut appeler caractère acquis sous l'influence de certaines conditions de milieu, qu'un caractère qui subsiste, alors même qu'ont disparu les conditions dans lesquelles il avait d'abord apparu. Par exemple, dans les colonies de protozoaires dont nous avons parlé plus haut, nous ne considérerons pas comme un caractère acquis le fait que, sous une influence mécanique, les cellules de la colonie se sont momentanément disposées quatre par quatre de manière à simuler des individus à quatre cellules, si cette disposition disparaît en même temps que l'influence mécanique qui l'avait produite.

3° Les phénomènes de destruction ont déterminé, dans la structure générale de l'individu, une variation telle que, au bout d'un certain temps, cet être est adapté à la forme cubique momentanément imposée; autrement dit, quand on supprime les pressions, il reste un corps nouveau, qui est cubique dans les conditions où le premier corps était sphérique. N'oublions pas que nous avons supposé notre individu dépourvu de squelette résistant, et que, par conséquent, nous ne pouvons pas attribuer cette variation de forme à la transformation d'une cage squelettique inerte et primitivement sphérique en une cage squelettique inerte et cubique; si notre individu reste désormais cubique, c'est que sa substance a été l'objet d'une modification telle que sa forme d'équilibre est actuellement cubique dans les conditions où elle était primitivement sphérique; autrement dit encore, le caractère quantitatif commun à toutes les parties du corps et qui déterminait primitivement la forme sphérique *a disparu*. A-t-il été remplacé par un autre caractère quantitatif COMMUN à toutes les parties du corps et tel que ce caractère quantitatif commun détermine, pour le corps, la forme cubique d'équilibre ?

Ici, ce n'est pas par une hypothèse qu'il faut répondre, mais par des faits, car si nous avons des raisons indiscutables de croire qu'il y a quelque chose de commun à tous les éléments d'un corps qui est provenu d'une simple cellule, nous n'en avons pas, *a prior*, pour affirmer que, si ce quelque chose de commun change, sous l'influence de conditions extérieures, dans une des parties du corps, il change dans toutes les autres de manière à rester *unique* dans la totalité de l'individu.

Ce que nous pouvons affirmer sans hésiter, c'est que le patrimoine héréditaire commun à l'ensemble de l'individu sphérique a disparu en tant que caractère commun à tous les éléments, puisque, sans cela, le corps serait encore sphérique; mais il peut se faire que ce caractère ait été conservé dans certaines parties du corps, remplacé, dans d'autres, par un caractère différent, dans d'autres encore par un troisième caractère et ainsi de suite, c'est-à-dire que l'ensemble du corps ne présente plus cette unité, cette homogénéité de structure caractéristique d'un individu. Si cela était, cette forme cubique d'un ensemble hétérogène serait-elle héréditaire? *Évidemment non*, car, si la forme cubique résulte d'une juxtaposition des parties différentes caractérisées, chacune pour son compte, par un caractère commun, c'est-à-dire, d'une juxtaposition d'individus différents, le patrimoine héréditaire de chacun de ces individus différents ne détermine pas à lui seul la forme cubique; si l'on détache du cube divers morceaux capables de se reproduire, ces divers morceaux doués de patrimoines héréditaires différents donneront naissance à des individus différents, savoir : à des individus identiques à ceux dont l'assemblage faisait le cube; mais il n'y aura aucune raison pour qu'un seul de ces individus soit cubique.

Si donc l'observation nous enseigne, et cela a lieu en effet [1], que les caractères acquis *peuvent être* héréditaires, nous serons obligés de penser que, dans le cas où ils le sont, ils ont été acquis par le parent d'une manière homogène; autrement dit, que la sphère caractérisée par quelque chose de commun à tous ses éléments aura été remplacée par un cube également caractérisé par quelque chose de commun à tous ses éléments; l'individu, l'être à hérédité totale, aura été remplacé par un autre *individu*, par un autre être à hérédité différente mais également totale.

L'hérédité des caractères acquis est aujourd'hui un fait indiscutable; elle n'a été niée que par des naturalistes imbus d'idées préconçues inadmissibles. Or, l'hérédité des caractères acquis est la preuve scientifique de l'existence d'un caractère quantitatif commun à tous les éléments de l'individu et cela est extrêmement important au point de vue de l'individualité. Nous avons en effet considéré l'individu comme *une unité morpholo-*

---

1. J'ai donné ailleurs des exemples célèbres d'hérédité d'un caractère acquis (*Évolution individuelle et Hérédité*, Paris, Alcan, 1898); celui de ces exemples, qui me paraît le plus intéressant est celui des céphalopodes de Hyatt (*Proceedings of american philosop. society*, vol. XXXIII), parce qu'il reproduit presque littéralement l'histoire hypothétique de la sphère rendue cubique par pression.

gique, mais comment oser appeler *unité* un ensemble aussi complexe qu'un homme, formé de plus de soixante trillions de cellules appartenant à des types aussi différents? Dans un homme donné, il y a des nerfs, des muscles, des tendons, des os, des cartilages des épithéliums, des membranes conjonctives, etc. Chaque nerf, chaque muscle, chaque os est composé d'éléments cellulaires ayant chacun sa vie élémentaire propre; et cet assemblage hétérogène est un homme! Quoi d'étonnant, devant la constatation d'un fait aussi extraordinaire que l'on ait songé à expliquer l'unité humaine, cette unité dont notre *moi* nous donne à chacun l'exemple saisissant, par l'intervention dans chaque homme corporel d'une personnalité immatérielle! L'unité qui ne semblait pas exister dans le corps de l'homme, on la lui fournissait en lui donnant une âme! Eh bien! cette unité si peu apparente dans le corps de l'homme, nous la trouvons dans le caractère quantitatif commun à tous les éléments de l'individu. Il ne faut plus croire, comme on a eu longtemps une tendance à le faire, que, étant donnés à l'avance des muscles d'homme, des nerfs d'homme, des cartilages d'homme, etc., on peut construire indifféremment Pierre et Paul avec ces mêmes muscles, ces mêmes nerfs, ces mêmes cartilages. Les muscles du corps de Pierre sont *différents* des muscles du corps de Paul, exactement comme Pierre est différent de Paul. Il y a des muscles de Pierre, des cartilages de Pierre, etc., il y a des muscles de Paul, des cartilages de Paul, etc. La personnalité de Pierre ne réside pas seulement dans tel assemblage de muscles, d'os, d'épithélium, etc., elle est représentée dans chaque élément de ses tissus. Les divers tissus ne sont pas des éléments de natures différentes, communs à tous les individus d'une espèce; ce sont des modalités diverses d'un élément unique qui détermine la personnalité de l'individu considéré. Voici ce que l'histologie ne pouvait pas nous faire prévoir et ce qui ressort d'une étude logique de l'hérédité et de l'individualité. D'ailleurs, étant donné que tous les éléments histologiques d'un homme provenaient, par bipartitions successives, d'un ancêtre commun, l'œuf, il était vraisemblable que leurs différences étaient plus apparentes que réelles. Cette unité d'origine des éléments, nous la trouvons aussi bien dans une colonie de mérides que dans un individu; sans doute, mais, dans une colonie de mérides, la personnalité du méride seul est déterminée dans chaque élément de la colonie; un méride peut varier sans que les autres mérides varient, etc... Une colonie non individualisée ne peut acquérir de caractère héréditaire en tant que colonie, ou, du moins, pour qu'elle puisse se perfectionner en tant que mécanisme colonial, il faut d'abord qu'elle acquière l'individualisation.

Quel rapport y a-t-il entre notre individualité définie par le patrimoine héréditaire commun à tous nos éléments histologiques et notre personnalité psychique? Sans entrer dans de grands détails à ce sujet, il est facile de répondre d'une manière satisfaisante à la question ainsi posée. Notre personnalité psychique dépend des rapports établis entre les divers éléments de notre organisme et surtout entre nos neurones; or, l'hérédité détermine anatomiquement d'une manière très précise la construction de notre individu, ainsi que le prouvent les ressemblances entre parents et enfants; la part de l'éducation, c'est-à-dire de l'ensemble des conditions extérieures traversées au cours du développement semble donc très minime au point de vue morphologique, mais, pour être minime, elle n'est pas nulle. Or, des différences très minimes, *absolument inappréciables* au point de vue morphologique, sont quelquefois très importantes au point de vue psychique quand elles affectent les dispositions relatives de nos neurones. Suivant qu'un enfant entendra parler anglais ou français, il saura l'anglais ou le français, mais il sera impossible au meilleur biologiste de déceler dans les rapports de ses neurones cérébraux, le caractère correspondant au fait qu'il sait l'une ou l'autre langue. Aucune éducation ne serait capable d'empêcher l'enfant d'avoir ses tubercules quadrijumeaux à la place normale. Où est la limite des variations cérébrales possibles sous l'influence de l'éducation? C'est seulement l'étude des faits d'hérédité psychique qui peut permettre de répondre à cette question. Le fait de parler anglais n'est pas héréditaire; il ne correspond pas à une variation suffisante pour qu'elle puisse se répercuter dans tout l'organisme et se graver dans le patrimoine commun à tous les éléments histologiques; au contraire, l'ensemble des qualités cérébrales que l'on résume sous le nom de *caractère individuel*, peut être héréditaire; une variation dans le caractère, sous l'influence de malheurs prolongés ou de toute autre cause, peut se traduire par une variation dans tout l'individu et être transmise. La personnalité psychique est donc partiellement déterminée par le patrimoine héréditaire des cellules, partiellement livrée à l'action des influences extérieures. C'est seulement cette seconde partie de la personnalité qui est susceptible d'être modifiée par l'éducation.

Greffe. Nous avons déjà parlé de la greffe quand nous cherchions la définition de l'individualité. Il faut y revenir, maintenant que nous l'avons trouvée. Un homme à qui l'on greffe un morceau de peau emprunté à un autre homme est-il encore un individu? Cette question serait fort intéressante si l'on pouvait exécuter sur les animaux des greffes véritablement considérables, ce qui n'a pas été réalisé jusqu'à présent. Il n'y a pas assez d'observations de ce genre d'opération pour que l'on puisse savoir si la greffe a ou non une influence sur l'hérédité. Un homme à qui l'on greffe un certain nombre de cellules ayant un patrimoine héréditaire différent du sien propre reste-t-il formé de deux sortes d'éléments? Ou bien se produit-il une modification qui unifie le patrimoine héréditaire de tout l'organisme? On ne connaît pas de greffe animale assez importante pour qu'il soit possible de répondre à cette question. Nous verrons tout à l'heure qu'il y a au contraire des résultats intéressants à tirer de l'étude de la greffe végétale, mais, malheureusement, l'individualité végétale étant beaucoup plus limitée que l'individualité animale, l'influence de la greffe ne saurait s'étendre à l'ensemble de tout un organisme.

§ V. — L'unité végétale.

S'il n'y avait pas eu d'animaux, l'étude des végétaux n'aurait jamais fait naître la notion d'individualité ; rien ne paraît moins *un* qu'un arbre dont on peut faire des milliers de boutures; mais, du moment que l'on s'est posé une question en zoologie, il est bon de transporter la question dans le domaine botanique, de manière à généraliser le langage pour l'ensemble des êtres vivants.

A la base du règne végétal, nous trouvons les Protophytes, qui correspondent aux Protozoaires; pour ceux qui sont unicellulaires, la question de l'individualité se résout comme pour les animaux, et cependant il semble que l'on rencontre des champignons filamenteux unicellulaires pour lesquels on pourrait considérer l'individualisation comme non encore étendue à l'ensemble de la cellule. Je n'insiste pas sur ces êtres inférieurs, de manière à pouvoir m'étendre plus longuement sur l'étude des végétaux phanérogames connus de tous; c'est chez ces êtres que je me propose de déterminer l'individualité définie comme la plus haute unité morphologique héréditaire.

Il suffit de comparer deux arbres d'une même espèce, deux pêchers, par exemple, pour constater immédiatement que l'ensemble de chacun d'eux ne correspond pas à un type morphologique défini. Le nombre et la disposition des branches varient de pêcher à pêcher; mais nous reconnaissons immédiatement une feuille de pêcher, une fleur de pêcher, parce que la feuille et la fleur varient peu d'un arbre à un autre. Il y a encore un autre caractère qui varie peu sur les branches jeunes du pêcher, c'est la disposition des feuilles, ce qu'on appelle la phyllotaxie. Je ne parle pas des racines. Voilà trois éléments de la morphologie du pêcher qui semblent susceptibles d'être reproduits par l'hérédité : feuille, fleur, phyllotaxie. Devons-nous donc considérer la feuille comme un individu? Pas absolument, puisqu'il est possible, grâce à la constance de la phyllotaxie, de trouver dans le pêcher un élément morphologique héréditaire, plus considérable que la feuille. C'est l'entre-nœud, pourvu de la feuille, qui pousse à son extrémité supérieure; voilà un individu morphologiquement défini et qui d'ailleurs se reproduit pour son compte personnel; en effet, à la fin de l'année, avant la chute des feuilles, un bourgeon se prépare à l'aisselle de chaque feuille; ce bourgeon, au printemps suivant, donnera naissance à un nouveau rameau, à une nouvelle colonie d'entre-nœuds munis d'une feuille et semblables à celui qui a produit le bourgeon. La feuille tombe chaque année, mais l'entre-nœud reste et continue encore longtemps à faire partie de la colonie; ce sont les squelettes accumulés des entre-nœuds qui forment le tronc et les branches; on peut considérer chaque tranche du tronc d'un arbre comme un entre-nœud qui n'a cessé de grossir en accumulant à son centre des squelettes de tissu mort. Il y a donc, dans la partie végétative épigée d'un pêcher, 1° des individus jeunes, nés l'année même et formés d'un entre-nœud et d'une feuille; 2° des individus vieux, entre-nœuds dépourvus de feuilles et fondus ensemble d'une manière plus ou moins indistincte, dans le tronc et les branches. Enfin, il y a les fleurs. Les fleurs des arbres correspondent exactement aux méduses des polypes hydroïdes; ce sont des individus ayant subi l'action morphogène des éléments sexuels. Tandis que les individus (entre-nœud + feuille), se reproduisent par génération agame, les fleurs sont sexuées. Elles ne se détachent pas en général, comme les méduses, de la colonie qui leur a donné naissance et cependant, chez les Vallisneria, un phénomène analogue se produit.

De même que pour les méduses, les morphologistes se sont demandé si l'individu sexué appelé fleur était équivalent à un ensemble d'individus asexués individualisés; cette question que Gœthe a posée le premier semble résolue dans le sens de l'affirmative, mais elle ne nous intéresse pas pour le moment; nous constatons l'existence de deux types d'individus chez le pêcher, l'individu sexué ou fleur et l'individu asexué (entre-nœud + feuille) et c'est tout ce qu'il nous faut. Le pêcher est donc une colonie comprenant deux sortes d'individus, des individus asexués jeunes et vieux et des individus sexués. L'évolution de l'individu sexué est curieuse; la fécondation qui se produit à son intérieur donne naissance à des embryons parasites dont l'influence morphogène transforme la fleur en fruit.

Chez le pêcher et chez les arbres en général, il n'y que deux types d'individus; chez les plantes herbacées il n'en est pas de même; le plus souvent, les individus asexués du bas de la tige (individus radicaux) diffèrent, par la longueur de leur entre-nœud et par la forme de leurs feuilles, des individus du milieu de la tige (individus caulinaires) et des individus voisins des fleurs. La colonie peut être dans certains cas, aussi polymorphe qu'une colonie de siphonophores.

D'ailleurs, une certaine individualisation peut apparaître dans les végétaux, et cela de plusieurs manières.

Quelquefois, les feuilles voisines de la fleur[1] se groupent régulièrement autour d'elles de manière à former un ensemble rigoureusement déterminé et héréditaire; alors, dans l'espèce considérée, il y a un individu sexué composé non seulement d'une fleur, mais aussi de plusieurs feuilles florales et de leurs entre-nœuds.

Dans d'autres cas, plusieurs fleurs se réunissent en une inflorescence régulière qui prend un grand caractère de fixité et s'individualise d'autant. Cela a lieu pour certaines ombelles d'ombellifères et pour des capitules de synanthérés.

Enfin, la plante tout entière peut s'individualiser définitivement; il y a certains végétaux phanérogames qui ont toujours le même nombre de feuilles semblablement disposées. Cela se rencontre par exemple chez *Maïanthenum*, chez *Paris quadrifolia*, chez *Listera ovata*, etc... La question de l'individualité chez les plantes n'a pas seulement un intérêt relatif à la précision du langage; elle est également utile pour l'étude de la variation et pour la détermination des espèces.

D'abord, pour la détermination d'une espèce dans une flore, on ne peut recourir qu'aux caractères des *individus*; on ne signalera jamais que tel arbre a tant de branches disposées de telle manière, quand le nombre et la disposition des branches sont variables; on décrira au contraire l'individu ou les individus (fleur, entre-nœud, feuilles, individus radicaux, caulinaires, etc...) caractéristiques de la colonie dans une espèce donnée. En outre, pour l'étude des variations dans une plante non individualisée, on ne pourra s'occuper que des variations qui intéressent l'individu; il est certain que si, par exemple, le nombre des entre-nœuds est variable, on ne décrira pas une

---

1. Quelquefois, au contraire, et ceci est important pour l'assimilation morphologique de la fleur à un groupe de feuilles, la fleur elle-même n'est pas complètement individualisée; le nombre des pétales et des étamines n'est pas fixé dans toutes les plantes; il y a des fleurs qui ont tantôt 5, tantôt 6 pétales, comme la salicaire, etc.

variation du nombre des entre-nœuds, tandis qu'on attachera de l'importance à l'étude d'une modification de la feuille radicale sous l'influence de telle condition réalisée dans le milieu. Pour signaler les différences qui existent entre deux plantes d'une même espèce, on ne s'arrêtera pas non plus au nombre de branches ou de feuilles; on constatera les différences entre des feuilles semblablement placées ou entre des fleurs, entre des individus correspondants, en un mot. Les caractères individuels ne peuvent avoir d'intérêt que s'ils appartiennent réellement à des individus; on s'intéressera à un lézard à 5 pattes, et on ne fera aucune attention à un géranium qui aura une branche de plus que son voisin !

*
* *

La classification botanique est basée sur les fleurs; les feuilles n'interviennent qu'ensuite et pour distinguer les espèces d'un même genre. Bernardin de Saint-Pierre prétend que cela est illégitime et il en donne pour exemple que les *Dipsacus sylvestris*, que ses fleurs rangent dans les Dipsacées et qui, par ses feuilles, ressemble au chardon, devrait être placé auprès du chardon dans les Synanthérées, parce que les chardonnerets visitent les *Dipsacus* comme le chardon ! Il me semble au contraire que, de tous les individus d'une espèce donnée, la fleur doit être considérée comme la plus caractéristique; sa morphologie est en quelque sorte la *quintessence* de la morphologie de l'espèce. Nous verrons[1] en effet que c'est un individu de l'espèce donnée, modifié par les éléments sexuels *de la même espèce*, qui sont parasites à son intérieur. Les déformations causées par les parasites et les végétaux, déformations connues sous le nom de *galles*, ont une morphologie bien

1. V. plus loin *Les fleurs et les fruits.*

spéciale et caractéristique à la fois de l'espèce parasite et de l'espèce parasitée. Que dire alors d'une galle dans laquelle le parasite est l'élément sexuel de l'espèce même! sa morphologie est doublement caractéristique. Or, la fleur est une galle qui réalise cette condition; il est donc tout naturel que sa valeur, comme détermination de l'espèce, soit plus considérable que celle de la feuille; d'ailleurs, la feuille est elle-même extrêmement polymorphe dans une plante donnée, elle varie du bas au haut de la tige, tandis qu'il n'y a, chez les plantes hermaphrodites du moins, qu'un seul type de fleurs. Observez les renoncules, par exemple, et cela vous convaincra que la fleur est un élément beaucoup moins variable que la feuille; *Ranunculus bulbosus* et *Ranunculus flammula* ont des fleurs tellement semblables qu'il faut un botaniste exercé pour les distinguer; or, les feuilles de ces deux espèces n'ont rien de commun; la fleur est donc un caractère excellent pour déterminer le genre et la feuille pour déterminer l'espèce.

§ VI. — Le Polyzoïsme.

Toutes les considérations précédentes nous permettent de parler très clairement de la question dite du *Polyzoïsme*. Un individu d'une espèce supérieure comme l'homme, le cheval, le lézard, peut-il être considéré comme descendant d'une espèce coloniale qui a acquis progressivement une individualité de plus en plus complète? A cette question, on ne pourra jamais répondre que par des hypothèses, mais, étant donnée la répétition de certaines parties d'avant en arrière du corps, l'hypothèse polyzoïque paraît très vraisemblable; cette hypothèse a de plus l'avantage de la simplicité et il me semble qu'après avoir regardé longtemps une écrevisse, on ne peut plus douter que les différents anneaux de cet intéressant crustacé soient la reproduction d'un même type et dérivent les uns des autres par bourgeonnement. M. Ed. Perrier est de cet avis ; M. Delage s'est au contraire élevé depuis quelque temps contre la théorie polyzoïque : « Les segments de la région moyenne du tronc d'un annelé ne représentent pas, dit-il, des individus, mais des fractions d'individus [1]. » Évidemment, si l'annelé considéré est réellement individualisé, s'il a un nombre fixe de segments, il ne se compose pas d'individus ; c'est là un langage fautif qui permettra peut-être d'embrouiller une question claire. M. Delage pose d'ailleurs la question de la manière suivante : « Doit-on considérer les êtres polycellulaires comme des individualités réelles, des personnes indécomposables, ou comme des agrégats, des colonies d'individus d'ordre inférieur ? »

Nous sommes arrivés à une définition de l'individualité qui paraît la seule logique ; si l'on veut bien admettre cette définition, on n'acceptera pas que la question du polyzoïsme soit posée comme elle l'est dans la phrase précédente. Un être pluricellulaire étant individualisé, c'est-à-dire susceptible d'une hérédité totale, il n'y aura jamais à se demander si c'est une colonie d'individus d'ordre inférieur, mais bien si l'on peut le considérer comme provenant de l'individualisation progressive d'une espèce coloniale ancestrale. M. Delage, posant en principe que les annelés sont, « contrairement aux opinions les plus généralement adoptées, des individualités parfaites », ne nie pas le moins du monde l'*origine* polyzoïque de ces animaux.

Je ne prétends pas qu'il suffise d'avoir défini l'individu d'une manière claire et logique pour que la question de l'*origine* polyzoïque des vertébrés soit résolue ; au contraire, je trouve que c'est là une question intéressante de la morphologie générale et qui valait la peine qu'on la posât d'une manière scientifique et dans un langage précis.

1. Delage, *La Conception polyzoïque des êtres supérieurs* (*Rev. scientifique*, 23 mai 1896).

Une dernière remarque : quand un crustacé comme le *Peneus* naît sous la forme *nauplius* et que l'on voit ensuite le nombre des segments augmenter jusqu'à devenir le nombre de segments caractéristique des malacostracés, on surprend une trace atavique de l'ancien état colonial; au contraire, quand l'écrevisse se forme dans son œuf avec son nombre définitif de segments, on voit bien que c'est un individu parfait; et cependant, l'écrevisse est assez voisine du Peneus pour que l'on ne puisse nier qu'ils ont une origine commune; la comparaison du développement progressif du Peneus et du développement brusque de l'écrevisse permet de s'imaginer aujourd'hui que l'on compare le développement actuel de l'écrevisse à son développement d'autrefois — et, dans ce développement d'autrefois, on saisit, il me semble, le moment où la colonie à 21 segments venait de s'individualiser, mais où le patrimoine héréditaire n'était pas encore suffisamment considérable pour que la forme adulte d'équilibre fût *immédiatement* obligatoire; dans le développement condensé d'aujourd'hui, on constate au contraire l'effet d'un patrimoine d'individualité tellement considérable que la forme à 21 segments est la seule forme d'équilibre possible dès que l'œuf rompt ses enveloppes. L'écrevisse est un être à *hérédité totale immédiate*; le *Peneus* est un être à *hérédité totale successive*; ce sont tous deux des individus, mais il semble que l'écrevisse a fait un pas de plus dans l'individualisation.

LIVRE III

QUESTIONS D'HÉRÉDITÉ ET DE SEXUALITÉ

J'ai publié, dans la Bibliothèque scientifique internationale, un volume consacré à l'étude de l'évolution individuelle et de l'hérédité. Je réunis ici un certain nombre d'articles relatifs à des questions qui n'avaient pas été abordées dans ce volume et qui ont trait à l'unité dans l'animal ou le végétal.

CHAPITRE VI

CARACTÈRES ET PROPRIÉTÉS[1]

Aucun sujet n'a donné lieu à des études plus diverses, à des théories plus nombreuses que l'interprétation de l'hérédité; aucun sujet n'est plus fondamental en biologie, car le phénomène caractéristique de la vie, celui qui distingue les corps vivants des corps bruts, c'est la reproduction. Ceci peut paraître inexact quand il s'agit des animaux supérieurs envisagés comme des individus. Nous savons qu'un chien est vivant même quand il ne se reproduit pas; un mulet stérile est vivant. Mais si nous considérons les phénomènes intimes des tissus de ces êtres, nous constatons aisément que tout ce qui se passe en eux de véritablement vital, est une reproduction de cellules ou de

[1]. Leçon d'ouverture du cours d'Embryologie générale à la Sorbonne.

parties de cellules. Or, reproduction implique hérédité. L'hérédité est donc dans tous les phénomènes vitaux. Une étude complète de l'hérédité entraînerait celle de la biologie tout entière.

Mais il est rare que l'on envisage l'hérédité à un point de vue aussi général dans le grand public; ce que l'on discute avec passion depuis quelques années, tant dans les romans que dans les pièces de théâtre, c'est la question de la transmissibilité aux enfants des tares individuelles des parents. Or, il n'y a là qu'une partie du problème et précisément la partie la. moins constante, celle sur laquelle on a le plus discuté, parce que la question est mal posée. Les tares peuvent être ou n'être pas transmises suivant les cas, mais vous entendez chaque jour des gens dire qu'ils ne croient pas à l'hérédité parce qu'ils refusent, *avec raison*, d'admettre que le fils d'un voleur soit fatalement un voleur, la fille d'une femme de mauvaise vie, une coureuse...

Indépendamment de ce monde de psychologues amateurs, les médecins se sont occupés très sérieusement de l'hérédité pathologique. Cette question, capitale pour la médecine pratique, ne présente au point de vue de notre étude générale qu'un très médiocre intérêt, parce que les faits qui s'y rattachent entrent tous dans des catégories plus vastes, dont chacune séparément peut être étudiée complètement sans qu'il soit besoin de se reporter pour cela aux exemples particuliers de la pathologie.

Déblayons donc immédiatement le terrain.

Les caractères pathologiques peuvent être de deux natures :

1° Ces caractères sont inhérents à la structure même de l'individu et indépendants de toute influence étrangère. Ce sont les *diathèses vraies*. Mais alors ces caractères dits pathologiques font partie de l'individu exactement au même titre que les caractères dits physiologiques et leur transmissibilité aux enfants doit être étudiée en même temps que celle de la couleur des yeux et de la forme du nez. Elle ne mérite aucune mention spéciale.

2° **Les** caractères pathologiques sont dus à l'influence d'un corps étranger. Je considérerai ici trois cas de complication croissante.

α. Un homme a reçu étant jeune une balle de fusil qui n'a pu être extraite. Cette balle, logée dans les tissus, a joué un rôle indéniable dans la vie ultérieure de l'individu considéré; elle a été un des facteurs de son évolution. L'homme a un enfant. La balle sera-t-elle transmise à l'enfant? Évidemment non, la question même est absurde, et cependant l'on a discuté gravement des questions d'hérédité qui, sans en avoir l'air, étaient aussi extravagantes. Muni de tous ses caractères héréditaires, le fils évoluera donc d'une manière différente de celle du père, puisqu'il aura dans son évolution un facteur de moins que son père, la balle logée dans les tissus.

Est-ce à dire pour cela que le fils n'aura éprouvé aucune modification par le fait de la balle qu'a reçue son père jeune? Cela serait certain si le vieil adage *Sublata causa tollitur effectus* était toujours vrai en biologie. Mais, précisément, cet adage n'est pas ordinairement vérifié. Si vous enlevez sa balle à notre individu vingt ans après qu'il l'a reçue, deviendra-t-il identique à ce qu'il aurait été au même moment s'il n'avait jamais reçu de balle? Rien n'est moins probable. Supposez par exemple que la présence de la balle l'ait forcé à se tenir courbé en deux pendant vingt ans; croyez-vous que l'extraction de ce corps étranger si gênant suffira pour le redresser! Cela peut arriver; tout peut arriver en biologie. Il se peut, quoique ce ne soit guère vraisemblable, que l'homme soit resté courbé vingt ans sous l'influence sans cesse agissante de la balle, sans que pour cela son corps ait, comme on dit vulgairement, *pris le pli*. Alors, la cause étant enlevée, l'effet disparaît; il n'y avait pas eu de modification générale de l'organisme, nous dirons si vous voulez qu'il n'y avait pas eu de *caractère acquis*, mais seulement une obéissance actuelle à une cause actuelle, comme celle du ressort qui se redresse quand la pression a cessé. Dans ces conditions, la question de l'hérédité ne se pose pas; le fils tient de son père ses caractères individuels. Le père, débarrassé de sa balle se serait redressé; le fils qui n'a pas de balle reste droit.

Mais c'est là un cas **tout à fait** exceptionnel; en thèse générale, un homme qui est resté vingt **ans** courbé en deux *en garde toujours quelque chose*, même quand la cause qui le forçait à se courber a disparu; *sublata causa non tollitur effectus*; il y a eu une modification générale de l'organisme, *un caractère acquis*; nous avons déjà parlé précédemment de la transmissibilité aux enfants des *caractères acquis* ainsi définis par leur persistance malgré la suppression de la cause qui les a produits. Le cas pathologique que nous venons d'envisager n'a rien de spécial; il s'étudie naturellement avec les autres cas de caractères acquis.

β. Passons maintenant à un second cas pathologique, celui où le corps étranger est un microbe pathogène. La question de l'hérédité des maladies microbiennes passionne, et à juste titre, le monde médical tout entier; elle ne nous intéresse pas pour l'étude générale de l'hérédité. La transmission des microbes des parents aux enfants est un fait de contagion, même quand cette transmission a lieu, comme pour la pébrine des vers à soie, par l'œuf lui-même. Il est certainement très intéressant de savoir si un spermatozoïde peut être infecté de bacilles de Koch et si un ovule, fécondé par un spermatozoïde ainsi infecté peut donner lieu à un individu adulte également infecté, mais je le répète, cela n'a rien à voir avec la question qui nous occupe; le problème, même entièrement résolu, ne nous ferait pas faire un pas dans la compréhension de l'hérédité.

Seulement, bien plus que pour la balle de fusil de tout à l'heure, l'infection microbienne a un retentissement général sur l'économie; elle laisse des traces plus ou moins durables, une fois que l'agent infectieux a disparu, l'immunité pour les maladies sans récidive, comme le charbon, une aptitude plus grande

à l'infection pour les maladies à récidive comme la tuberculose.
Ces *caractères acquis* proprement dits, immunité au charbon,
aptitude plus grande à la tuberculose, se transmettent-ils aux
enfants? Cette question entre dans le **cadre** général du problème
de l'hérédité des caractères acquis.

γ. Enfin, un troisième cas pathologique est celui où le corps
étranger responsable de la maladie de l'individu considéré est
le milieu même dans lequel vit cet individu; les mauvaises conditions hygiéniques, tant physiologiques que psychologiques,
peuvent engendrer beaucoup de tares. Si le rejeton de l'individu taré vit dans les mêmes conditions de milieu, il peut subir
les mêmes tares sans que l'hérédité y soit pour rien, de même
que dans les cas de contagion pour les maladies microbiennes.
Mais ici encore, comme dans le cas précédent, il peut y avoir
des tares qui persistent, même en dehors des conditions de
milieu où elles sont nées, de *véritables caractères acquis* dans
lesquels, *sublata causa non tollitur effectus*. L'étude de la transmission de ces tares entre aussi dans le cadre général de l'hérédité des caractères acquis. Il n'est donc pas nécessaire d'en
faire une mention spéciale. Il faut étudier, en bloc, la question
si controversée de l'hérédité des caractères acquis.

.˙.

Comme pour toutes les questions de la biologie générale, la
méthode scientifique à suivre dans l'étude de l'hérédité est de
commencer par le bas de l'échelle, par les êtres les plus inférieurs. Chez les animaux et les végétaux unicellulaires nous
constatons, à leur minimum de complexité, les phénomènes
d'hérédité et de variation; nous abordons ensuite l'étude des
êtres supérieurs avec le bénéfice des données déjà acquises;
nous voyons que l'évolution individuelle d'un métazoaire se
réduit à une série de bipartitions cellulaires successives, de

tout point analogues à celles que nous aurons précédemment étudiées chez les protozoaires et les protophytes; partant de l'œuf, nous arrivons à l'œuf, sans nous être aperçus que l'ensemble des cellules résultant des bipartitions successives de l'œuf initial constitue une agglomération à individualité définie; nous avons ainsi étudié l'hérédité d'œuf à œuf et expliqué comment il se fait que l'œuf fils peut être identique à l'œuf père, dans les cas où aucune variation n'intervient.

Dans cette première étude, nous ne recourons aux individus adultes que comme à des témoins morphologiques de l'identité de deux œufs successifs; nous ne considérons l'évolution individuelle, prise dans son ensemble, que comme un réactif extrêmement sensible de la structure des œufs. Deux œufs peuvent être assez voisins pour que leur étude directe ne révèle pas entre eux de différences appréciables et donner néanmoins naissance, dans les mêmes conditions de développement, à deux individus nettement dissemblables. Les adultes, obtenus dans des conditions bien définies, sont donc d'excellents réactifs des œufs.

Puis, nous faisons un pas de plus. Après avoir étudié les cas les plus simples d'*hérédité absolue*, dans lesquels l'œuf fils est identique à l'œuf père, nous abordons l'histoire des cas où intervient une *variation* dans l'intervalle qui sépare l'œuf fils de l'œuf père de telle manière que le dernier soit *différent* du premier. Ici l'expression *hérédité d'œuf à œuf* n'est plus applicable, puisque, d'œuf à œuf, il n'y a plus identité. Nous sommes donc obligés de faire intervenir cette fois les individus adultes eux-mêmes, et il s'agit de montrer que si une variation morphologique s'est produite chez le père dans le cas étudié, la différence entre l'œuf O' du fils A' et l'œuf O du père A *peut* correspondre à cette variation [1], de telle manière que la même

1. Nous verrons que, dans la plupart des cas, il faut plusieurs générations successives pour qu'un caractère acquis soit définitivement transmis.

variation se reproduise ensuite naturellement chez le petit-fils qui proviendra de l'œuf fils. C'est la grande question de la transmissibilité des caractères acquis.

$$A \twoheadrightarrow O \twoheadrightarrow A' \twoheadrightarrow O' \twoheadrightarrow A'$$

Dans toute cette première partie de l'étude de l'hérédité, il faut passer sous silence les phénomènes de fécondation et supposer toujours que l'élément reproducteur provient d'un progéniteur unique. Cela est très légitime car on connaît assez de cas de reproduction agame pour établir, rien qu'en s'appuyant sur eux, une théorie générale de l'hérédité des caractères congénitaux et des caractères acquis. Et même, au cours de cette première étude, nous avons le droit d'emprunter des exemples d'hérédité à des cas de reproduction sexuée, pourvu que la particularité intéressante dans l'exemple choisi ne dépende aucunement du mode sexué de la reproduction.

C'est ensuite seulement que l'on peut aborder avec fruit l'étude de la sexualité et l'interprétation des emprunts qu'un jeune animal fait aux caractères de son père et de sa mère. Cette partie de l'hérédité intéresse tout le monde parce qu'elle s'applique à l'homme et que nous avons chaque jour sous les yeux des exemples de cette distribution capricieuse des caractères paternels et maternels, distribution capricieuse grâce à laquelle les enfants d'un même couple sont si différents les uns des autres. C'est là aussi que se présentent les faits si curieux d'atavisme, les résultats des unions croisées entre variétés et espèces différentes, les dangers des unions consanguines, etc...

.·.

D'une manière générale, en Biologie, il faut se défier sans cesse des pièges du langage courant, car le langage courant est un héritage d'une époque arriérée, antérieure en tout cas à la théorie cellulaire, et la manière même dont on est obligé de raconter les faits suffit quelquefois à empêcher leur compréhension. Des erreurs de raisonnement, des hypothèses saugrenues sont provenues souvent d'un simple abus de langage, mais, nulle part, plus que dans l'étude si délicate de l'hérédité, il n'est nécessaire de peser avec soin les mots que l'on emploie sous peine de prendre bien souvent une image pour une explication, ou même, ce qui est plus grave, de considérer comme réelle une image familière qui rend toute explication impossible.

Voici un exemple de ce danger des mots mal définis. Déjà, dans la première partie de ce chapitre, j'ai prononcé plusieurs fois les expressions : *caractères acquis, caractères congénitaux*. Il est impossible de lire un ouvrage sur l'hérédité sans rencontrer presque à chaque ligne le mot *caractères* ; tous les raisonnements destinés à étayer les diverses théories sont remplies de ce mot, et si vous y regardez de bien près, vous verrez que, selon les besoins de la cause, ce mot est pris par les divers auteurs et quelquefois par le même auteur, à divers moments, dans plusieurs acceptions différentes.

Supposez que vous ayez à décrire minutieusement un homme donné, et quand je dis minutieusement, il faut entendre avec une minutie telle, que celui à qui vous le décrivez puisse le reconstruire identique à lui-même, *comme le fait un œuf d'homme*, comme le fait l'hérédité en un mot.

Pour faire cette description complète, vous diviserez par exemple le corps de l'individu en petits cubes d'un millimètre de côté et si vous avez fait une description complète de tous ces millimètres cubes, il suffira, pour reconstruire un homme semblable au premier, de faire autant de millimètres cubes semblables et semblablement placés. Le volume d'un homme étant d'environ 80 litres, c'est 80 millions de millimètres cubes dont vous aurez à définir la place dans l'espace et la structure intime. Voilà déjà quelque chose d'assez compliqué. Mais, rien que dans un millimètre cube de l'homme, vous retrouverez une complication presque aussi grande, car, en donnant pour dimensions à chaque cellule, dix microns dans tous les sens, chaque millimètre cube ne contient pas moins d'un million de cellules. Cela fait donc au moins 80 trillions de cellules dont vous aurez à définir la place dans l'espace et la structure intime. Et remarquez qu'une cellule est loin d'être un élément simple et que, même si vous connaissiez exactement la structure moléculaire de ses divers éléments constitutifs, ce ne serait pas une petite tâche que de la décrire d'une façon précise.

Voilà une idée du travail que vous auriez à effectuer pour donner à un fabricant les éléments *indispensables* à la construction d'un homme semblable au premier. Il est vrai que ces éléments indispensables seront suffisants et que l'homme ainsi décrit sera entièrement décrit, autrement dit, votre description comprendra *tous les caractères* de l'individu à décrire; car si elle ne comprend pas, *explicitement*, la longeur du cou, le courbure du nez, etc... elle comprend, implicitement du moins, tous ces caractères macroscopiques, et l'on peut *certainement* les déduire des caractères microscopiques donnés puisque ces derniers sont suffisants pour la reconstitution totale de l'homme.

Mais si ces éléments sont suffisants, n'oublions pas qu'ils sont *indispensables* et que l'absence d'un seul d'entre eux suffirait pour que le constructeur chargé de la reproduction de l'homme ne pût pas compléter sa tâche !

Et cependant, l'œuf reproduit tout cela, l'œuf microscopique contient tous ces documents ! Tous ces *caractères* y seraient donc représentés puisque nous savons, qu'un seul d'entre eux faisant défaut, il serait impossible de construire l'homme complètement ! Tel est, sans nul doute, le raisonnement qui a conduit à la théorie des *particules représentatives*. A chacun des éléments numériques de notre description précédente, et que l'on appelle des *caractères*, correspondrait, dans l'œuf, une particule très petite; il y aurait donc dans l'œuf des centaines de trillions de ces particules, autrement dit, l'œuf aurait une complication de structure aussi grande que celle de l'homme.

Les partisans de cette théorie des particules représentatives ont bien essayé de diminuer l'invraisemblance de cette structure compliquée de l'œuf en faisant donner à tous les éléments cellulaires de même nature une *représentation* commune, mais il n'y a pas, dans un être, deux cellules rigoureusement identiques!

Le raisonnement que je viens de faire et qui conduit à la théorie des néo-Darwiniens serait exact si les 80 trillions d'éléments dont nous avons vu que se compose le corps d'un homme étaient disposés *d'une manière quelconque*. Si l'on vous donnait ces 80 trillions d'éléments isolés et si vous les groupiez de manière à en faire un assemblage *quelconque* sans autre règle que votre fantaisie, il serait impossible à un fabricant ou à un œuf de reproduire un assemblage identique sans posséder exactement tous les *caractères* de l'assemblage que nous avons énumérés plus haut. Dans ces conditions, l'hérédité serait *impossible* et il est tout naturel que l'essai d'explication d'une hérédité ainsi conçue ait conduit à la théorie fantastique des particules représentatives.

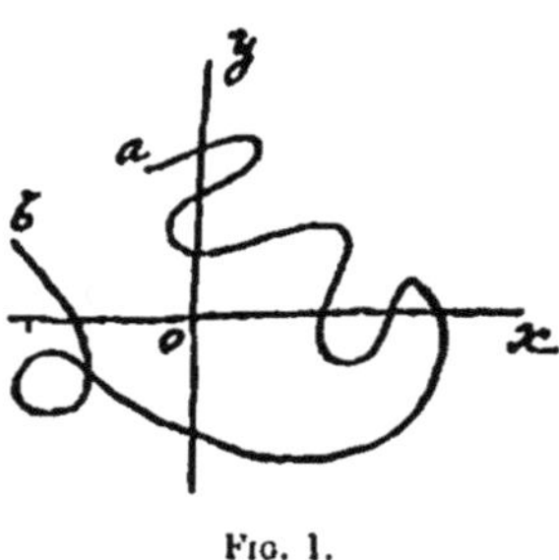

Fig. 1.

Voici un exemple qui fera très bien comprendre la nature de l'erreur commise précédemment : Je trace sur le tableau une courbe fantaisiste quelconque *ab* (fig. 1); aucune règle ne me guidant dans le tracé de cette courbe, je puis, à chaque instant, le modifier comme je le veux et les arabesques que je dessine aux environs du point *b* ne dépendent en aucune façon de celles que j'ai tracées tout à l'heure aux environs du point *a*.

Supposons maintenant que je veuille faire reproduire cette courbe bizarre ; il faudra que je rapporte ma courbe à deux axes de coordonnées, *o x* et *o y* et que je donne à mon dessinateur les ordonnées et les abscisses de tous les points de la courbe, c'est-à-dire un nombre de documents *infini* car aucun des éléments de la courbe ne dépend d'une manière quelconque d'un autre élément de la même courbe. Autrement dit, la seule chose qui pourra définir ma courbe fantaisiste sera la courbe elle-même.

Au contraire, au lieu de suivre ma fantaisie pour tracer une courbe, je prends à l'avance une relation définie entre l'abscisse et l'ordonnée de chaque point de la courbe à tra-

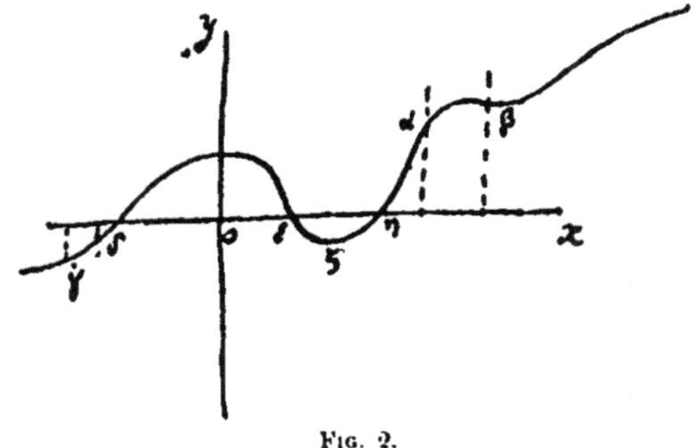

FIG. 2.

cer, relation algébrique aussi compliquée que je voudrai et que je représente par $f(x. y) = 0$.

Moyennant cette relation définie, je puis construire point par point une courbe absolument déterminée (fig. 2). Si je veux faire reproduire cette courbe par n'importe qui, je n'ai qu'à lui donner l'unité de longueur adoptée et la relation algébrique $f(x. y) = 0$.

Cela suffira pour déterminer rigoureusement une courbe de longueur infinie, c'est-à-dire un nombre illimité de points du plan.

Bien plus, je prends, en un endroit quelconque de la courbe, un segment *fini* α β aussi petit que je voudrai. Ce segment fini α β suffit à déterminer la courbe algébrique en question ; il n'y a pas d'autre courbe algébrique passant par les points α β et se confondant depuis α jusqu'à β avec le segment considéré. Il suffira donc que je donne à un géomètre un segment quelconque $\alpha\,\beta$ ou $\gamma\,\delta$, aussi petit que je voudrai, pour que ma courbe soit *entièrement* déterminée dans sa longueur infinie. Je sais bien que les géomètres ne savent pas en général trouver l'équation d'une courbe algébrique dont on leur donne un segment, mais ils savent du moins qu'il est impossible que deux équations différentes représentent deux courbes différentes coïncidant le long d'un segment *fini*.

De plus, si je suppose un paramètre dans l'équation $f(x.\,y) = 0$ et si je change le paramètre de manière que le segment qui était tout à l'heure $\alpha\,\beta$ entre 2 ordonnées déterminées devienne $\gamma_1\,\beta_1$ segment différent de $\alpha\,\beta$ *toute* la courbe sera devenue différente et n'aura plus en commun avec la première aucun segment fini.

N'y a-t-il pas, dans tout ceci, quelque chose de lointainement comparable au phénomène de l'hérédité? Un œuf, simple cellule, suffit à déterminer une agglomération formée de 80 trillions de cellules de même qu'un segment fini, et très petit, d'une courbe algébrique donnée, suffit à déterminer la courbe infinie.

On a fait, de la comparaison précédente, un usage abusif, en considérant comme rigoureusement déterminé, dans l'œuf, l'adulte qui en provient, alors qu'il est bien certain que les conditions de milieu que cet adulte a traversées ont eu sur sa structure définitive une influence profonde. J'éviterai de tomber dans cette faute de raisonnement, mais je tirerai de la comparaison précédente une conclusion très importante, comparant à la courbe algébrique non pas, comme on l'a fait, l'histoire évolutive de l'homme, mais bien l'homme lui-même considéré *à un moment précis*, avec ses 80 trillions de cellules.

La courbe considérée jouit des trois propriétés suivantes : 1° tous ses segments, quels qu'ils soient, *sont différents* au moins par leur position, mais 2° néanmoins chacun d'eux suffit à déterminer la courbe tout entière et 3° si l'un d'eux varie, tous les autres varient conjointement.

Serait-il déraisonnable d'appliquer rigoureusement à l'homme les trois propositions précédentes : 1° Toutes ses cellules sont différentes, mais 2° néanmoins chacune d'elles suffit à déterminer l'homme tout entier et 3° si l'une des cellules varie, toutes les autres varient conjointement.

La première est évidente, et si l'on chicanait à ce sujet à cause des éléments similaires d'un même tissu, on répondrait toujours victorieusement en faisant remarquer que ces éléments similaires ont toujours des propriétés différentes à cause de leur situation différente; le troisième est l'expression la plus générale du principe de corrélation, que nous avons étudié ailleurs et, quant à la seconde, elle est la clef même du phénomène de l'hérédité.

Ce n'est évidemment pas sur la foi d'une simple comparaison mathématique que j'énonce ce principe : *Chaque cellule du corps de l'homme suffit à déterminer l'hommme tout entier*; c'est au contraire la conviction, précédemment acquise, de la vérité de ce principe qui m'a conduit à faire usage de la comparaison de tout à l'heure et qui m'a montré combien cette comparaison est précieuse, mais vous allez voir par un raisonnement très simple que, même *a priori*, le principe précédent apparaît comme très vraisemblable [1].

Voici deux œufs qui donneront deux hommes différents; pour plus de simplicité je suppose que ces deux hommes se développent dans des conditions rigoureusement identiques. Les deux œufs sont différents; ils se divisent successivement et donnent, par leurs bipartitions successives, tous les éléments cellulaires des deux hommes différents. Nous avons vu, en étudiant l'hérédité chez les êtres unicellulaires, quels sont les

1. Voyez plus haut chap. III.

liens qui subsistent entre les descendants et l'ascendant, même quand il y a des variations énormes. C'est le cas dans le développement de l'homme; il y a des variations énormes de l'œuf initial à ses descendants le neurone et l'élément musculaire, mais néanmoins il reste entre le neurone et l'œuf des relations telles que le neurone est un neurone d'homme et non un neurone de chien. Bien plus, considérons deux neurones correspondants dans les deux hommes différents que nous avons vus sortir de deux œufs différents. Voyez-vous une raison pour que ces deux neurones soient *identiques*? rigoureusement identiques? Je n'en vois pas pour ma part et il me semble au contraire plus vraisemblable d'admettre que, puisqu'ils proviennent de deux ancêtres différents, les deux œufs initiaux, il a subsisté entre ces deux neurones, malgré leurs vicissitudes communes et les caractères de convergence qui en sont résultés, des différences de même nature que celles qui séparaient leurs ancêtres. Ces différences ne frappent pas nos regards, elles ne nous frappaient pas davantage dans les œufs ancêtres et nous ne les aurions jamais reconnues avec les ressources de la chimie actuelle, si le réactif très sensible de l'évolution individuelle ne nous avait montré que ces deux œufs sont différents parce que, dans des conditions identiques, ils donnent des hommes différents. Nous ne possédons pas de réactif analogue pour les neurones, mais est-ce une raison pour nier *a priori* qu'il existe des différences entre eux?

Accordez-moi seulement pour l'instant qu'il y a *quelque chose de commun* à tous les éléments d'un homme, ce quelque chose de commun n'étant autre chose que la descendance indéniable d'un ancêtre commun, l'œuf, et n'existant pas par conséquent dans les éléments d'un autre homme provenant d'un autre œuf. Ce quelque chose de commun, ce caractère individuel dont j'ai démontré précédemment l'existence réelle, correspond à ce *quelque chose de commun* qui existe dans tous les éléments finis d'une courbe algébrique malgré leur diversité, et qui est en somme, l'équation de la courbe. Étant donné un segment d'une courbe algébrique, aucun géomètre ne saura trouver, le plus souvent, l'équation de la courbe, mais aucun ne niera, non plus, que ce segment suffise à déterminer rigoureusement la courbe. Faisons comme les géomètres ; si, étant donné un neurone, nous ne savons pas d'une manière précise à qui il appartenait, ne nions pas pour cela que ce neurone soit caractéristique de l'individu auquel il a été emprunté, de même que l'eût été, d'ailleurs, un phagocyte ou un chondroblaste du même individu.

L'individu tout entier, considéré à un moment donné de son existence, nous apparaît donc comme la forme d'équilibre d'une agglomération de cellules différentes, ayant toutes, en commun, une caractéristique particulière telle :

1° D'une part, que cette caractéristique particulière ne saurait exister dans un individu autre que l'individu considéré ;

2° D'autre part, que cette caractéristique particulière suffit à déterminer l'individu considéré dans des conditions données.

Revenons à notre comparaison avec la courbe algébrique de tout à l'heure et nous allons enfin pouvoir définir le mot *caractère* dont on fait un usage si fréquent dans l'étude de l'hérédité.

Au cours de son évolution individuelle, l'homme passe par une série de formes toutes différentes les unes des autres, mais dont chacune, envisagée isolément, jouit des trois propriétés énoncées plus haut et qui permettent de la comparer à une courbe algébrique. La série des formes de l'individu peut donc être comparée à une famille de courbes représentées par une équation dans laquelle entre un paramètre, le temps :

$$f(x. \ y. \ t) = o.$$

Pour chaque valeur de t, pour chaque âge de l'individu, il y aura une courbe déterminée. Pour mettre en évidence, d'ailleurs, que l'évolution individuelle n'est pas fatalement déterminée dès le berceau, il suffit d'introduire dans l'équation de la famille des courbes un nouveau paramètre qui représente les conditions extérieures

$$f(x. y. t. u) = o,$$

u étant une fonction de t. Pour des valeurs t_1 et u_1, des paramètres, nous avons une courbe définie dont tous les points vérifient l'équation $f(x, y, t_1, u_1,) = o$. Un segment fini quelconque $\alpha\beta$ de cette courbe suffit à déterminer toute la courbe, autrement dit, si l'on essaie de compléter dans le plan le lieu des points dont les coordonnées satisfont à la même équation que les points du segment $\alpha\beta$, on tracera forcément la courbe

$$f(x, y, t_1, u_1,) = o.$$

Le segment $\alpha\beta$ détermine donc la courbe tout entière; est-ce à dire pour cela que le segment $\alpha\beta$ contient, *représentées* d'une manière ou d'une autre, toutes les données numériques qui permettent de construire le reste de la courbe, tous ses points en nombre infini? Cela serait ridicule. Il y a seulement entre tous les points du segment $\alpha\beta$ une *relation* qui se retrouve également entre tous les points du segment $\gamma\delta$ ou de tout autre segment de la courbe, mais dire que le segment $\gamma\delta$ *est représenté* dans le segment $\alpha\beta$, est une simple absurdité.

Rien ne serait plus absurde par exemple que de dire que la courbure au point γ est *représentée* dans un segment $\alpha\beta$ qui n'a cette même courbure en aucun de ses points.

C'est une absurdité de même ordre que l'on commet journellement lorsque l'on dit que des *caractères* comme la courbure du nez, la longueur du cou d'un individu sont *représentés* dans l'œuf; c'est l'absurdité que nous commettions tout à l'heure quand nous disions que, pour que l'œuf pût reproduire l'homme il fallait qu'il connût tous les éléments numériques de la distribution dans l'espace de 80 trillions de cellules.

Tous ces éléments numériques, tous ces *caractères* par lesquels nous déterminions l'homme pour qu'il pût être reproduit, *nous les considérions comme des entités distinctes et indépendantes*, et c'est là l'erreur fondamentale de la théorie des particules représentatives.

De même que toute une courbe donnée est définie, dans l'un quelconque de ses segments, par la relation qui existe entre les divers points de ce segment, de même un homme est défini dans l'une quelconque de ses cellules par une particularité commune à toutes ces cellules comme l'équation de la courbe est commune à tous les segments de la courbe.

Cette particularité commune dont j'ai démontré précédemment l'existence c'est la clef du problème de l'hérédité. Les éléments de cette particularité sont les vrais *caractères individuels, les seuls qui soient transmissibles et qui sont transmis.* Toutes les fois que nous parlerons d'un caractère individuel, il ne s'agira pas de la longueur du nez ou de la couleur des yeux mais d'un des *éléments* de cette particularité commune de laquelle dépendent, dans des conditions données, la longueur du nez et la couleur des yeux. Il n'y a pas, dans ce langage précis, de *caractère local,* il n'y a que des caractères généraux qui, au point de vue macroscopique, se manifestent plus ou moins nettement en un endroit donné du corps. Quand, sous l'influence des conditions de milieu, des individus *acquièrent un caractère nouveau,* cela veut dire qu'il y a une modification dans la particularité commune à toutes les cellules du corps et qui est le patrimoine individuel. Quand les ancêtres de la girafe ont acquis l'*allongement du cou,* la modification cellulaire dont cette acquisition était le résultat s'est manifestée aussi bien dans les éléments du pied ou de la queue que dans ceux du cou. Voilà ce que je crois avoir démontré en donnant de l'hérédité une idée bien moins mystérieuse que celle qu'on s'est fait généralement.

J'ai fait appel à une comparaison mathématique qui me paraît précieuse pour donner une forme figurée à une notion abstraite et je m'en servirai peut-être encore une ou deux fois; mais il ne faut jamais se laisser emprisonner dans une comparaison et s'oublier jusqu'à en tirer des conclusions comme on le fait souvent. Il y a néanmoins avantage, même au point de vue des conclusions à établir, à trouver des comparaisons précises qui, permettant de s'exprimer avec plus de netteté, facilitent les raisonnements. Je crois avoir montré d'ailleurs qu'il y a, dans l'exemple précédent, plus qu'une simple comparaison.

Ce qui doit subsister de plus définitif de la comparaison précédente c'est la différence entre une courbe fantaisiste et une courbe algébrique à équation définie; un individu humain est comparable à la seconde et aucunement à la première, c'est-à-dire que ses diverses parties sont régies par une loi commune [1] et non distribuées au hasard. C'est pour cela qu'il est susceptible de se reproduire par hérédité. S'il était comparable à une courbe fantaisiste, il ne saurait être question pour lui de reproduction totale; nous trouverons un exemple d'assemblage fantaisiste dans les colonies animales ou végétales à forme non définie, dont chaque élément est susceptible de se reproduire sans que l'ensemble le soit le moins du monde. Cet assemblage fantaisiste a été plaisamment décrit par Horace dans les premiers vers de son art poétique. Il fait là le tableau d'un monstre qui rappelle un peu les types artificiels dans lesquels on résume quelquefois la morphologie de tout un groupe animal. Eh! bien, ces monstruosités ne sauraient être héréditaires.

Avant de terminer, je veux encore tirer une autre remarque de la comparaison avec des courbes à équation définie

1. L'indépendance des caractères dans l'amphimixie est une toute autre question qui doit être étudiée à part.

$f(x. y. t. u.) = o$; c'est une remarque relative à la question que l'on a si souvent embrouillée volontairement de la transmission des caractères latents.

Je suppose que, pour une valeur donnée des paramètres t, u, la courbe représentée par l'équation précédente ait un point de rebroussement. Ce ne sera pas là une propriété générale de la famille de courbes considérée, mais une manifestation particulière des propriétés générales de cette famille de courbes dans un cas particulier. Si nous donnons successivement aux paramètres t, u, un grand nombre de valeurs différentes de t_1, u_1, il se pourra que nous ne trouvions jamais une courbe à point de rebroussement.

Direz-vous que le point de rebroussement est latent dans les courbes considérées? Évidemment ce serait absurde; et cependant, au bout d'un grand nombre d'essais, vous pouvez retomber sur une combinaison de paramètres, t_1, u_1, qui donne encore lieu à une courbe à point de rebroussement [1].

De même pour les individus ; il se peut qu'une particularité qui a existé chez le père, ne se présente pas chez le fils et reparaisse chez le petit-fils. Nous aurons à nous occuper de cela à propos de l'étude de l'atavisme. Il y a encore là une confusion qui provient de l'abus du mot *caractère*. Ce qui se transmet par hérédité, ce sont des *propriétés* et non des *manifestations de propriétés*. Les propriétés des corps se manifestent de différentes manières dans différentes conditions; or, malheureusement, ce qu'on appelle caractères dans le langage courant, ce

---

1. Cette comparaison des différentes formes successives de l'homme avec les courbes d'une famille définie par $f(x. y. t.) = o$ permet encore de comprendre que les mêmes caractères apparaissent *au même âge* chez le père et chez le fils. Car si la courbe a manifesté une particularité remarquable pour la valeur t_1 du paramètre, il est tout naturel que de à t_1, elle ne manifeste pas cette particularité; il est donc compréhensible que le caractère qui a apparu à trente ans chez le père apparaisse à trente ans chez le fils, sans que rien, jusque-là, ait pu en faire soupçonner l'existence.

sont des *manifestations de propriétés* et non les propriétés elles-mêmes. De là cette absurde théorie des *caractères latents*. Nous éviterons toutes ces erreurs en restreignant le mot *caractères* à la désignation des éléments de la particularité individuelle commune à toutes les cellules d'un organisme donné.

CHAPITRE VII

LES FLEURS ET LES FRUITS[1]

Les phénomènes trop familiers nous frappent peu; nous ne cherchons pas à les expliquer; ils sont familiers et cela nous suffit; nous les considérons par là même comme simples, ce qui, le plus souvent, est une grande erreur, car les phénomènes qui nous sont le plus familiers sont les phénomènes humains et il n'y en a pas de plus compliqués. Qui de nous a songé à s'étonner de ce qu'un enfant apprend, en les imitant, à parler la langue de ses parents? Et pourtant, rien n'est plus difficile à expliquer que l'imitation. Le grand naturaliste Wallace, dans le but de simplifier l'interprétation des choses naturelles, a essayé de démontrer que les œuvres de l'homme sont le plus souvent imitatives, et il n'a pas pensé que, de toutes les choses dont l'homme est capable, la faculté d'imitation est peut-être la moins facile à comprendre.

Il faut avoir déjà pratiqué assez longuement l'étude des sciences naturelles pour arriver à s'étonner des choses dont personne ne s'étonne, et bien des gens trouveront que c'est là un résultat peu enviable. Dans les *Nouvelles génevoises*, Top-

1. *Revue Encyclopédique*, 1900.

pfer se moque de quelques géologues qui, tournant le dos à un sublime paysage, cassent des cailloux; un géologue peut voir dans un caillou des choses plus belles que la Mer de Glace quand il sait lire dans ce caillou l'histoire des montagnes, mais il est plus facile d'admirer une montagne que de la comprendre; il est plus facile aussi de se moquer d'un homme de science que d'éprouver les joies profondes qu'il tire de l'observation de la nature.

Autour de nous tout est admirable; il suffit de savoir regarder et d'aimer à chercher les causes des phénomènes pour ne jamais manquer de sujet de réflexion: mais il y a certains phé-nomènes, les phénomènes humains par exemple, qui sont trop compliqués pour pouvoir être analysés immédiatement; il vaut mieux commencer par ce qui est plus facile, par la nature végé-tale surtout, dans laquelle on surprend, au maximum de sim-plicité, les manifestations de la vie.

Au printemps, les plantes sortent de leur long repos hivernal et se couvrent de feuilles et de fleurs; chacun éprouve de douces joies en admirant la végétation nouvelle, mais bien peu voient plus loin et se demandent les causes du renouveau. On sait bien que c'est la chaleur succédant au froid qui cause cette poussée merveilleuse de germination et de floraison, mais pourquoi y a-t-il des fleurs? Pourquoi les fleurs donnent-elles des fruits?

Pour ceux qui croient que Dieu a créé les fleurs et les fruits dans le but d'embellir l'existence de l'homme, ces problèmes ne se posent pas; les causes finales, quelle que soit la forme sous laquelle on les adopte, détruisent fatalement la curiosité scientifique; il n'y a qu'à constater que tout est parfaitement harmonieux dans la nature et à admirer le Créateur dans son œuvre; voilà une forme de vie comtemplative qui, il faut l'avouer, manque de variété et d'imprévu.

Le premier savant qui nous ait laissé des réflexions sur la

nature des fleurs est le grand poète Gœthe; il a écrit sur ce sujet un mémoire admirable pour son époque et qui le fait placer à côté de Lamarck dans la glorieuse liste des premiers transformistes. Il s'est posé au sujet des fleurs un grand nombre de questions que le vulgaire ne se pose pas; il a essayé de comprendre, là où la plupart se contentent d'admirer.

*
* *

Gœthe a raconté lui-même en 1831 comment il avait été amené à écrire en 1790 ce remarquable opuscule appelé *La Métamorphose des plantes*; le désir de comprendre les fleurs lui était venu de l'étude du système de Linné : « Il fallait, dit-il, apprendre par cœur une terminologie complète, avoir un certain nombre de substantifs et d'adjectifs tout prêts, pour les appliquer avec discernement à chaque nouvelle forme qui se présentait et la désigner d'une façon caractéristique.

« Un travail de ce genre m'a toujours fait l'effet d'une mosaïque où l'on place des pièces préparées à l'avance les unes à côté des autres, afin que leur ensemble produise l'effet d'un tableau; sous ce rapport, ce mode de travail me répugnait un peu. Cependant, je reconnaissais la nécessité de cette méthode, qui a l'avantage de désigner toutes les apparences extérieures des végétaux, par des mots généralement adoptés et de rendre inutile des dessins souvent infidèles et difficiles à acquérir. Mais, *l'extrême variabilité des organes me paraissait un obstacle insurmontable.* Quand je voyais sur la tige des feuilles entières, puis incisées, puis presque pennées, qui se simplifiaient, se contractaient de nouveau pour devenir de petites écailles et disparaître enfin tout à fait, alors, je n'avais plus le courage de planter un jalon ou de tracer une ligne de démarcation quelconque.... J'en concluais que le plus sagace, le plus ingénieux des naturalistes n'avait soumis *qu'en gros* la nature à ses lois. »

Quand une difficulté de cet ordre se présente à un esprit vulgaire, elle l'arrête et le stérilise; à un génie comme celui de Gœthe elle donne au contraire une impulsion féconde; cette *variabilité extrême* qui rendait si difficile l'application du système de Linné était précisément la clef de la nature; Linné l'avait négligée dans son travail, car, voulant tout embrasser, il avait naturellement schématisé les choses et, faisant les êtres fixes pour les cataloguer, il avait méconnu ce qui, précisément, permet de tout expliquer, *le transformisme.* Par un trait de génie Gœthe l'a deviné; son mémoire sur la *métamorphose des plantes* est le premier ouvrage qui mérite d'être considéré comme un ouvrage de *biologie,* de science proprement dite en histoire naturelle.

L'objet de ce mémoire est de prouver, en un mot, que beaucoup d'organes des plantes sont des feuilles, mais des feuilles différentes parce qu'elles poussent dans des conditions différentes aux divers endroits de la tige ou des rameaux, et qu'elles sont adaptées à des fonctions différentes.

Il suffit en effet de regarder les herbes les plus vulgaires pour se rendre compte d'abord de la variabilité des feuilles; beaucoup de plantes présentent, autour de l'endroit où elles sortent du sol, une rosace de feuilles étalées que l'on appelle les feuilles *radicales* parce qu'elles émergent du voisinage de la racine; tels sont les chardons par exemple qui, au printemps, sont même réduits à cette rosace de feuilles piquantes, au centre de laquelle est le cœur, c'est-à-dire le rudiment de ce qui sera la tige; puis la tige s'élance et porte de nouvelles feuilles appelées *caulinaires* (de καυλός, tige). On peut affirmer que, dans la plupart des plantes herbacées, les feuilles radicales diffèrent des feuilles caulinaires; elles en diffèrent souvent par la forme au point que, séparées de la même plante mère, une feuille radicale et une feuille caulinaire seront considérées, à première vue, par un observateur non prévenu, comme appartenant à des espèces distinctes. Elles en diffèrent toujours par la taille, les feuilles radicales étant ordinairement beaucoup plus grandes que les feuilles caulinaires, comme dans la bardane, dans le lys, etc. Enfin, il y a un autre caractère distinctif entre les feuilles radicales et caulinaires et ce caractère n'a pas échappé à la perspicacité de Gœthe, c'est que, dans des plantes qui ont une rosace à la base de la tige, dans des plantes qui, par conséquent, ont, au début de leur croissance, des feuilles séparées verticalement par des distances minimes ou nulles, les feuilles caulinaires sont au contraire séparées par des *entre-nœuds* considérables (chardons, laitues, etc.). Ce fait est tellement vulgaire que nous le constatons sans le remarquer; nous ne songeons pas à nous étonner de ce que des parties désignées dans une même plante par le même nom de *feuilles* soient aussi profondément différentes par la forme, la dimension et la disposition. Gœthe s'en est ému et il a considéré qu'il y avait dans ce phénomène de la variation des feuilles le long de la tige une *métamorphose* due à une cause physiologique; il a recherché cette cause et je dois avouer qu'il ne l'a pas trouvée, mais il a été en même temps amené à faire un raisonnement très ingénieux que je vais essayer de faire comprendre en quelques mots.

Considérons la tige feuillée d'une herbe qui a une rosace de feuilles radicales; si cette tige feuillée est assez longue, comme dans le lys par exemple, nous trouvons dans la région moyenne de cette tige une disposition assez régulière de feuilles à peu près semblables; les divers entre-nœuds qui se succèdent dans cette région moyenne sont d'une longueur à peu près constante.

Comparons cette région moyenne de la tige à la partie de la plante qui est au ras de terre; nous trouvons des différences énormes et aucune ressemblance; les feuilles radicales sont plus grandes, de forme différente et séparées par des entre-nœuds nuls ou à peu près, et cependant nous donnons le même nom aux différentes parties de la région inférieure et de la région moyenne.

Passons maintenant à l'autre bout de la tige, à l'extrémité supérieure, et comparons cette extrémité supérieure à la région moyenne de tout à l'heure; au lieu d'une tige feuillée à feuilles équidistantes, nous trouvons une fleur de couleurs brillantes formée d'un calice, d'une corolle, d'étamines et de carpelles, c'est-à-dire, quelque chose de très différent de ce qui existe à la région moyenne de la tige; mais puisque nous avons constaté sans étonnement les différences entre la région radicale et la région moyenne de la tige, nous sommes en droit de nous demander s'il existe une différence plus essentielle entre cette même région moyenne et la fleur. Gœthe a pensé que non et a considéré les fleurs comme des assemblages de feuilles modifiées par des conditions spéciales d'existence et adaptées à des fonctions particulières; autrement dit, il a considéré les feuilles comme des organes qui, de la base de la tige jusqu'à son sommet, se modifient, se *métamorphosent*, sous l'influence de conditions variables, et il a appelé ce phénomène de variation le long de la tige « la métamorphose des plantes ».

« La *métamorphose normale*, dit-il, pourrait aussi se désigner sous le nom de *progressive*; car c'est elle qui, à partir des premières feuilles séminales, se montre toujours graduellement agissante, et monte, en faisant éclore une forme d'une autre, comme sur une échelle idéale, jusqu'au point le plus élevé de la nature vivante, la propagation par les deux sexes. »

Si l'interprétation que donne Gœthe des raisons de cette métamorphose laisse beaucoup à désirer, surtout à cause de sa forme finaliste, elle est néanmoins assez intéressante pour mériter d'être rapportée. Il commence l'étude du végétal tout à fait à ses débuts, à la germination, et il s'arrête un instant à l'étude des deux premières feuilles ou *cotylédons*; déjà là on trouve une preuve de la variabilité dans la disposition des feuilles puisque les cotylédons sont souvent *opposés*, tandis que les feuilles caulinaires subséquentes sont *alternes* : « Il y a donc ici, dit Gœthe, un rapprochement, une réunion de parties que la nature éloigne et sépare ensuite les unes des autres », et cette remarque, que nous faisions tout à l'heure pour la rosace de feuilles radicales, il l'enregistre pour l'appliquer un peu plus tard au rapprochement des verticilles floraux; puis il tire de l'observation des mêmes cotylédons une seconde constatation qui est le point de départ de son interprétation définitive : « Même les cotylédons, qui paraissent se rapprocher le plus de la nature foliacée sont toujours, comparativement aux feuilles suivantes, *d'une structure beaucoup moins achevée. Leur péri-*phérie n'offre nulle trace de découpure, et leur surface ne présente ni les poils ni les autres vaisseaux que l'on remarque sur les feuilles *parfaites.* » Je souligne à dessein les mots qui contiennent déjà l'idée de cette perfection progressive dont le philosophe allemand voit des exemples dans la métamorphose des plantes; on retrouve ici cette conception de la gradation dans la noblesse des parties de l'individu, noblesse atteignant son apogée dans les éléments reproducteurs, et cela est d'autant plus intéressant que, de nos jours, la même conception a été rendue célèbre par la théorie du *plasma germinatif* de Weissmann.

Des cotylédons, nous passons aux premières feuilles, à celles qui existent déjà à l'état de rudiment, entre les cotylédons avant la germination : « Plates, minces, et semblables tout à fait aux véritables feuilles, elles se colorent en vert et reposent visiblement sur un nœud. En un mot, leur analogie avec les feuilles caulinaires ne saurait être contestée, *quoique leur structure soit moins achevée, en ceci que leur périphérie et leurs contours ne sont pas encore à l'état parfait.* » Puis les feuilles se suivent, de nœud en nœud, en devenant de plus en plus *parfaites.* C'est cette *perfection progressive* que Gœthe a remarquée et qu'il a voulu expliquer; la conception étant peu scientifique, l'explication ne l'est pas davantage, mais il faut du moins avouer qu'elle est adéquate à la conception : « Dans les cotylédons informes produits sous les enveloppes de la graine, nous ne trouvons qu'une accumulation de *sucs grossiers* et peu ou point d'organisation.... Les feuilles absorbent différents gaz qui se combinent avec les parties aqueuses qu'elles contiennent; il est aussi à peu près hors de doute que ces fluides *mieux élaborés* reviennent à la tige et contribuent au développement des bourgeons les plus voisins.... Chaque nœud procédant immédiatement de ceux qui sont situés au-dessous de lui, ne recevant que par leur intermédiaire des sucs que les feuilles placées entre modifient encore, doit avoir *une organisation plus parfaite* et envoyer à ses feuilles et à ses bourgeons une nourriture mieux élaborée.... La plante grandit en devenant tous les jours *plus parfaite* et arrive enfin au point qui lui est *marqué par la nature*. Nous voyons les feuilles atteindre en dernier lieu *leur plus haut degré de perfection*; alors un nouveau phénomène a lieu, il nous montre que la période que nous venons d'examiner finit et que nous touchons à l'époque suivante, celle de la floraison. »

Il est à peine besoin de faire remarquer combien d'affirmations gratuites remplissent les citations précédentes ; en observant attentivement les feuilles successives d'une plante, on n'a aucune raison de trouver que quelques-unes d'entre elles sont plus parfaites que les autres, si l'on n'a pas l'idée préconçue de leur perfection progressive; c'est une croyance du même ordre que celle de Rabelais quand il prétend, en invoquant l'autorité de Galien, que « la mouelle est aliment élabouré à perfection de nature ».

Cependant, de cette idée que la floraison est due à des sucs *plus épurés* que ceux qui nourrissent les feuilles, Gœthe trouve une démonstration dans le fait que l'apport trop abondant de sucs alimentaires retarde la floraison, tandis qu'une nourriture modérée, avare même, la favorise : « Tant qu'il y a des fluides grossiers à rejeter, les organes de la plante sont forcés de concourir à ce travail qui se renouvelle sans cesse, si l'apport des sucs est trop abondant : dans ce cas, la floraison est impossible mais qu'on retranche à la plante une partie de sa nourriture, on abrège ou favorise l'œuvre de la nature. » Cette idée de l'élaboration progressive des sucs destinés à nourrir les éléments plus nobles de l'organisme a été ressuscitée récemment par M. Delage, dans sa théorie de l'assimilation par approximations successives.

Laissons de côté l'interprétation que donne Gœthe des phénomènes de la métamorphose des plantes; cette interprétation ne résiste pas à l'observation d'un arbre quelconque, d'un poirier par exemple, dans lequel la même branche porte, dans la même région, des rameaux à fleurs, entremêlés avec des rameaux stériles; les considérations morphologiques du philosophe de Weimar sont plus importantes; elles ont à peine été modifiées depuis lui et on les enseigne aujourd'hui partout.

Il envisage successivement les divers verticilles floraux : le calice, la corolle, les étamines et le pistil.

« Les folioles du calice sont, dit-il, les mêmes organes qui jusqu'ici se sont développés en feuilles caulinaires et qui se trouvent maintenant rassemblés autour du même centre sous une forme très différente.... Nous voyons de plus, dans certaines fleurs, des feuilles semblables à celles dont la tige est ornée, se rassembler sans changer de forme et constituer une espèce de calice au-dessous de la fleur. Leur figure n'étant nullement altérée, nous pouvons nous en référer à l'intuition et à la terminologie botanique, qui leur a consacré le nom de *folia floralia*, feuilles florales. »

Un très grand nombre de plantes présentent cette particularité; voyez par exemple la fleur de l'œillet sauvage avec ses feuilles florales. Un exemple peut-être plus remarquable encore est fourni par la gentiane champêtre, chez laquelle les sépales du calice sont complètement identiques avec les feuilles de la plante.

Je ne suivrai pas Gœthe dans toutes ses considérations sur les verticilles suivants de la fleur ; ce serait m'exposer à des répétitions inutiles ; il envisage naturellement le calice comme le « produit des sucs plus épurés qui s'élaborent peu à peu dans la plante » et il ajoute que ce calice sert lui-même d'instrument à la formation d'un organe plus parfait encore ; la corolle fait de même pour les étamines et ainsi de suite.

Je note cependant en passant une idée qui me paraît très curieuse et sur laquelle je reviendrai un peu plus loin : « L'opinion qui veut que la couleur et l'odeur des pétales soient dues à la présence du pollen est des plus vraisemblables. Il ne se trouve probablement pas encore épuré, mais mêlé et dissous au milieu d'autres fluides, et les belles variétés de couleur que nous observons font naître l'idée que la matière qui remplit les pétales est à un haut degré de pureté, mais n'atteint la dernière limite que lorsqu'elle nous paraît blanche, c'est-à-dire, incolore. »

Ce qu'il y a de plus fécond dans le travail de Gœthe, c'est sa manière de démontrer ; c'est cette manière de démontrer qui en fait réellement le premier des transformistes. Pour prouver que des organes *différents* comme les diverses feuilles, les sépales, les pétales, les étamines, les carpelles, sont, en réalité, de même nature, il s'attache à prouver qu'en choisissant bien ses exemples dans la nature : 1° on peut trouver *tous les passages* entre la feuille la plus caractérisée comme feuille, le sépale le plus sépale et le pétale le plus pétale, c'est-à-dire des feuilles sépaloïdes et des sépales pétaloïdes ; il étend ensuite la démonstration faite sur ces cas particuliers aux cas où l'on ne constate aucune transition entre la feuille, le sépale et le pétale ; 2° on peut même voir ces organes *se transformer les uns dans les autres*, artificiellement, sous l'influence de la culture ; cela est vrai, par exemple, pour les pétales et les étamines dans les fleurs dites doubles.

« Dans plusieurs espèces de roses, on voit au milieu des pétales parfaitement développés et colorés, d'autres pétales qui sont étranglés à leur partie moyenne et sur leurs bords. Cette constitution est opérée par un léger renflement qui ressemble plus ou moins à une anthère, tandis que la feuille se rapproche dans le même rapport de la forme plus simple du filet. Certains pavots doubles présentent à la fois des anthères parfaitement développées sur certains pétales de leur corolle, et sur d'autres, des tumeurs, semblables à des anthères qui rétrécissent notablement le diamètre du limbe. »

Voilà, n'est-ce pas, de bon transformisme ; on ne voit pas, en réalité des étamines se transformer en pétales, mais, sous l'influence de la culture, on voit naître, là où seraient certainement nées des étamines dans d'autres conditions, soit des pétales parfaits, soit des étamines pétaloïdes.

Il est temps de voir exactement quelle est la portée de cette découverte morphologique que les diverses parties de la fleur sont, en réalité, des feuilles modifiées. Et d'abord, que signifie le mot feuille ?

La feuille est, disent les botanistes, un organe appendiculaire, ordinairement de forme aplatie et de couleur verte, porté par la tige au niveau d'un nœud (Daguillon, *Leçons élémentaires de botanique*). Cela n'est pas extraordinairement précis et l'on peut voir dès maintenant qu'il n'y a pas grand danger à affirmer que tel ou tel organe de la plante est de la nature des feuilles.

Encore faut-il restreindre cette définition ; les feuilles de certaines plantes grasses, de quelques *Sedums*, par exemple, ne sont pas aplaties ; les feuilles des *Orobanches* ne sont pas vertes, et cependant on dit que ce sont des feuilles. Le seul caractère commun à toutes les feuilles est *d'avoir un plan de symétrie*, autrement dit, d'avoir une structure telle qu'une moitié de l'organe considéré, vue dans une glace, reproduit exactement l'autre moitié. Au contraire, la tige est symétrique par rapport à un axe ou, si l'on veut, possède plusieurs plans de symétrie se coupant suivant un axe commun. Il suffit d'observer avec soin toutes les parties épigées d'une plante supérieure, pour constater que ces diverses parties sont, les unes symétriques par rapport à un plan, les autres symétriques par rapport à un axe; on dira que les premières sont de la nature des feuilles, et que les autres sont de la nature des tiges; par exemple, les rameaux, les pédoncules des fleurs, sont des tiges; les sépales, les pétales, les étamines, les carpelles sont des feuilles.

Mais, direz-vous, il n'était pas besoin du génie de Gœthe pour découvrir ce fait que les sépales, les pétales, les étamines et les carpelles ont un plan de symétrie et que, par conséquent, on peut les considérer comme des feuilles, si l'on appelle *feuilles* les organes à symétrie bilatérale; il n'y a là qu'un misérable jeu de mots puisque, pour pouvoir donner à tous ces organes la même dénomination de *feuilles*, vous commencez par chercher ce qu'il y a de commun à eux tous et par restreindre à ce caractère commun la définition de la feuille. Aussi n'est-ce pas là le fait admirable du mémoire de Gœthe; il n'a pas dit que les diverses parties des verticilles floraux sont des feuilles, mais des feuilles modifiées et c'est là qu'est la nouveauté, l'idée transformiste.

Il faut bien s'entendre sur ce que signifie cette expression de *feuilles modifiées*. A coup sûr, Gœthe n'a pas voulu dire qu'une feuille radicale pouvait se transformer en une feuille caulinaire et une feuille caulinaire en sépale ou en pétale; chaque feuille meurt là où elle est née, avec ses caractères propres: les seules modifications qu'elle subisse sont d'être d'abord une jeune feuille, puis une vieille feuille, puis une feuille morte; il serait absurde de dire que des parties qui *coexistent* dans une plante se sont transformées les unes dans les autres.

Mais, si l'on considère le développement des feuilles le long d'une tige comme le phénomène le plus remarquable de la vie des végétaux, on constate avec Gœthe que, aux différents points de la tige, *et suivant les conditions réalisées en ces différents points,* il naîtra des feuilles *différentes,* ici des feuilles radicales, là telle ou telle variété de feuilles caulinaires, là des sépales, des pétales, des étamines, des carpelles ; la forme et la nature de la feuille développée en un point sera *déterminée* par l'ensemble des conditions réalisées en ce point. Ainsi, dans ce mémoire d'apparence morphologique, la morphologie est en réalité subordonnée à la physiologie, la morphologie n'est qu'une chose secondaire qui nous renseigne sur les variations des conditions aux divers points de la plante.

Que les feuilles radicales, caulinaires et florales soient diffé-rentes, cela tient, dit Gœthe, à ce que *quelque chose* a varié dans les conditions réalisées aux divers points de la plante. Ce *quelque chose,* il le trouve dans la nature des sucs nourriciers et cette opinion n'est guère défendable, mais, du moins, il n'y a rien que de très logique dans la correspondance établie entre la variation de ce *quelque chose* et la variation des feuilles suc-cessives depuis la racine jusqu'à la fleur; quand la variation de ce *quelque chose* est lente et progressive, la variation des feuilles est également lente et progressive et l'on peut trouver tous les passages entre les feuilles radicales et les feuilles cauli-naires, entre les feuilles caulinaires et les sépales, entre les sépales et les pétales, etc., dans le cas contraire, il y a varia-tion brusque et l'on voit succéder à une feuille très bien carac-térisée, une fleur formée de parties très nettement différen-ciées.

Tout ceci est, je le répète, de très bon transformisme; je reviendrai tout à l'heure sur la nature du facteur qui cause la *métamorphose* des feuilles en pétales, la floraison en un mot.

* *
*

Darwin, lui aussi, s'est préoccupé de comprendre les fleurs; il s'est placé à un point de vue assez différent de celui de Gœthe en ce sens qu'il n'a pas comparé les fleurs aux feuilles, mais qu'il a cherché à savoir *pourquoi les fleurs sont belles*, pourquoi elles ont des couleurs voyantes et des odeurs agréables. C'est d'ailleurs une des questions que s'est le plus souvent posées l'immortel auteur de l'*Origine des espèces*, que celle de savoir comment ont pu se fixer, chez les animaux et les plantes, des caractères *en apparence* inutiles et ayant même tout l'aspect d'objets du luxe.

La notion de beauté étant, pour nous hommes, assez difficilement séparable de la genèse des sentiments amoureux, Darwin a été naturellement amené à chercher dans les phénomènes sexuels la cause du développement des caractères esthétiques. Il a imaginé, comme complément à la *sélection naturelle*, la *sélection sexuelle*. Chez la plupart des animaux, les mâles sont beaucoup plus beaux que les femelles; les hommes sont trop galants pour prétendre qu'il en est de même dans leur espèce, mais il est bien évident que le coq, le faisan, le paon, sont plus beaux que leurs femelles. Or, les caractères de beauté de ces animaux consistent surtout en des couleurs plus vives, une voix plus harmonieuse, deux conditions qui semblent défavorables dans la lutte pour l'existence, puisqu'elles attirent sur ceux qui en sont doués l'attention de leurs ennemis; mais, dit Darwin, elles attirent aussi l'attention des femelles qui se laissent plus volontiers féconder par les mâles les plus beaux;

d'où la transmission aux enfants de ces caractères de beauté qui semblaient inutiles ou même nuisibles.

Cette théorie de la sélection sexuelle n'est pas à l'abri de toute objection : Wallace en particulier l'a sérieusement battue en brèche, mais ce n'est pas le moment de la discuter, puisque nous nous occupons ici des fleurs et non des paons ou des faisans. Comment Darwin a-t-il pu étendre cette conception aux plantes dont la plupart sont hermaphrodites et chez lesquelles la fécondation est involontaire et livrée au hasard?

D'abord, l'hermaphrodisme des fleurs est apparent plutôt que réel; Darwin a précisément contribué à montrer que, même chez les plantes qui ont dans leurs fleurs des organes mâles et des organes femelles, il n'y a pas auto-fécondation, les éléments mâles étant ordinairement mûrs avant les éléments femelles dans la même fleur; il y a *dichogamie* (δίχα séparément, γάμος mariage) ou fécondation croisée, c'est-à-dire que le pollen d'une fleur va féconder une autre fleur que celle où il est né. Darwin s'est en même temps appliqué à prouver que cette fécondation croisée donne des résultats excellents. Or, comment se fait le transport du pollen d'une fleur à une autre fleur? Il peut être effectué par le vent, et dans ce cas la beauté de la fleur n'a guère d'importance puisque le vent est aveugle, mais il *est surtout effectué par les insectes* qui butinent de fleur en fleur, et les fleurs les plus belles et les plus odorantes, ayant plus de chances d'être visitées par les insectes, ont également plus de chances de transmettre à une nombreuse descendance leur beauté et leur parfum. Si c'est l'amour de la poule faisane qui a contribué à développer, au cours des générations, la beauté du coq faisan, c'est à l'amour du papillon pour la fleur que Darwin attribue l'extraordinaire variété de la beauté végétale.

Certaines plantes, dit-il, sécrètent une liqueur sucrée. Cette sécrétion s'effectue, parfois, à l'aide de glandes placées à la base des stipules chez quelques légumineuses et sur le revers des feuilles du laurier commun. Or, supposons qu'un certain nombre de plantes d'une espèce quelconque sécrètent cette liqueur ou ce nectar à l'intérieur de leurs fleurs. Les insectes en quête de ce nectar se couvrent de pollen et le transportent alors d'une fleur à une autre. Les fleurs de deux individus distincts de la même espèce se trouvent croisées par ce fait; or, le croisement engendre des plants vigoureux qui ont la plus grande chance de vivre et de se perpétuer. Les plantes qui produiraient les fleurs aux glandes les plus larges et qui, par conséquent, sécréteraient le plus de liqueur seraient plus souvent visitées par les insectes et se croiseraient le plus souvent aussi; en conséquence, elles finiraient, dans le cours du temps, par l'emporter sur toutes les autres et par former une variété locale. Les fleurs dont les étamines et les pistils seraient placés, par rapport à la grosseur et aux habitudes des insectes qui les visitent, de manière à favoriser, de quelque façon que ce soit, le transport du pollen seraient pareillement avantagées. Nous aurions pu choisir pour exemple des insectes qui visitent les fleurs en quête du pollen au lieu de la sécrétion sucrée; le pollen ayant pour seul objet la fécondation, il semble au premier abord que sa destruction soit une perte pour la plante. Cependant, si les insectes qui se nourrissent de pollen transportaient de fleur en fleur un peu de cette substance, accidentellement d'abord, habituellement ensuite, et que des croisements fussent le résultat de ces transports, ce serait un gain pour la plante que les neuf dixièmes de son pollen fussent détruits.

Il en résulterait que les individus qui posséderaient les anthères les plus grosses et la plus grande quantité de pollen auraient plus de chances de perpétuer leur espèce. Lorsqu'une plante, par suite de développements successifs est de plus en plus recherchée par les insectes, ceux-ci, agissant inconsciemment, portent régulièrement le pollen de fleur à fleur. On peut comprendre ainsi comment il se fait qu'une fleur et un insecte

puissent lentement, soit simultanément, soit l'un après l'autre,
se modifier et s'adapter mutuellement de la manière la plus
parfaite, par la conservation continue de tous les individus présentant de légères déviations de structure avantageuses pour
l'un et pour l'autre.

Voilà, en quelques lignes, le résumé de l'interprétation de
Darwin; je ne puis pas m'étendre davantage sur cette interprétation; on la trouvera, admirablement exposée, dans le livre de
Wallace [1] qui explique très élégamment la structure d'une
orchidée par la sélection naturelle. Y a-t-il là, en réalité une
interprétation complète? Évidemment non, car même si l'on
admet la valeur absolue du raisonnement de Darwin pour expliquer la beauté croissante des fleurs, ce que je ne veux pas discuter ici, ce raisonnement ne permet pas de comprendre pourquoi les plantes fleurissent dans certains cas, restent sans fleurs
dans d'autres, et pourquoi, quand elles fleurissent, les fleurs
qu'elles portent sont si différentes des feuilles, pourquoi, en un
mot, il y a, suivant l'expression de Gœthe, *métamorphose des
plantes*. Il n'y a pas que des fleurs dans les végétaux; si vous
avez un poirier dans votre jardin, vous avez pu remarquer que,
certaines années, il se couvre de fleurs et donne peu de
rameaux stériles, que d'autres années, au contraire, il ne
donne que des rameaux feuillés et très peu de fleurs. Sous l'influence de quels agents l'extrémité d'un rameau qui, dans certains cas est complètement feuillée, se trouve-t-elle, dans
d'autres cas, transformée en une fleur. A cette question, ni
Gœthe ni Darwin n'ont répondu.

Je suppose que vous ayez planté un noyau de pêche dans
votre jardin. Si les conditions sont bonnes, le noyau germe et

1. *La sélection naturelle*, p. 283.

vous donne un arbuste, un jeune pêcher. Regardez attentivement cet arbuste; il porte des feuilles caractéristiques que vous savez reconnaître partout et toujours pour des feuilles de pêcher; à l'automne, les feuilles tombent, laissant des bourgeons à leur aisselle; au printemps suivant, ces bourgeons crèvent et il en sort des rameaux avec de nouvelles feuilles semblables aux précédentes qui, à leur tour, tombent à l'automne; la même chose se reproduit pendant deux ou trois ans. Si, à ce moment, l'on vous demandait de décrire un pêcher, vous le décririez comme un petit arbuste qui donne, chaque année, des feuilles de pêcher. Deux pêchers différents, issus de deux noyaux différents, ont des rameaux différemment distribués; il n'y a de caractéristique commune à ces deux pêchers que la propriété de donner au printemps des feuilles de pêcher; vous définissez donc le jeune pêcher par la morphologie de ses feuilles.

Cela dure ainsi trois ans, par exemple. A la fin du troisième automne les feuilles jaunies tombent, laissant à leur aisselle, comme l'année précédente, des bourgeons qui sont l'espoir de l'année suivante. Si vous n'avez pas de connaissance spéciale des plantes, vous prévoyez naturellement que la quatrième année recommencera ce que vous considérez comme l'évolution normale du pêcher, c'est-à-dire que les bourgeons donneront naissance à de jeunes rameaux portant des feuilles de pêcher; or, il n'en est rien; parmi ces bourgeons, que vous aviez toutes sortes de raisons de croire identiques entre eux et semblables à ceux des années précédentes, quelques-uns germeront plus tôt et vous en verrez sortir, avec stupéfaction, *tout autre chose que des feuilles de pêcher*, des fleurs d'un joli rose avec une constitution compliquée, sépales, pétales, étamines, pistils. Quand je dis que vous serez stupéfaits de constater cette apparition, je me trompe sciemment; je le disais en commençant cet article, il faut être naturaliste depuis longtemps pour s'étonner de choses dont personne ne s'étonne. Vous *savez* que les pêchers fleurissent, vous n'êtes donc pas surpris et vous ne vous demandez pas pourquoi, *à cette place même* où il y avait une feuille l'année dernière, apparaît aujourd'hui un petit bouquet de fleurs; mais supposez un enfant ne sachant rien des choses de la nature et ayant déjà vu trois fois de suite les bourgeons de son pêcher donner des feuilles; il s'attendra à voir la même chose se produire une quatrième fois et, quand il verra le pêcher fleurir, il se demandera, il vous demandera pourquoi? Et vous lui répondrez certainement que cela est parce que cela est, que c'est la nature du pêcher de donner des fleurs de pêcher, etc., et vous serez convaincus que, comme tant d'autres pourquois enfantins, cette question est parfaitement absurde. Gœthe se l'est posée cependant, et il a essayé d'y trouver une réponse dans la théorie de l'élaboration progressive des sucs nourriciers de plus en plus subtils. Cette théorie, l'exemple même du pêcher prouve qu'elle est mauvaise, car, d'une part, le petit bouquet de fleurs apparaît sur le rameau exactement à l'endroit où était une feuille l'année précédente; d'autre part, un autre bourgeon, situé sur le même rameau et plus loin de la racine que le premier, un bourgeon qui recevra par suite des sucs encore mieux élaborés que ceux du premier, donnera, un peu plus tard, un rameau feuillé, sans fleurs.

Il faut bien, cependant, qu'il y ait quelque chose. Tous les bourgeons formés à l'automne dernier, dans de mêmes conditions, à l'aisselle des feuilles, n'ont pas le même sort au printemps; les uns donnent des rameaux feuillés, les autres des fleurs. Pour tout individu convaincu de cette vérité scientifique qu'il n'y a pas d'effet sans cause, la question se pose donc de savoir quel est l'*agent* qui *métamorphose* en fleurs les rameaux feuillés contenus dans certains bourgeons, qui, en un mot, détermine une *anomalie* dans ce que nous avons pu considérer jusqu'à cette époque comme la morphologie *normale* du pêcher.

La nature nous fournit un certain nombre d'exemples d'anomalies, déterminées dans la morphologie des plantes par des agents *extérieurs* connus. Telles sont, en particulier, les *Galles*, les déformations causées dans les feuilles ou les tiges par des piqûres d'insectes ou par des champignons parasites. Quand un insecte pique une feuille, il y dépose des œufs qui s'y développent en larves; ce sont ces parasites qui, on en est sûr aujourd'hui, sont la cause de la déformation appelée *Galle*. Chaque Galle a une forme particulière qui est déterminée par la nature de la plante qui la porte et par celle de l'insecte qui l'a produite. Est-il vraisemblable d'établir une comparaison entre ces excroissances dues à un agent étranger et la métamorphose des bourgeons en fleurs? Il serait bien extraordinaire que *la même cause* extérieure intervînt dans un aussi grand nombre de bourgeons à la fois, y déterminant *la même transformation*, puisque aussi bien toutes les fleurs de pêcher se ressemblent. Gœthe ne l'a pas cru, et cependant, par une sorte de divination, il a attribué la même dénomination de *métamorphose* à la floraison et à la formation des Galles : « La troisième espèce de métamorphose, dit-il, causée *accidentellement* par des agents extérieurs, le plus souvent par des insectes, ne fixera point notre attention. Elle pourrait nous détourner de la marche simple que nous voulons suivre, et nous écarter de notre but. Peut-être trouverons-nous occasion de parler en temps et lieu de ces excroissances, monstrueuses est-il vrai, mais qui sont renfermées néanmoins dans de certaines limites. »

Il n'est plus possible aujourd'hui de ne pas considérer comme analogues les galles et les fleurs; la métamorphose appelée floraison est due à un parasite, mais à un parasite très spécial et qui n'est pas d'origine externe; on pourrait en avoir une première idée, assez discutable d'ailleurs, en constatant que certaines plantes annuelles, dont l'évolution se termine ordinairement par la floraison, ne fleurissent pas quand elles sont infestées par certains parasites. Telles sont, par exemple, les euphorbes infestées par des urédinées. Si la floraison est due à un parasite, il est compréhensible qu'un autre parasite, antagoniste du premier, empêche la floraison de se produire. Je le répète, ce n'est là qu'une manière très discutable de raisonner, mais elle conduit à la considération d'un phénomène, bien connu chez les animaux, et dans lequel nous trouverons la clef de la question.

Les animaux ne fleurissent pas mais ils subisssent une *métamorphose* comparable à la floraison, sous l'influence de la poussée génitale. C'est sous l'influence du développement de ses organes génitaux que le paon acquiert sa belle livrée; on donne le nom de *caractères sexuels secondaires* aux caractères qui n'apparaissent que grâce aux organes génitaux; la barbe de l'homme, les bois du cerf, etc... sont des caractères sexuels secondaires[1]. Si l'on enlève les organes génitaux d'un jeune animal, ses caractères sexuels secondaires n'apparaissent pas; les eunuques n'ont pas de barbe. Les travaux de M. Giard sur la castration parasitaire, c'est-à-dire sur la destruction des organes génitaux sous l'influence directe ou indirecte de certains parasites, ont amené à considérer les organes génitaux eux-mêmes comme des parasites. Ne trouvez-vous pas que cette simple remarque éclaire singulièrement la question de la floraison des plantes? Les fleurs nous ont paru pouvoir être expliquées par l'action morphogène d'un parasite; or, les organes génitaux des animaux sont considérés comme des parasites morphogènes, et précisément, *les fleurs sont la partie de la plante qui entoure les organes génitaux*. Ne seraient-ce donc pas les organes génitaux qui, apparaissant à un moment donné de l'évolution d'une plante, détermine-

1. Je rapporte, dans le chapitre suivant, l'interprétation tout à fait analogue proposée par Ch. Pérez pour les métamorphoses des insectes.

raient la métamorphose appelée floraison? Cette métamorphose sexuelle s'étend chez les animaux à tout l'organisme;
chez les végétaux, beaucoup moins individualisés, ayant une
corrélation beaucoup moins générale, l'effet des organes génitaux se localiserait au voisinage même des parasites morphogènes, s'étendant plus ou moins loin suivant les cas (fleurs et
feuilles florales).

Les raisonnements précédents, pour être logiques, n'en restent pas moins très hypothétiques. Heureusement que, dans un
tout autre ordre d'idées, et sans se préoccuper le moins du
monde de la métamorphose appelée floraison, les botanistes
ont *démontré* la nature parasitaire des éléments génitaux des
plantes à fleurs. Cette démonstration est absolument classique.
On part des fougères dont les feuilles portent des *spores*; ces
spores en germant donnent un *prothalle* différent de la fougère,
sur lequel apparaissent des éléments mâles et femelles dont
l'union donne l'œuf qui est le point de départ d'une nouvelle
fougère. Donc, reproduction asexuée (Fougères à spores)
alternant avec une reproduction sexuée (prothalle). Chez les
Presles, c'est la même chose, mais les spores donnent des prothalles mâles et des prothalles femelles; chez d'autres cryptogames vasculaires, la génération sexuée (prothalles issus des
spores) est *parasite* de la génération asexuée, c'est-à-dire que
les spores germent sur place, à l'endroit où elles sont produites, et que les prothalles qui en dérivent sont *parasites* sur
la plante mère; la même chose exactement se passe chez les
plantes à fleurs, seulement les prothalles de la génération
sexuée sont tellement réduits et tellement cachés dans la pro-
fondeur des tissus de la mère, qu'ils auraient passé inaperçus
sans l'étude préalable des formes de plus en plus compliquées
de cryptogames vasculaires. Aujourd'hui la chose est établie et
indiscutable; *il y a des parasites dans les fleurs*; ces parasites sont, il est vrai, d'une nature très spéciale; ce sont les

enfants mêmes de la plante chez laquelle ils sont parasites; il y a là, si vous voulez, de l'*autoparasitisme*, mais ce parasitisme est suffisant, néanmoins, pour expliquer la métamorphose appelée floraison, d'autant plus que, l'étude des animaux le prouve, l'influence morphogène des organes génitaux peut être considérable (caractères sexuels secondaires).

Où commence ce parasitisme? A partir de quelle cellule peut-on considérer que la deuxième génération a commencé? Cela paraît difficile à établir puisqu'il y a en réalité continuité absolue, au moins dans les végétaux à fleurs, entre les tissus de la plante mère et ceux du parasite. Cependant, des découvertes histologiques récentes ont permis d'établir une ligne de démarcation très tranchée entre les cellules de la génération asexuée, et celles de la génération sexuée, que cette dernière soit libre à l'extérieur (prothalles de fougères) ou parasite à l'intérieur de la première (plantes à fleurs). Je ne puis qu'indiquer cette différence; elle est en relation avec des phénomènes intracellulaires que beaucoup ne connaissent pas; qu'il suffise de savoir qu'à un certain moment, dans une cellule en voie de division, on distingue, par des procédés spéciaux de coloration, des corpuscules appelés *chromosomes*. Eh bien, le nombre de ces chromosomes, *caractéristique de chaque espèce vivante*, étant représenté par *n* dans les cellules de la génération sexuée, il est $2n$, sans exception, dans les cellules de la génération asexuée. Le parasitisme commence donc, chez les plantes à fleurs, quand apparaissent des cellules à *n* chromosomes; ce sont ces cellules à *n* chromosomes qui déterminent l'apparition des fleurs, comme la ponte d'un insecte détermine l'apparition d'une galle.

Ceci n'est pas limité aux plantes; chez les animaux aussi, même chez les plus élevés en organisation comme l'homme, il y a alternance d'une génération asexuée à $2n$ chromosomes et d'une génération sexuée à n chromosomes parasite de la première[1].

C'est le parasitisme de la génération sexuée qui cause les caractères sexuels secondaires des animaux, la métamorphose florale des végétaux.

Naturellement, l'influence morphogène de cet autoparasitisme est plus ou moins considérable suivant les cas; il est impossible de distinguer extérieurement un pigeon mâle d'un pigeon femelle; de même, les fleurs sont plus ou moins voyantes; chez les cryptogames vasculaires, il n'y en a pas du tout, même quand les prothalles sont parasites de la génération asexuée[2].

Voilà donc la métamorphose florale des plantes ramenée à une explication très générale, l'influence morphogène d'un parasite qui n'est autre qu'un individu de la génération sexuée alternant toujours avec la génération asexuée; cette influence morphogène s'étend à une distance plus ou moins grande dans la plante, suivant les cas; ce sont précisément les cas dans lesquels Gœthe distingue le passage lent avec transition, ou le pasage rapide, sans transition de la tige feuillée à la fleur (feuilles florales présentes ou absentes).

Maintenant, quelle est la raison pour laquelle se produit, chez les animaux et chez les plantes à fleurs, cette génération sexuée et parasite à n chromosomes? Ceci est la question générale de la sexualité et je ne l'aborderai pas ici. Quoiqu'il en soit, on voit que Gœthe avait bien raison de considérer comme vraisemblable « l'opinion qui veut que la couleur et l'odeur des pétales soient dues à la présence du pollen. »

1. Je développe plus loin la démonstration de ce fait. Voir *Sexualité et génération alternante*, ch. X, § II.
2. Chez une fougère, le *Blechnum spicant*, il y a des feuilles stériles et d'autres qui portent des spores, et le parasitisme des spores sur les secondes les modifie au point de les rendre très différentes des premières; il peut donc y avoir parasitisme même avant que la spore soit mûre, et en effet, le nombre n de chromosomes se rencontre déjà dans les cellules mères des spores.

**

Après les considérations précédentes, la question des fruits devient d'une simplicité enfantine; l'ovule fécondé dans l'ovaire est le point de départ d'une nouvelle plante, d'une nouvelle génération agame et commence à se développer sur place, *nouveau parasite de la plante*, jusqu'à un stade assez avancé qui est la graine. La présence de ce nouveau parasite cause une nouvelle *galle* qui est le *fruit*. Ainsi la plante mère est successivement modifiée par deux parasites, d'abord par *ses fils* (première génération sexuée à *n* chromosomes) qui lui donnent des fleurs, puis par ses petits-fils (deuxième génération asexuée à $2n$ chromosomes) qui lui donnent des fruits; ces petits-fils, après avoir commencé à se développer chez leur grand'mère s'arrêtent au bout de quelque temps à l'état de graines mûres; leur développement ne continue que si on les transporte dans un milieu favorable (germination de la graine); alors tout recommence jusqu'à ce que réapparaisse la nouvelle génération sexuée parasite qui détermine la floraison de la nouvelle plante et ainsi de suite.

Cette interprétation du fruit comme une galle causée par la présence de l'ovule fécondé paraît souffrir des exceptions. Il y a des fruits qui n'ont pas de graines, les bananes par exemple. Cela n'empêche pas que ces fruits ne soient des galles et des galles causées par le développement embryonnaire de graines, mais ces graines n'arrivent pas à bien. Ce qui le prouve c'est que les fleurs *non fécondées* ne donnent pas de bananes; il faut donc qu'il y ait un commencement de développement embryonnaire, suite de la fécondation, pour que le fruit se développe; c'est absolument de la même manière qu'il peut y avoir des galles desquelles ne sortent pas d'insectes adultes; les insectes pondus dans ces galles ne sont pas venus à bien, il n'est pas moins certain que les galles ont été causées par le commencement de leur développement parasitaire.

CHAPITRE VIII

L'INTERPRÉTATION DES MÉTAMORPHOSES

Parmi les légendes que nous a léguées l'antiquité grecque, les plus curieuses sont certainement celles qui racontent la colère et la vengeance d'une infinité de petits dieux, si humains par tant de côtés, et doués cependant d'un pouvoir que n'avaient pas les mortels, celui de transformer à volonté en animaux, en plantes, ou même en pierres, les pauvres hommes qui leur avaient déplu; dans d'autres cas, les mêmes dieux pouvaient aussi manifester leur puissance en transformant, réciproquement, les pierres en êtres humains. Ovide a recueilli toutes ces légendes et les a réunies dans le livre des *Métamorphoses*.

Depuis que les dieux de l'Olympe sont morts, il ne s'est plus produit de métamorphoses au sens où l'entend Ovide, et quand les naturalistes ont ressuscité le mot pour l'appliquer à certains phénomènes biologiques, ils auraient dû le définir à nouveau; ils ne l'ont pas fait et l'on réunit probablement aujourd'hui sous le nom de métamorphoses des phénomènes qui n'ont rien de commun les uns avec les autres [1]. Au sens étymologique, méta-

1. Voir cependant à la fin de ce chapitre la récente définition donnée par M. Giard.

morphose veut simplement dire changement de forme, et, pris
dans cette acception très large, le mot s'appliquerait à chaque
instant de la vie des êtres, qui n'est qu'une série continue de
changements de forme. Mais à cause des phénomènes miraculeux que les anciens désignaient sous le nom de métamorphoses,
les naturalistes n'ont voulu employer le mot que pour désigner
des phénomènes ayant, en quelque sorte, une apparence mira-
culeuse, des phénomènes de variation brusque ou au moins
extrêmement rapide. Ainsi, l'on ne décrit pas la *métamorphose
de l'homme* au moment de la puberté, parce que cette métamorphose est lente et insensible comme toutes les autres
transformations que subit l'homme depuis sa naissance jusqu'à
sa mort; il en serait peut-être autrement si le jeune adolescent
s'endormait impubère le soir pour se réveiller le lendemain
avec de la barbe et une voix d'homme. Encore trouverait-on
peut-être que la transformation n'est pas assez importante pour
mériter le nom de métamorphose. Il y a d'ailleurs des cas où
l'on emploie le mot métamorphose pour désigner une transformation qui est progressive et non brusque, uniquement parce
que cette transformation est considérable; c'est le cas, par
exemple, pour le passage de la forme têtard à la forme grenouille; les pattes poussent, les poumons commencent à fonctionner, les branchies et la queue se détruisent; il y a apparition
de certains organes et disparition de certains autres, et tout cela
se passe dans le même temps; des phénomènes d'évolution
normale (apparition des pattes, par exemple) sont superposés
à des phénomènes d'adaptation à une vie nouvelle (destruction
de la queue et des branchies); l'ensemble de tout cela est fort
compliqué et c'est pour cela qu'on l'appelle métamorphose.
Chez des animaux voisins de la grenouille, le phénomène est
moins compliqué ou, au moins, les divers phénomènes, au lieu
de se superposer, se succèdent; chez les tritons, la queue ne
tombe pas, les branchies ne se détruisent qu'après l'apparition

des quatre membres; chez les axolotls, c'est encore plus remarquable; ces animaux ayant pris l'habitude de la vie tout à fait aquatique et se servant à peine de leurs poumons, leurs branchies persistent et il n'y a pas de métamorphose, à moins que des circonstances particulières les obligent à respirer directement l'air libre. Dans le cas de ces animaux, la métamorphose, quand elle a lieu, se réduit donc à son minimum, dégagée qu'elle est de tous les phénomènes normaux d'évolution qui s'y superposent chez la grenouille; elle se réduit en réalité à une transformation de vie ichtyoïde en vie aérienne.

En ramenant les choses à leur véritable signification, il n'y a aucune raison de considérer les métamorphoses des Batraciens comme plus curieuses que celles des autres vertébrés soumis, au cours de leur évolution, à des changements de genre de vie. Dans le développement de l'homme, comme dans celui de la grenouille, il y a apparition de membres, disparition des fentes branchiales, puis, après la parturition, destruction de certaines parties de la circulation fœtale, fermeture du trou de Botal, etc.. quand les poumons commencent à fonctionner.

Il y a là deux sortes de phénomènes distincts, les phénomènes normaux de l'épigénèse ou du développement successif des parties du corps et, ensuite, superposés à ceux-là chez la grenouille, juxtaposés seulement chez l'axolotl et chez l'homme, les phénomènes d'adaptation à un genre de vie nouveau. La queue du têtard de grenouille disparaît, celle du têtard de salamandre se transforme, celle du têtard de triton se conserve; ce sont là des particularités spécifiques qui tiennent, d'abord aux propriétés spécifiques de ces animaux, ensuite à leur genre de vie; je reviendrai tout à l'heure sur la manière dont cette queue disparaît quand elle disparaît.

Voilà une première série de phénomènes connus sous le nom de métamorphoses et qui se ramènent, sans qu'aucun doute puisse subsister à cet égard, à un changement dans le genre de vie; les modifications morphologiques résultant de ce changement dans le genre de vie se superposent quelquefois (grenouille) aux phénomènes normaux de l'épigénèse; ils s'y juxtaposent seulement dans d'autres cas (triton, axolotl, etc.).

**

Il y a des animaux dont le développement normal, au lieu d'être continu comme celui de l'homme par exemple, se fait par saccades, par sauts brusques. Cé sont les *arthropodes* ou *articulés*. Ces êtres sont enveloppés d'une croûte rigide et inextensible qui épouse toutes les formes du corps et l'emprisonne étroitement. Il semble donc que ces êtres soient condamnés à ne pas changer de forme pendant toute leur existence; ils évoluent cependant, mais périodiquement, par sauts, en sortant d'une prison devenue trop étroite et qui, en outre, ne correspond plus à la forme d'équilibre que prendrait leur corps non emprisonné. Nulle part, mieux que chez les animaux de ce groupe, on ne peut constater que, débarrassée de toute entrave squelettique, la forme du corps à un moment donné est réellement la forme d'équilibre de la masse des substances qui la constituent. On donne le nom de *mues* à ces libérations périodiques du corps de l'animal au cours de son développement. Dans l'intervalle de deux mues, malgré tous les phénomènes évolutifs dont il est le siège, le corps d'un arthropode est forcé de conserver, dans son étroite prison, la forme qu'il avait au commencement de cet intervalle; mais dès qu'il en sort, il se met à l'aise, manifeste *sa vraie forme d'équilibre*, qu'il ne tarde pas d'ailleurs à emprisonner dans une nouvelle paroi rigide rapidement sécrétée, et ainsi de suite; la vie d'un arthropode est une série de périodes d'emprisonnement séparées par des mues. Souvent, les formes que prend le corps à deux mues successives sont extrêmement différentes; or, en sortant de sa prison à la mue, l'animal quitte brusquement la première pour acquérir aussitôt la seconde; il y a donc là, un phénomène assez merveilleux d'apparence pour qu'on ait pu lui attribuer la dénomination de métamorphose. On l'a fait autrefois, on ne le fait plus aujourd'hui, considérant qu'il y a là des phénomènes normaux de l'épigénèse, phénomènes périodiques et saccadés au lieu d'être continus, à cause de la croûte externe qui nécessite les mues.

Parmi les articulés, les plus communs et les plus connus de tous sont les *insectes*. Comme pour tous les autres articulés, la vie des insectes est une série périodique de mues. Chez quelques-uns d'entre eux, les dernières mues ne présentent aucun caractère particulièrement extraordinaire et ne donnent pas lieu à des transformations de l'animal plus considérables que les premières; cela se produit par exemple chez les Lépismes, vulgairement connus sous le nom de poissons d'argent des vieux livres. Mais chez un très grand nombre d'insectes, les dernières mues ont un caractère tout à fait spécial. La chenille du vér à soie s'entoure à un certain moment d'un cocon de fil de soie, dans lequel son avant-dernière mue la transforme en une *chrysalide* immobile; à l'intérieur de cette chrysalide immobile se passent des phénomènes extraordinaires et une dernière mue se produit, donnant naissance à un papillon, qui, désormais, ne changera plus de forme jusqu'à sa mort. Ce papillon, forme terminale de l'évolution de l'animal, s'appelle *insecte parfait* ou *imago*.

Ici la transformation tient du prodige; une larve vermiforme s'est enfermée dans un cocon et en sort transformée en un papillon qui n'a plus avec elle la moindre ressemblance! On a appelé cette transformation une *métamorphose* et vraiment, les métamorphoses de la mythologie ne sont pas plus curieuses.

Mais il ne suffit pas de donner un nom à un phénomène; ce nom fût-il emprunté aux faits les plus légendaires de l'histoire, les naturalistes, qui ne croient pas aux mystères impénétrables, ne renoncent pas à expliquer le phénomène ainsi baptisé. Et cependant, il faut bien l'avouer, ils ne semblaient guère y avoir réussi. Quelques-uns s'étaient contentés d'une explication finaliste qui, en réalité, n'expliquait rien, comme cela a lieu d'ailleurs pour toutes les explications finalistes. Voilà une brave chenille en train de manger une feuille de mûrier sur laquelle elle se porte admirablement et qui, brusquement, se met en tête de pouvoir voler afin d'aller pondre ailleurs, de disséminer son espèce; alors elle s'enferme dans un cocon et se fabrique des ailes! Je sais bien qu'on a essayé de dissimuler sous une apparence darwiniste cette interprétation purement finaliste, mais on n'y a malheureusement pas réussi.

Néanmoins, le fait existe; la chenille qui était admirablement placée sur la feuille de mûrier se met à un moment donné à sécréter un cocon et s'y transforme en un papillon. Il faut bien qu'il y ait une raison à un fait si général. Je crois que Ch. Pérez n'est pas loin de l'avoir trouvée quand il dit : « On peut définir la métamorphose une crise de maturité génitale [1] ».

Cette idée n'était encore jamais venue à personne; elle a rencontré, dès le début, d'ardents contradicteurs. Je m'étonne pour ma part qu'elle ne se soit pas présentée plus tôt à l'esprit des naturalistes, car il y a un synchronisme admirable entre les métamorphoses et l'apparition de la sexualité. Les chenilles n'ont pas de sexe [2]; le sexe leur pousse, si j'ose m'exprimer ainsi, à un certain moment et immédiatement son influence se fait sentir. Deux cas peuvent se présenter : ou bien la poussée

---

1. Ch. Pérez, *Sur la métamorphose des Insectes* (*Bulletin de la soc. Entomol. de France*, 1899, n° 20.)

2. Il y a bien certaines larves d'insecte chez lesquelles on peut, à l'avance, prévoir quel sera le sexe de l'*imago*, mais les expériences de Mme Treat sur quelques chenilles prouvent que leur sexe n'est pas déterminé avant qu'elles se transforment en chrysalides.

sexuelle se répartit sur l'espace de plusieurs mues, elle dure par exemple pendant les quatre dernières mues; alors, son influence sur la morphologie générale de l'être se manifeste progressivement, petit à petit, dans ces quatre dernières mues, de telle manière qu'il n'y a pas transformation brusque comme chez les papillons; on dit alors, soit qu'il n'y a pas de métamorphoses, soit qu'il y a des métamorphoses incomplètes. Ou bien la poussée sexuelle a lieu dans l'intervalle de deux mues (entre l'avant-dernière et la dernière) et alors, quand la dernière mue se produit, l'influence de la poussée sexuelle se manifeste tout d'un coup, par l'éclosion brusque de l'insecte parfait. On dit alors qu'il y a métamorphose complète. Il est bien évident qu'il n'y a entre ces deux cas qu'une différence apparente.

M. Giard n'a pas accepté cette manière de voir et cependant on peut hautement affirmer que ses beaux travaux sur la castration parasitaire sont la base la plus solide sur laquelle puisse s'étayer l'idée de Ch. Pérez. C'est en effet à ces travaux que l'on doit de bien connaître l'influence étonnante de la poussée sexuelle sur la forme du corps de l'animal, influence qui détermine la formation de deux types bien différents dans la plupart des espèces, le type mâle et le type femelle. On appelle caractères sexuels secondaires les caractères extérieurs par lesquels le mâle diffère de la femelle, et M. Giard a prouvé que ces caractères sexuels secondaires sont déterminés par la maturité des glandes sexuelles; sans chercher d'exemple en dehors de l'espèce humaine, on sait que la barbe ne pousse pas aux eunuques.

Les arguments de M. Giard [1] contre l'interprétation des métamorphoses de Ch. Pérez sont de deux natures : 1° le savant professeur cite un certain nombre de cas dans lesquels la disparition *plus ou moins complète* des organes génitaux n'empêche

1. Giard, *La métamorphose est-elle une crise de maturité génitale?* (*Bulletin de la soc. Entomol.*, 11 février 1900).

pas la métamorphose de s'opérer; d'abord cette disparition peut n'avoir pas été complète; dans une expérience d'Oudemans, des chenilles châtrées ont donné des papillons normaux, mais ces papillons avaient conservé l'instinct sexuel, ce qui prouve que la castration n'avait pas été complète; quant aux cas de castration parasitaire, M. Giard a démontré lui-même que le parasite qui détermine la castration se substitue aux organes génitaux et peut produire, sur la forme générale de l'animal, le même effet que ces organes eux-mêmes. Enfin, la métamorphose étant due à la poussée génitale *avant la dernière mue*, il se peut que les organes génitaux s'atrophient plus ou moins chez l'insecte parfait sans que pour cela la forme parfaite disparaisse; en effet, c'est après la dernière mue seulement que l'insecte est parfait; ensuite il ne peut plus que mourir; il ne mue plus et la cause qui lui a donné cette forme parfaite a beau disparaître, cette forme se conserve néanmoins; c'est ce qui se produit par exemple pour les ouvrières d'abeilles; encore ne doit-on pas considérer comme complète l'atrophie de leurs glandes génitales, puisque au besoin l'une d'elles peut être transformée en pondeuse.

2° M. Giard cite un certain nombre de cas dans lesquels les insectes pondent avant d'être arrivés à l'état parfait et dans lesquels cette ponte prématurée s'oppose à l'évolution terminale de l'animal; je trouverais au contraire, dans ces exemples, des preuves en faveur de la théorie de Pérez. En effet, dans tous les cas où les insectes pondent avant l'état appelé parfait, *ils pondent sans sexe*; il n'y a pas chez eux de mâle et de femelle; chacun pour son compte pond des œufs appelés *œufs parthénogénétiques* (de παρθένος vierge) qui se développent directement. Prenons par exemple les pucerons; pendant la bonne saison, ces animaux se reproduisent parthénogénétiquement et n'ont *ni ailes ni sexe*; quand la mauvaise saison arrive, les conditions défectueuses de vie font apparaître chez eux *les ailes* et *le sexe*[1], c'est-à-dire la forme parfaite et le sexe, ce qui prouve une fois de plus qu'il y a une relation indiscutable entre la production de la forme adulte et la maturité sexuelle. L'erreur vient de ce qu'on appelle *adulte* la forme parfaite; c'est forme sexuée qu'il faudrait dire; il y a deux formes adultes pour certains animaux, la forme adulte asexuée ou parthénogénétique et la forme adulte sexuée ou imago. Je proposerais en conséquence de modifier la définition de Ch. Pérez et de dire *maturité sexuelle* au lieu de *maturité génitale* qui peut s'étendre aux cas de parthénogénèse.

Je crois donc que ces objections ne détruisent aucunement l'hypothèse de Pérez; en tout cas, cette hypothèse est séduisante et l'on n'en avait émis, avant elle, aucune qui fût satisfaisante; c'est une raison pour la garder, provisoirement au moins.

*
* *

Comment s'effectuent les métamorphoses? Pour passer d'une chenille à un papillon, il faut, non seulement construire, mais aussi détruire, car il y a des parties de la chenille qui n'existent pas dans l'imago. Beaucoup d'histologistes ont étudié la question et ont constaté en effet un processus destructeur très curieux; ce sont les *phagocytes*, les cellules libres de l'organisme, rendues si célèbres par Metschnikoff, qui détruisent, en les mangeant, les éléments histologiques fixes; on donne le nom d'*histolyse* à ce processus destructif. Or, c'est précisément par le même processus que disparaît la queue des têtards dans la métamorphose des grenouilles, métamorphose qui, elle, n'est pas due à une crise de maturité sexuelle, mais à un changement dans les conditions de vie.

Voilà donc quelque chose de commun à deux phénomènes dif-

1. Il y a peut-être des formes parthénogénétiques ailées chez certains pucerons, mais cela prouve seulement que chez ces êtres, s'ils existent, les ailes ne constituent pas un caractère sexuel secondaire pas plus que la barbe chez les femmes à barbe.

férents auxquels on applique la dénomination commune de métamorphoses. M. Giard a cherché dans ce quelque chose de commun la définition de ce qu'on doit appeler métamorphoses, par opposition avec les simples transformations normales de l'épigénèse; cette définition est tout à fait logique et, remarquons-le immédiatement, *indépendante* des causes qui déterminent les métamorphoses. Définissons donc, avec M. Giard, *métamorphose* une transformation accompagnée d'une destruction de parties préexistantes. Il n'y a pas métamorphose dans les mues des crustacés, puisqu'il y a seulement addition de parties nouvelles, épigénèse proprement dite; il y a métamorphose chez la grenouille (destruction de la queue et des branchies), chez les insectes (histolyse), etc...

On comprend assez aisément pourquoi, dans cette destruction, le rôle destructeur est dévolu aux phagocytes. Que la modification générale de la forme du corps soit due aux conditions de vie (Grenouille) ou à la maturité sexuelle (insectes), il en résulte naturellement que certains tissus fixes de l'organisme ne sont plus adaptés à la place qu'ils occupent dans l'édifice et se trouvent ainsi dans des conditions d'infériorité. Les phagocytes au contraire, éléments libres entre tous, ne sont aucunement gênés par la déformation générale du corps et conservent toute leur activité; ils sont donc mieux armés pour la lutte au moment de la métamorphose, quelle que soit d'ailleurs la cause première de cette métamorphose, et ils mangent les autres[1].

Une discussion assez vive vient d'être engagée entre les histologistes au sujet de la question suivante : Les éléments histologiques fixes se détruisent-ils naturellement avant d'être mangés par les phagocytes ou bien sont-ce les phagocytes qui les détruisent en les mangeant? Cette question n'a pas un grand intérêt pour l'histoire générale des métamorphoses et je me contente de la signaler sans plus de détail.

1. Voyez plus haut p. 10.

CHAPITRE IX

L'HÉRÉDITÉ DU SEXE [1]

Le sexe est-il héréditaire? Voilà une question qui ne manquera pas d'étonner les gens peu familiers avec les ouvrages de biologie. Et vraiment (une fois n'est pas coutume!), le grand public semble bien avoir raison, en cette circonstance, contre les naturalistes de profession.

Naturellement, quand on parle du sexe en dehors des laboratoires, il est toujours question de l'espèce humaine ou tout au moins des animaux supérieurs; or, chez l'homme comme chez les mammifères il faut deux parents pour faire un enfant; l'enfant a toujours le sexe de l'un des parents et *tient* héréditairement des deux un grand nombre de caractères morphologiques ou physiologiques. Il a par exemple un nez et une arcade sourcilière qui rappellent le nez et l'arcade sourcilière de son père, au point que cette ressemblance suffit à dénoncer son origine; il peut avoir de même le menton et les yeux de sa mère et, dans l'immense quantité de types de nez, de mentons, etc., qui existent chez les hommes, la ressemblance absolue entre le nez du fils et le nez du père est une chose assez remarquable pour attirer fortement l'attention. Il est évident que, dans ce cas,

1. *Miscellanées biologiques*, dédiées au professeur Giard, 1899.

l'enfant *tient* de son père le caractère morphologique spécial par lequel il lui ressemble, différant par là même de tous les autres individus de la même espèce. Cette transmission aux enfants des caractères des parents constitue précisément le phénomène de l'*hérédité*; quel en est le mécanisme, nous n'avons pas à nous en occuper ici, mais que ce mécanisme existe, personne n'en peut douter.

Cela posé, il est bien facile de comprendre le sens de la question posée tout à l'heure. Voici une fillette qui a le nez et l'arcade sourcilière de son père, le menton, les yeux *et le sexe* de sa mère. Pour le nez, l'arcade sourcilière, le menton et les yeux, l'hérédité est évidente. En est-il de même pour le sexe? Autrement dit, le mécanisme qui explique la transmission de la forme du nez, du menton, etc., explique-t-il aussi la transmission du sexe? a-t-on même le droit de dire qu'il y a transmission du sexe? Rien n'est moins certain, car, pour le sexe, le raisonnement fait plus haut ne tient plus. Il y a des millions de formes de nez et de menton; il est donc fort remarquable que le nez du fils ressemble au nez du père, mais il n'y a que *deux* sexes; l'enfant a forcément l'un des deux, sans que l'on ait besoin d'invoquer, pour l'expliquer, une ressemblance avec l'un des parents.

En physique, par exemple, on connaît trois états des corps : l'état solide, l'état liquide et l'état gazeux. Tout corps a forcément l'un de ces trois états. Eh bien, je suppose que, de la combinaison chimique de plusieurs éléments résulte un corps liquide. Toutes les propriétés chimiques du liquide obtenu dépendront de sa structure moléculaire et tiendront par conséquent, d'une manière plus ou moins directe, de la nature des éléments qui sont entrés dans sa composition. Mais, pour expliquer que le corps obtenu est liquide, personne ne songera évidemment à rechercher s'il y avait un liquide dans les éléments employés pour le former et à dire que, de cet élément liquide, vient la propriété qu'a le composé d'être liquide. Ce serait s'exposer à des erreurs volontaires, car il y a des milliers de cas connus où le composé a un état physique différent de celui de ses composants. Les employés de la municipalité qui jettent du sel sur la neige pour nous en débarrasser, font, avec deux corps solides, de l'eau salée qui est liquide et qui nous gèle les pieds. Un composé chimique se présente donc toujours sous l'un des *trois états des corps*, et cela pour des raisons *postérieures* à sa fabrication même, pour des raisons indépendantes de l'état momentané auquel se trouvait chacun des composants lors de sa fabrication, uniquement parce qu'il n'y a que trois états des corps et que les composants comme le composé ont forcément l'un de ces trois états... Voilà une comparaison très grossière qui nous met immédiatement en garde contre la question même de l'hérédité du sexe et qui nous fait supposer que l'enfant *peut* avoir le sexe de son père ou le sexe de sa mère, sans le tenir d'aucun d'eux, et uniquement parce qu'il n'y a que deux sexes et que l'on a forcément l'un ou l'autre.

Sans faire cette remarque et sans discuter la valeur même de la question posée, plusieurs auteurs ont cherché dans les faits des arguments pour ou contre l'hérédité du sexe. On a prétendu par exemple que quand un enfant ressemble beaucoup à l'un de ses parents, il a le sexe de l'autre; cette assertion est absolument dénuée de fondement; il y a autant de cas où les fils ressemblent au père que de cas où ils ressemblent à la mère; seulement, la ressemblance croisée du fils avec la mère, étant plus bizarre, a frappé davantage l'imagination des gens.

Enfin, les naturalistes qui connaissent la reproduction dans les groupes inférieurs du règne animal ont tiré un argument contre l'hérédité du sexe de l'étude des cas où il y a reproduction par un seul parent, des cas de *parthénogénèse*. Là, en effet, il semble évident que la question se tranchera d'elle-même; les enfants auront, soit toujours le sexe du progéniteur unique et alors il sera certain que ce sexe est héréditaire, soit toujours le sexe opposé, soit enfin, tantôt l'un tantôt l'autre et dans ces deux derniers cas, on pourra affirmer qu'il n'y a pas hérédité du sexe. Les auteurs qui ont fait ce raisonnement ont commis une erreur anthropomorphique grave. Le point de départ du problème est l'espèce humaine, dans laquelle il y a deux sexes nettement définis, dans laquelle la parthénogénèse est si certainement impossible que la croyance à la parturition d'une vierge est considérée comme la preuve d'une intervention divine. On est donc parti de ce postulatum ferme qu'il y a deux sexes dans chaque espèce animale et que tout animal a *forcément* l'un des deux sexes; on a oublié la définition même de la différence des sexes, car la seule définition valable est que chaque sexe donne un élément reproducteur *incomplet* qui doit être complété par l'élément reproducteur du sexe opposé pour donner naissance à un individu. On a attribué gratuitement un sexe aux progéniteurs parthénogénétiques *qui n'entrent pas dans le cadre de la définition précédente*; on les a appelés femelles parce que leur élément reproducteur ressemble morphologiquement plus à un ovule qu'à un spermatozoïde; comme il y a des cas où ces prétendues femelles donnent naissance à de vrais mâles, on en a conclu que le sexe n'est pas héréditaire [1] et l'on a généralisé la proposition; on est revenu à l'espèce humaine de laquelle on était parti, car l'espèce humaine est toujours le but, mais malheureusement aussi le point de départ de toutes les investigations biologiques.

Si cette attribution gratuite du sexe féminin aux progéniteurs parthénogénétiques n'avait conduit qu'à nier l'hérédité du sexe, le mal ne serait pas bien grand, mais cela a embrouillé considérablement la question de la détermination du sexe car on a

---

1. Vous trouverez ce raisonnement dans Geddes et Thomson (*L'Évolution du sexe*), dans Delage (*l'Hérédité*), dans Cuénot (*La détermination du sexe*), etc.

été amené à considérer comme déterminant la formation de femelles les conditions de milieu qui favorisaient simplement la parthénogénèse.

Il faut considérer que tous les caractères de l'espèce humaine ne sont pas susceptibles d'être généralisés à l'ensemble du règne animal. Chez les pucerons, chez les daphnies, il n'y a pas seulement deux types d'individus correspondant aux deux sexes de l'espèce humaine, mais encore un ou plusieurs [1] autres, susceptibles de se reproduire par eux-mêmes et que l'on appelle d'une manière générale, progéniteurs parthénogénétiques ou *parthénogéniteurs* [2].

Chez l'abeille c'est encore mieux; il y a bien des mâles, mais il n'y a plus à proprement parler de femelles; il y a seulement des parthénogéniteurs dont l'élément reproducteur est susceptible, soit de se développer tel quel en un mâle, soit d'être additionné d'un spermatozoïde et de se développer ensuite en un nouveau parthénogéniteur. J'étudierai longuement plus loin ce cas très particulier.

Pour le moment je voudrais seulement mettre en garde contre les dangers qui résultent de l'expression absolument courante de *femelles parthénogénétiques*, expression à laquelle le cas de l'abeille fécondable *semble* d'ailleurs donner une apparence de justesse.

*
* *

Un des phénomènes qui ont le plus contribué à faire parler de l'hérédité du sexe, c'est l'hérédité des caractères sexuels secondaires. Quand un coq et une poule donnent, par leur

---

1. Je dis « *ou plusieurs* » car il n'y a aucune raison *a priori* pour qu'il n'y ait qu'un type de parthénogéniteur; chez des rotifères, par exemple, il y a des pondeurs d'œufs mâles et des pondeurs d'œufs femelles.

2. Voilà un néologisme incorrect, mais je n'en trouve pas d'autre aussi court et aussi expressif.

union, naissance à des poussins, si parmi ces poussins, il se trouve un mâle, on lui voit pousser des ergots à l'état adulte, comme il en avait poussé à son père; or, la mère n'a pas d'ergots, donc, dira-t-on, le jeune coq tient ses ergots de son père. Rien n'est moins certain. Voici par exemple deux races de poulets, l'une A dont le coq a les ergots droits, l'autre B dont le coq a les ergots courbés. Je croise un coq de race A et une poule de race B et il se peut parfaitement que le croisement donne un coq à ergots recourbés; il ne tient donc pas ses ergots de son père puisque son père a les ergots droits, mais il ne les tient pas non plus de sa mère, puisque sa mère n'en a pas. Autre exemple emprunté à l'espèce humaine; un homme brun épouse une femme blonde et a d'elle un fils qui a une barbe blonde; il ne tient pas sa barbe de son père puisque son père a une barbe brune, ni de sa mère puisque sa mère n'en a pas. Dans le premier exemple, le jeune coq a les ergots *qu'aurait eus sa mère si elle avait été un coq de même race*; dans le second, le jeune homme a la *barbe qu'aurait eue sa mère si elle avait été homme*. On connaît le cas célèbre cité par Lucas, d'une femme qui transmet héréditairement à ses fils l'infirmité hypospodiaque de son père.

Tout ceci se comprend admirablement si l'on se rend compte de la nature réelle des caractères sexuels secondaires telle qu'elle ressort de l'étude des phénomènes de castration. En dehors de toute espèce d'hypothèse sur la nature même du sexe, on doit admettre qu'il y a pour chaque espèce un *type morphologique moyen* auquel l'introduction d'une glande mâle ajoute les caractères secondaires mâles et de même pour la glande femelle. C'est ce que Geddes et Thomson appellent, d'une manière pittoresque, *la diathèse sexuelle*. Naturellement, cette diathèse fait pousser des caractères qui sont en rapport avec la *race* de l'individu; si elle fait pousser de la barbe chez un blond, cette barbe sera blonde.

Or, d'une manière générale, un individu résultant de l'union de deux parents doit être considéré comme ayant un *type morphologique moyen* qui tient certains caractères du *type morphologique moyen* de la race du père et d'autres caractères du *type morphologique moyen* de la race de la mère. Introduisons maintenant dans ce rejeton la diathèse sexuelle mâle; elle développera chez lui les caractères secondaires mâles. Si ces caractères portent sur les parties de l'individu qui sont de la race du père; ils seront identiques aux mêmes caractères du père. S'ils portent sur les parties qui sont de la race de la mère, ils seront identiques à ce qu'ils eussent été chez un homme de la race de la mère.

Et l'on comprend facilement ainsi qu'une femme puisse transmettre à ses fils l'infirmité hypospadiaque de son père sans en être elle-même atteinte; on doit seulement attribuer à cette femme le caractère de race qui, chez le grand-père, avait, sous l'influence de la diathèse mâle, produit l'infirmité hypospadiaque, et penser que si on avait pu inoculer à la fille la diathèse mâle elle aurait été hypospade comme l'ont été ses fils. Il y a donc deux choses tout à fait différentes à considérer : 1° l'hérédité des caractères de race du père et de la mère indépendamment du sexe; 2° la diathèse sexuelle surajoutée au type morphologique moyen du rejeton et développant chez lui des caractères sexuels secondaires qui rappellent ceux des individus *du même sexe que lui* soit dans la race du père soit dans la race de la mère.

La première question, nous n'avons pas à nous en occuper ici; nous devons seulement rechercher pourquoi, chez tel ou tel rejeton, ce sera tel ou tel sexe qui apparaîtra avec la diathèse sexuelle correspondante.

L'étude des facteurs qui déterminent l'apparition du sexe masculin ou féminin chez le rejeton comprend la question de *l'hérédité du sexe*, pourvu que l'on prenne le mot *hérédité* dans son sens vraiment scientifique. Il ne s'agit plus, naturellement, de ce problème ridicule de rechercher si le rejeton *tient son sexe* de celui de ses parents qui a le même sexe que lui; il s'agit de savoir si le sexe de l'individu est déterminé dans l'œuf d'où il provient, dès que cet œuf est formé, ou s'il est au contraire une conséquence des conditions particulières dans lesquelles l'œuf poursuit son développement embryonnaire. Qu'est-ce, en effet, que l'hérédité? C'est, avons-nous dit, le phénomène par lequel se transmettent aux enfants les caractères des parents. Or, laissant de côté l'hérédité utérine qui est une chose toute spéciale et qui d'ailleurs n'intervient que dans les rares animaux qui ont des matrices, nous devons considérer que les parents fournissent à l'enfant uniquement la substance de l'œuf. L'œuf, une fois fécondé, c'est-à-dire formé, n'est plus en général soumis à aucune influence exercée par les parents; si donc il donne naissance à un individu qui ressemble aux parents, c'est qu'il porte en lui-même la raison déterminante de cette ressemblance, *le pouvoir héréditaire*. Tous les phénomènes du développement embryonnaire dépendent uniquement de deux facteurs ; 1° l'ensemble des propriétés de l'œuf; 2° l'ensemble des circonstances ambiantes que traverse l'œuf au cours de son développement. Il est tout naturel d'appeler le premier *hérédité* et le second *éducation*, et avec cette définition précise de l'hérédité on voit que la question : le sexe est-il héréditaire? se ramène à celle-ci : Le sexe résulte-t-il des propriétés de l'œuf quelle que soit l'éducation du jeune? Pour résoudre ce problème, commençons par passer en revue les faits connus, indépendamment de toute espèce d'interprétation. Nous les interpréterons ensuite et nous résoudrons ainsi complètement la question posée.

.·.

L'éducation du jeune animal n'est réellement soumise au contrôle de l'expérience que lorsque ce jeune animal est libre dans le milieu extérieur; il sera donc bien plus intéressant d'étudier la question qui nous occupe dans les espèces qui n'ont pas de vie utérine; chez les mammifères, en effet, le rejeton n'est mis en liberté qu'après une période de vie parasitaire assez longue et déjà muni à ce moment d'un sexe parfaitement déterminé. Il est bien difficile d'agir expérimentalement sur les conditions d'existence réalisées dans un utérus maternel, de sorte que, si l'on n'avait à sa disposition que des mammifères, on n'aurait guère de chances de démontrer jamais d'une manière précise que le sexe est une propriété héréditaire ou un résultat d'éducation. Des expériences très intéressantes ont été faites sur des animaux à développement libre.

« Yung a opéré sur des têtards de grenouille provenant d'œufs fécondés artificiellement et constituant trois lots distincts. Dans l'espèce *Rana esculenta* qu'il a étudiée, le nombre moyen des femelles était, dit-il, d'environ 57 pour cent individus. Au lieu de donner à ses trois lots de jeunes animaux la nourriture végétale qui leur est ordinaire, il nourrit le premier lot avec de la viande de bœuf et obtint 78 pour 100 de femelles; il nourrit le second lot avec du poisson et obtint 81 pour 100 de femelles; il nourrit le troisième lot avec de la viande de grenouille et obtint 92 pour 100 de femelles, c'est-à-dire 92 femelles pour 8 mâles. »

Ce résultat est extrêmement remarquable et prouve une influence indéniable de la nourriture sur la détermination des

sexes. Avec une nourriture végétale on aurait eu 43 mâles; avec
de la viande de grenouille on en a seulement 8; c'est donc
que 35 individus, destinés dans les conditions normales de
nutrition à devenir des mâles sont devenus des femelles sous
l'influence de la nourriture. Pour 35 individus on est en droit
d'affirmer que le sexe *n'était pas déterminé dans l'œuf*. Mais
on ne peut pas généralement dire que le sexe n'est *jamais*
déterminé dans l'œuf, car, même dans les conditions les plus
favorables à la production des femelles, l'expérience de Yung a
rencontré 8 mâles irréductibles sur un lot de 100 jeunes têtards.
Il est donc *possible* que pour 8 œufs sur 100, le sexe masculin
ait été déterminé dans l'œuf indépendamment des conditions
d'éducation.

Dans d'autres expériences portant sur des papillons, sur des
plantes, etc., on a obtenu des résultats analogues à ceux de
Yung.

A propos de la détermination expérimentale du sexe, tous
les traités spéciaux relatent beaucoup d'observations sur les
espèces susceptibles de parthénogénèse; ils confondent sans
cesse, à cause de l'idée préconçue que les parthénogéniteurs
sont femelles, les conditions favorables à la parthénogénèse avec
les conditions déterminant la production du sexe féminin et les
conditions défavorables à la parthénogénèse, les conditions
déterminant l'apparition de la *sexualité*, de la reproduction
sexuelle proprement dite, avec les conditions qui amènent la
formation des mâles. Je n'ai pas à insister ici sur ces observations qui sont en dehors de notre sujet actuel, mais je retiens
néanmoins, tout en l'interprétant différemment, le cas si curieux
de l'abeille qui va se trouver en opposition directe avec celui
des 35 têtards de Yung.

Il n'y a pas de femelle chez l'abeille; les expériences de
Dzierzon, de Bessels, etc., prouvent que la reine ne pond
jamais d'ovule incapable de se développer par lui-même; ce

n'est donc pas une femelle mais bien un parthénogéniteur; il est vrai que ce parthénogéniteur est de nature spéciale puisque les œufs parthénogénétiques auxquels il donne naissance sont susceptibles d'attirer un spermatozoïde et de s'ajouter sa substance, exactement comme cela a lieu dans la fécondation normale; cette propriété bizarre s'expliquera lumineusement plus loin. La seule chose qui nous intéresse en ce moment dans le cas de l'abeille est que l'œuf parthénogénétique, toutes les fois qu'il n'est pas additionné d'un spermatozoïde, donne, sans exception, un mâle; toutes les fois qu'il est additionné d'un spermatozoïde, il donne sans exception un parthénogéniteur. Nous sommes donc en droit d'affirmer que le sexe du rejeton est déterminé d'une manière absolue dans l'œuf parthénogénétique non imprégné qui donne toujours un mâle quelle que soit l'éducation. C'est exactement le cas contraire de ce qui s'est passé pour les 35 têtards de Yung qui destinés à devenir mâles dans les conditions normales sont devenus femelles sous l'influence d'une nutrition particulière; mais cette détermination absolue du sexe masculin dans l'œuf d'abeille non imprégné peut se rapprocher du cas des 8 mâles irréductibles de l'expérience de Yung. Quoiqu'il en soit de ce rapprochement hypothétique, nous sommes en possession de deux cas absolument opposés : celui de l'abeille mâle et celui des 35 têtards de Yung, qui nous suffiront pour notre étude de la détermination du sexe.

* *

Quelque opinion que l'on se fasse de la nature même des différences sexuelles, on est obligé d'admettre que l'œuf fécondé, résultant de la fusion d'un ovule femelle et d'un spermatozoïde mâle *contient les deux sexes*. Je me propose de montrer maintenant que, non seulement, l'œuf fécondé contient les deux sexes,

mais encore qu'il en contient des quantités *rigoureusement
égales* et que par conséquent, l'œuf fécondé *n'a pas de sexe,*
même quand il détermine fatalement le sexe de l'individu qui en
sortira. Cela amènera à poser d'une manière toute nouvelle le
problème de l'hérédité du sexe. Je me place naturellement,
pour attaquer cette question, dans l'hypothèse sur la nature du
sexe à laquelle j'ai été récemment conduit [1] et que je vais
résumer en quelques lignes.

Un plastide vivant est caractérisé complètement : 1° par la
nature qualitative des substances plastiques a, b, c, d, e, f,
qui le composent (caractères spécifiques); 2° par les coefficients
quantitatifs de ces différentes substances (caractères individuels).
Le plastide, étant doué de vie élémentaire, est susceptible
d'assimilation dans des conditions favorables et se multiplie en
donnant des plastides nouveaux qui sont qualitativement et
quantitativement identiques au plastide point de départ. Ceci
n'est pas discutable ; voici maintenant l'hypothèse sexuelle :

Chacune des substances plastique a, b, c, d, e, f, a deux
types moléculaires *déséquilibrés* que j'appelle type mâle et
type femelle ; mais, dans un plastide vivant, dans un plastide
susceptible d'assimilation, il n'y a que des substances plastiques
équilibrées par compensation, c'est-à-dire que chaque molécule
de ces substances plastiques est formée de l'accolement de deux
demi-molécules déséquilibrées [2] ; la molécule de substance a,
par exemple, est la somme de deux demi-molécules mâle et
femelle, a_m et a_f. L'assimilation ne peut porter que sur des
substances équilibrées et ne produire que des substances équilibrées. Là est toute l'hypothèse.

Que, dans un milieu donné, les conditions soient telles que
toutes les demi-molécules femelles se détruisent, il ne res-

<hr>

1. Voir *La Sexualité*, Paris, Carré et Naud, 1899.
2. J'ai été conduit à penser que les demi-molécules déséquilibrées d'une
même substance plastique diffèrent par la dissymétrie d'un de leurs
carbones moléculaires.

tera plus au lieu du plastide $abcdef$ qu'un demi-plastide $a_m b_m c_m d_m e_m f_m$, formé de demi-molécules déséquilibrées et par conséquent incapable d'assimilation, mais ayant exactement les mêmes coefficients quantitatifs que le plastide d'où il provient. Ce sera un élément sexuel mâle ou spermatozoïde.

De même, dans d'autres conditions telles que toutes les demi-molécules mâles se détruisent, il restera un demi-plastide $a_f b_f c_f d_f e_f f_f$, formé de demi-molécules déséquilibrées et par conséquent incapable d'assimilation, mais ayant exactement les mêmes coefficients quantitatifs que le plastide d'où il provient. Ce sera un élément sexuel femelle ou ovule.

L'affinité chimique particulière qui existe entre les deux types déséquilibrés et complémentaires d'une même substance plastique suffit à expliquer, comme un simple phénomène chimiotactique, l'attraction du spermatozoïde par l'ovule de la même espèce. La fécondation se comprend de même très bien comme une fusion demi-molécule à demi-molécule des substances plastiques du type mâle avec les substances plastiques correspondantes du type femelle. Cette fusion substituera en effet à deux demi-plastides (ovule et spermatozoïde) déséquilibrés et incapables d'assimilation chacun pour son compte, un plastide équilibré, l'œuf fécondé, formé de substances plastiques équilibrées par compensation et, par suite, susceptible d'assimilation. Ce sera le point de départ d'un nouvel individu. Évidemment, ce nouvel individu sera de même espèce que les deux individus qui ont fourni les demi-plastides sexuels ayant formé l'œuf, puisqu'il aura les mêmes substances plastiques $abcdef$ (caractères spécifiques). Mais quels seront ses caractères individuels, ses coefficients quantitatifs? *Évidemment les plus petits des coefficients correspondants des deux générateurs.* Si la substance a, en effet, a le coefficient 3 chez le mâle, le spermatozoïde contiendra trois demi-molécules a_m; si elle a le coefficient 7 chez la femelle, l'ovule contiendra 7 demi-molécules a_f.

Or, avec 3 demi-molécules a_m et 7 demi-molécules a_f, on ne pourra certainement faire que 3 molécules composées a; il restera, dans l'œuf fécondé, 4 demi-molécules a_f qui, non compensées, ne prendront pas part à l'assimilation et se détruiront. Je laisse de côté, avec intention, dans cet exposé rapide de la loi du plus petit coefficient, les variations quantitatives qui proviennent, pour l'ovule ou le spermatozoïde, de ce qu'ils ont attendu plus ou moins longtemps la fécondation et se sont, par suite, partiellement détruits. Les caractères individuels du plastide tiennent seulement aux rapports de proportionnalité existant entre les coefficients de ses substances plastiques, tandis que dans l'acte de la fécondation, c'est la valeur absolue des coefficients qui entre en ligne de compte; cela explique que la compensation se produira entre des nombres variables de demi-molécules, lorsque l'on mettra en présence des ovules et des spermatozoïdes de vétustés différentes et que, par conséquent, les caractères individuels des rejetons de deux parents donnés pourront être différents à chaque fécondation nouvelle. Tous les frères et sœurs ne se ressemblent pas. Mais ceci est une affaire d'hérédité générale et nous n'avons pas à nous en occuper ici.

Que sera donc l'œuf fécondé! Il comprendra évidemment une masse compensée, équilibrée, formée des substances spécifiques $a\,b\,c\,d\,e\,f$ avec, comme coefficients, les plus petits des coefficients correspondants qui existaient dans l'ovule et le spermatozoïde au moment de la fécondation. Cette masse compensée sera le véritable plastide initial de l'être nouveau et lui donnera, avec ses coefficients, ses caractères individuels. Il y aura, en outre, dans l'œuf, de petits reliquats de substances déséquilibrées m et f, demi-molécules qui n'ont pas trouvé leurs complémentaires et qui, incapables d'assimilation, se détruiront plus ou moins vite. On ne doit donc considérer comme véritablement *fécondée* que la partie compensée de l'œuf, et il est, par suite, rigoureusement exact de dire que, dans notre théorie de la sexualité, *l'œuf fécondé n'a pas de sexe, ou du moins, contient les deux sexes en quantités mathématiquement égales.*

Mais comment se fait-il alors que, dans certains cas, cet œuf qui n'a pas de sexe détermine fatalement le sexe du jeune qui en proviendra? Nous aurons plus de facilité pour répondre à cette question quand nous aurons étudié le processus par lequel le sexe *s'établit* dans les jeunes animaux; mais le cas le plus curieux étant celui de l'abeille, nous devons d'abord essayer de comprendre, maintenant que nous nous sommes expliqué la fécondation, ce que c'est que cet œuf parthénogénétique bizarre qui est susceptible, soit de se développer seul, soit de s'additionner d'un spermatozoïde pour donner un développement différent. Quelques figures diagrammatiques ne seront pas inutiles pour faire comprendre le cas de l'abeille.

Reprenons d'abord le cas général. Je représente un plastide compensé, équilibré, normal, par un cercle (fig. 3, *1*). Toutes les molécules de ce plastide sont équilibrées, formées de deux demi-molécules déséquilibrées juxtaposées, appuyées l'une sur l'autre, mais, pour la commodité du diagramme, je suppose localisées dans la moitié droite du cercle toutes les demi-molécules mâles et dans la moitié gauche du cercle toutes les demi-molécules femelles (fig. 3, *2*, M.-F.).

Dans les conditions spéciales où se forment les produits sexuels femelles, par exemple, toutes les demi-molécules mâles disparaissent, il ne reste qu'un demi-cercle F (fig. 3, *3*). Un ovule sera donc représenté en diagramme par une moitié gauche de cercle; un spermatozoïde, par une moitié droite de cercle (fig.3, *4*). La juxtaposition d'un ovule et d'un spermatozoïde redonnera un cercle complet (fécondation redonnant un plastide équilibré).

L'œuf parthénogénétique de l'abeille peut-il être représenté par la figure *1*? Évidemment non; sans cela quand on lui ajoute un spermatozoïde cela ne changerait rien à son sort ultérieur ; la partie compensée ne pourrait en effet être augmentée par l'addition de substances mâles, puisqu'il n'y aurait aucune substance femelle libre capable de former avec quelques-unes des demi-molécules mâles, des molécules équilibrées.

Peut-il être davantage représenté par la figure *3* ? Évidemment non, car si cette figure se prête merveilleusement à l'explication de la fécon-

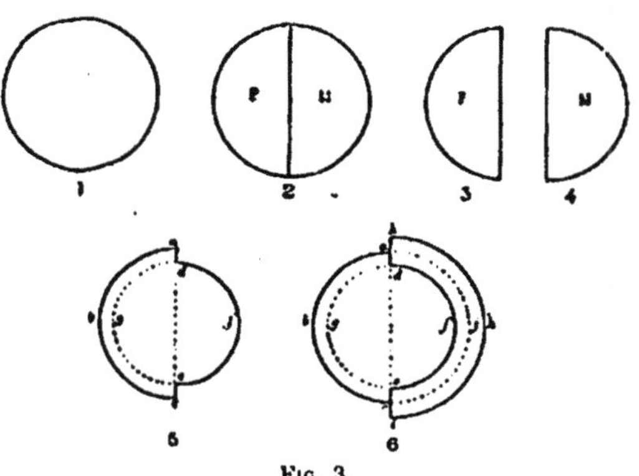

Fig. 3.

dation par un spermatozoïde, elle s'oppose absolument à ce que l'œuf parthénogénétique, considéré seul, soit susceptible d'assimilation ou de développement. Il va falloir chercher une figure intermédiaire à la figure *1* et à la figure *3*.

Or, suivons ce que nous sommes en droit d'appeler la maturation d'un ovule, c'est-à-dire la transformation en un demi-plastide incapable d'assimilation d'un plastide primitivement compensé. Cette maturation n'est pas extemporanée ; la moitié droite du cercle, au lieu d'être enlevée brusquement, se réduit petit à petit, de telle manière qu'à un moment quelconque au cours de la maturation de l'ovule le plastide peut être représenté par la figure *5*, dans laquelle il y a une partie compensée *dgef* et une partie déséquilibrée femelle *abcegd*.

Pour les ovules normaux, l'expulsion hors de l'ovaire n'a lieu que lorsque le petit cercle *dgef* est devenu nul ; on a un ovule vrai, formé uniquement de substances déséquilibrées femelles, et incapable d'assimilation tant qu'un spermatozoïde ne sera pas venu le compenser. Mais, supposons que l'expulsion ait lieu avant que la maturation soit terminée; le corps expulsé sera soustrait par son expulsion même aux réactions locales de la glande femelle, réactions qui avaient pour résultat de détruire progressivement les substances mâles ; il restera donc en l'état représenté par la figure 5 et alors on voit qu'il se composera de deux parties distinctes : une partie compensée ou œuf parthénogénétique *dgef* et une partie déséquilibrée femelle ou ovule *abcegd* capable d'attirer un spermatozoïde et d'être compensée par lui. Cette expulsion avant maturation est le cas normal chez les abeilles.

Alors, de deux choses l'une : ou bien il n'y aura pas fécondation et la partie déséquilibrée *abcegd* se détruira; le *petit plastide dgef* se développera et donnera un faux bourdon. Ou bien il y aura fécondation, c'est-à-dire qu'un spermatozoïde viendra féconder la partie déséquilibrée *abcegd*. A cause du petit demi-cercle *dfe* qui préexiste, je suis obligé dans la figure 6 de représenter le spermatozoïde, non pas par un demi-cercle *acj* égal à *abc*, mais par un demi-anneau *kdfcih* dont une partie seulement, *adfecj*, sera employée à féconder le demi-anneau équivalent *abcegd*. La partie compensée de l'œuf sera donc un *gros plastide abcj*, dont une partie, l'œuf parthénogénétique *dgef*, était naturellement compensée et dont une autre partie, l'anneau *abcjdef* a été compensée par la fécondation. Il restera une partie déséquilibrée *kajcih* compensée de la substance du spermatozoïde qui n'a pas été employée dans la fécondation du demi-anneau *adgech*.

Ce gros plastide *abcj* donnera naissance à un parthénogéniteur (reine ou ouvrière suivant la nourriture ultérieure).

Voilà un résultat fort remarquable au point de vue de la détermination du sexe dans l'œuf. Le corps représenté dans la figure 5, composé d'un *petit plastide* compensé et d'une partie déséquilibrée femelle, donne un faux-bourdon, c'est-à-dire un mâle; or, si on pouvait parler d'attribuer un sexe à ce corps, ce serait évidemment le sexe féminin puisqu'il contient un excès de substance femelle. Le corps représenté dans la figure 6, composé d'un *gros plastide* compensé *abcj* et d'une partie déséquilibrée mâle *kajcih*, donne un parthénogéniteur; or, si on pouvait parler d'attribuer un sexe à ce corps, ce serait évidemment le sexe masculin puisqu'il contient un excès de substance mâle. Cette simple remarque nous met en garde contre la tendance que nous pourrions avoir à attribuer un sexe à l'œuf, puisque, pour l'abeille mâle au moins, ce sexe serait l'opposé de celui de l'animal qui provient de l'œuf; et alors qu'est-ce que cela signifierait?

Observons d'ailleurs ce qui se passe au cours du développement individuel dans les deux cas; le plastide compensé assimile et donne le jeune animal. La partie déséquilibrée, femelle dans la figure *5* ou mâle dans la figure *6*, ne se multiplie pas, se détruit au contraire petit à petit et finit par devenir infiniment petite par rapport au volume de l'animal, ou même rigoureusement nulle. Il serait donc vraiment abusif de considérer cette petite partie déséquilibrée comme ayant une influence quelconque sur la détermination du sexe du jeune individu, et il est plus vraisemblable d'interpréter comme il suit le cas très spécial de l'abeille : Un *petit œuf* donne un mâle; un *gros œuf* donne un parthénogéniteur, et cette interprétation a l'avantage de cadrer avec un grand nombre de faits que nous rencontrerons tout à l'heure, tant dans le règne végétal que dans le règne animal. Laissons maintenant le cas de l'abeille et voyons comment s'établit le sexe chez les jeunes animaux.

Nous avons dit que les éléments sexuels doivent être considérés comme provenant de plastides compensés normaux, soumis, dans des conditions spéciales, à une destruction unilatérale de demi-molécules du type mâle ou du type femelle. Cette destruction se fait en des points spéciaux de l'organisme, dans les endroits que l'on appelle glandes génitales. Si la destruction porte sur les substances mâles, les produits génitaux de la glande sont femelles et réciproquement. Il est immédiatement évident que les conditions dans lesquelles se fait une maturation mâle sont très différentes de celles dans lesquelles se fait une maturation femelle, car les plastides qui, adaptés aux conditions d'existence de la glande mâle, sont destinés à subir la réduction déséquilibrante dans le sens mâle, sont morphologiquement très différents de ceux de la glande femelle. Il y a une différence très grande entre un ovule et un spermatozoïde de même espèce quoique ces deux éléments, avant d'avoir subi la réduction, soient de la même espèce plastidaire, c'est-à-dire composés des mêmes substances chimiques (caractères spécifiques ou qualitatifs). Il faut donc que les conditions d'adaptation locale qui ont déterminé ces divergences très grandes entre deux plastides de même espèce soient très différentes, et ce sont d'ailleurs les mêmes conditions qui, poursuivant leur action, produisent la destruction déséquilibrante. Dans l'hypothèse, que j'ai émise, de la nature dissymétrique des différences sexuelles, le phénomène de la maturation s'interprète très facilement. Supposons que les demi-molécules mâles diffèrent des demi-molécules femelles par une dissymétrie *droite* d'un carbone constitutif. Si, en un point du milieu, il y a pénurie de substances *droites*, il sera naturel que les substances droites du plastide se dissolvent, en quelque sorte, dans ce milieu pauvre en substances droites, pour déterminer la *saturation* du milieu, comme cela a lieu dans le cas des solutions salines ordinaires.

Les cas de *pseudogamie* sont en faveur de cette manière de comprendre la maturation sexuelle. Voici, par exemple, un *Melandryum rubrum* femelle, dont les fleurs viennent de s'ouvrir; les plastides destinés à devenir des ovules sont encore des plastides compensés, mais, si rien n'était changé dans les conditions de la fleur femelle, ces plastides compensés ne tarderaient pas à subir la maturation déséquilibrante à cause de la pénurie de substances mâles. Gaertner saupoudre cette fleur femelle avec du pollen emprunté à une autre espèce du même genre, *Melandryum noctiflorum*, espèce qui n'est pas susceptible de se croiser avec la première. Il n'y a donc pas lieu de croire que les ovules, devenus mûrs, ont été fécondés par ce pollen étranger, et cependant, ces ovules deviennent des graines qui, semées, donnent naissance à des *Melandryum rubrum* purs de tout croisement. Or, si les ovules étaient devenus mûrs, ils auraient été incapables de se développer à moins de fécondation ; s'ils avaient été fécondés, ils auraient donné des produits hybrides tenant à la fois des deux espèces *M. noctiflorum* et *M. rubrum*. Donc les ovules ne sont pas devenus mûrs, *sont restés des plastides compensés*. Pourquoi? Parce que le pollen étranger ajouté sur le stigmate a fourni les substances mâles nécessaires à la saturation du milieu et que, par suite, la pénurie de ce milieu en substances mâles n'a pas déterminé la dissolution des substances mâles du futur ovule ; l'ovule n'a donc pas mûri et est resté un œuf parthénogénétique. Voilà une explication bien rationnelle des phénomènes si obscurs de *pseudogamie* et, en même temps, des faits qui militent en faveur de notre interprétation de la maturation. Ces faits de pseudogamie sont peut-être beaucoup plus fréquents qu'on ne le croit, en particulier dans les fleurs hermaphrodites dont les étamines sont mûres avant le pistil.

Les substances albuminoïdes sont presque toutes *gauches*; il est donc naturel que si quelques-unes d'entre elles ont, dans leur noyau moléculaire, un carbone de dissymétrie droite, leur affinité avec la généralité des substances gauches soit différente de celle que manifestent, envers les mêmes substances gauches, leurs isomères n'ayant que des carbones gauches;

cela expliquerait que les ovules fussent toujours abondamment
pourvus de substances nutritives dont les spermatozoïdes semblent presque absolument privés.

La parthénogénèse facultative des pucerons, des phyllopo-
des, etc., s'interprète à peu près de la même manière que la
pseudogamie. C'est la pénurie de substances mâles qui détermine la maturation de l'ovule, c'est la pénurie de substances
femelles qui détermine la maturation du spermatozoïde, il est
donc tout naturel qu'une nourriture abondante empêche la
pénurie de se reproduire dans un sens ou dans l'autre et détermine par conséquent la ponte d'œufs parthénogénétiques qui
sont des plastides compensés. Au contraire, si les conditions
d'existence deviennent pénibles, la pénurie se produira, la
sexualité apparaîtra, il y aura production de mâles vrais et de
femelles vraies et la fécondation deviendra nécessaire à la conservation de l'espèce. Tout le monde sait que, dans de bonnes
conditions de vie, Réaumur a pu prolonger pendant plusieurs
années la reproduction parthénogénétique des pucerons.

Mais il y a beaucoup d'espèces animales et végétales chez
lesquelles la parthénogénèse ne se produit jamais, même dans
les meilleures conditions de nutrition.

C'est de ces espèces que nous allons désormais nous occuper
plus particulièrement.

Il faut immédiatement remarquer que les éléments sexuels,
les plastides déséquilibrés, ne se forment qu'en certains points
spéciaux de l'organisme; on comprend donc que, chez un
individu bien nourri, il puisse y avoir pénurie alimentaire
en ces points, suivant les caprices de la circulation. Dans les
plantes, par exemple, cette pénurie ne se produit en général
qu'aux extrémités des rameaux, c'est-à-dire aux endroits où la
sève arrive épuisée par un long parcours. On sait d'ailleurs que
les plantes trop bien nourries ne fleurissent pas ou fleurissent
mal et que les jardiniers ont l'habitude de s'opposer à la nutri-

tion trop facile des arbres fruitiers qui, plantés dans un sol trop riche, ont une tendance à fournir des bourgeons foliaires et des rameaux nouveaux, plutôt que des bourgeons floraux et des fruits. Remarquons aussi que la production des éléments sexuels eux-mêmes, considérés, indépendamment de leur déséquilibre, comme parties se détachant de l'organisme, est une cause d'appauvrissement du milieu, soit par la prolifération extrêmement abondante des éléments mâles, soit par l'accumulation très considérable de réserves dans les éléments femelles. Dans certains cas, chez les êtres dits hermaphrodites, il se produit, dans un même individu, des éléments mâles et des éléments femelles, soit simultanément, soit successivement, en des points soit voisins, soit éloignés. Nous n'avons pas à étudier ici le mécanisme même de cette production simultanée ou successive ; le cas des hermaphrodites ne nous intéresse pas pour le moment. Mais quelquefois on constate un certain antagonisme entre la production d'éléments mâles et la production d'éléments femelles dans le même individu ; cela conduit aux animaux unisexués dont nous avons à nous occuper maintenant.

L'existence de cet antagonisme n'est pas évidente *a priori*, et en effet, il y a des individus hermaphrodites. La maturation des produits mâles par exemple, déverse dans l'organisme des substances femelles qui ont pour effet de saturer le milieu au point de vue des substances femelles, mais cela n'empêche en rien la pénurie en substances mâles de se produire en un autre point du milieu.

Qu'il y ait antagonisme des deux sexes dans certaines espèces, coexistence des deux sexes dans d'autres, cela n'a rien qui puisse nous étonner, car, parmi les substances dissymétriques, il y en a qui se combinent uniquement à des substances d'un type donné de dissymétrie, d'autres indifféremment à celles qui sont droites ou gauches. Dans ce chapitre, consacré à l'hérédité du sexe, il n'y a pas lieu d'insister sur la manière dont se construisent les produits génitaux; constatons seulement que les conditions qui déterminent la *morphologie* spéciale de l'ovule ou du spermatozoïde *sont également celles qui préparent la destruction de substances mâles ou de substances femelles*, puisqu'un plastide qui est morphologiquement un ovule devient toujours femelle (sauf les cas de pseudogamie). Mais sans approfondir le mécanisme de la lutte entre les glandes mâles et les glandes femelles, nous pouvons en donner une idée très frappante par une comparaison empruntée aux admirables travaux de Giard sur la castration parasitaire.

L'œuf contient des quantités rigoureusement égales de chaque sexe. Il est donc tout naturel que l'individu qui en provient soit dans le même cas, et, par conséquent, l'hermaphrodisme semble être le cas normal. Aussi doit-on accueillir avec intérêt l'hypothèse, vérifiée dans beaucoup de cas par l'observation histologique (Laulanié, Ploss, Sutton), que tous les animaux unisexués passent par une phase hermaphrodite embryonnaire. Il est tout naturel de concevoir qu'il y ait dans l'individu jeune deux plastides (ou groupes de plastides) déséquilibrés μ et φ dont l'un sera le point de départ du tissu génital mâle, l'autre le point de départ du tissu génital femelle. Dans les espèces unisexuées, l'un de ces tissus s'atrophie de bonne heure; pourquoi? Remarquons que les tissus génitaux, jouent, à un certain point de vue, le rôle de véritables parasites du soma; ils produisent en effet des plastides qui sont en dehors du soma et expulsés; ils interviennent, comme les parasites, par leurs sécrétions, dans la corrélation somatique générale et c'est même ainsi qu'ils créent le dimorphisme sexuel; mais, de même que les parasites, ils sont en dehors de la coordination et leur ablation ne trouble pas cette coordination. Comparons-les donc à des parasites.

Nous connaissons : 1° des parasites qui, introduits dans le

milieu intérieur d'un individu hermaphrodite, déterminent *indirectement* l'atrophie de l'un des tissus génitaux (*Amphiura squamata*) ; 2° des parasites qui, introduits chez des individus unisexués, déterminent *indirectement* la castration de cet individu et lui donnent en même temps les caractères sexuels secondaires du sexe opposé à celui qu'il avait, c'est-à-dire qu'il se conduit, au point de vue de la corrélation générale, *exactement* de la même manière qu'une glande génitale du sexe opposé. Mais, puisque la castration a été *indirecte*, n'est-il pas vraisemblable qu'elle résulte précisément *des mêmes facteurs que* la modification corrélative ? Alors nous sommes conduits à cette hypothèse que, *chez les espèces normalement unisexuées*, il y a antagonisme entre ces deux parasites spéciaux que l'on appelle tissu mâle et tissu femelle et que, s'ils coexistent à un moment donné, *le plus fort* l'emporte sur l'autre et détermine son atrophie.

Chez les êtres unisexués, une glande génitale mâle est *parasite gonotome* pour la glande génitale femelle et réciproquement [1].

Ceci nous fait immédiatement comprendre les phénomènes de détermination du sexe sous l'influence de la nourriture et des conditions qui entourent l'embryon, comme cela a eu lieu par exemple chez les têtards de Yung. Je considère l'embryon hermaphrodite et les deux parasites antagonistes μ et φ qui coexistent à son intérieur. Lequel l'emportera ? Répondons avec Darwin : « Ce sera le plus apte, c'est-à-dire, celui pour

---

1. Quelquefois, la castration parasitaire n'est pas complète ; elle arrête momentanément le développement génital qui reprend si l'on enlève le parasite ; c'est ce qui explique l'hermaphrodisme successif de la myxine par exemple. Chez la myxine libre, mâle, le testicule développé s'oppose au développement de l'ovaire ; puis, les conditions changeant par le changement de vie de la myxine qui devient parasite, se trouvent défavorables au testicule qui s'atrophie et alors l'ovaire, soustrait à l'influence de ce parasite gonotome, se développe à son tour ; la myxine parasite devient femelle.

lequel les conditions réalisées dans le milieu intérieur de l'individu où il lutte, seront le plus favorables. » Les expériences du genre de celle de Yung nous démontrent donc seulemen ceci, qu'une nourriture abondante et une température douce rendent plus favorable aux éléments φ le milieu intérieur des animaux normalement unisexués.

Mais comment alors comprendre qu'il y ait des cas où le sexe est déterminé dans l'œuf, comme cela a lieu pour les faux bourdons? Rien n'est plus facile. Un individu et son milieu intérieur sont le produit de deux facteurs : hérédité (propriétés de l'œuf) et éducation (conditions du milieu extérieur). Le plus souvent, l'éducation aura une influence prépondérante sur la fabrication du milieu intérieur et par conséquent sur le résultat de la bataille que s'y livrent les deux sexes, mais dans certains cas particuliers, l'hérédité l'emportera, même à ce point de vue, sur l'éducation; l'œuf parthénogénétique de l'abeille donne toujours naissance à un soma dans lequel les conditions sont favorables au développement du tissu mâle, sans que pour cela on ait le droit de dire que l'œuf parthénogénétique de l'abeille est mâle. J'ai fait remarquer plus haut que cet œuf parthénogénétique est seulement *plus petit* que l'œuf fécondé, et cette remarque tire un intérêt particulier du fait que, dans tous les cas où l'on sait, avec certitude, à l'avance, que le jeune individu provenant d'un œuf sera mâle, cet œuf est notablement plus petit que ceux d'où naissent les femelles. Chez les cryptogames vasculaires les microspores donnent des prothalles mâles et les macrospores des prothalles femelles ; chez le phylloxera, les petits œufs donnent des mâles, les gros donnent des femelles; chez les rotifères il y a beaucoup d'exemples analogues...

*
* *

Résumons maintenant toutes les données précédentes :

1° L'œuf fécondé ou parthénogénétique renferme des quantités rigoureusement égales des deux sexes; on ne peut donc *en aucun cas* attribuer un sexe à l'œuf.

2° Cet œuf donne naissance, soit à un parthénogéniteur (dans de bonnes conditions de vie et chez certaines espèces), soit un à individu produisant des éléments sexuels véritablement sexuels.

3° Dans beaucoup d'espèces, le même individu peut donner des éléments mâles et des éléments femelles (hermaphrodites). Dans les espèces dites unisexuées, le jeune animal semble aussi hermaphrodite, mais il y a antagonisme entre les deux glandes de sexe opposé, l'une d'elles jouant par rapport à l'autre le rôle de parasite gonotome.

4° Celle des deux glandes qui l'emporte sur l'autre détermine le sexe de l'adulte. Le résultat de la lutte dépend des conditions réalisées dans le milieu intérieur; or, ces conditions de milieu intérieur sont en relation avec les conditions de milieu extérieur; il est donc tout naturel que l'on puisse influencer la détermination du sexe chez le jeune animal en modifiant les conditions de son éducation (Expériences de Yung, de Tréat; théorie de Schenk). Mais il y a des cas extrêmes où les conditions de milieu intérieur réalisées chez le jeune, sont déterminées d'une manière assez précise par l'œuf lui-même, pour que l'éducation ne puisse parvenir à les modifier, pour que, en un mot, le sexe soit déterminé dans l'œuf. Dans tous les cas bien connus où cela a lieu, il semble établi qu'un œuf *très petit* doit donner naissance à un mâle.

*
* *

De tout ce qui précède, il ressort avec la plus grande évidence que, *en aucun cas*, on ne peut admettre que le jeune animal tient son sexe du parent qui a le même sexe que lui. L'œuf fécondé contient des quantités mathématiquement équivalentes de substance mâle empruntée au mâle et de substance femelle empruntée à la femelle. Dans les cas exceptionnels où le sexe du rejeton est déterminé dans l'œuf, il ne peut donc l'être que par la *quantité absolue* des substances équilibrées qui entrent dans sa composition et non par les quantités de substances mâles et femelles puisque ces quantités sont rigoureusement égales. Il semble que le cas extrême d'un œuf *très petit* détermine la formation d'un mâle. Je suppose que cela soit établi, mais je le suppose uniquement pour fixer le langage, et cela me permettra de montrer d'une manière plus frappante l'inanité de la question de l'hérédité du sexe telle qu'elle est posée généralement.

Je suppose un ovule à très grands coefficients; si je le féconde par un spermatozoïde à très grands coefficients, si j'y introduis, par conséquent, une très grande quantité de substance mâle, j'aurai un œuf fécondé à très grands coefficients, un *gros œuf* qui appartiendra au type extrême donnant *des femelles*; si je le féconde par un spermatozoïde à très petits coefficients, c'est-à-dire, si j'y introduis une très petite quantité de substance mâle, j'aurai un œuf fécondé à très petits coefficients, *un petit œuf* qui donnera un mâle. Si, ce qui doit être le cas le plus général, l'ovule et le spermatozoïde sont de types moyens, le sexe du rejeton sera déterminé par l'éducation.

Donc étant donnés deux éléments sexuels qui vont se fusionner, ou bien le sexe du rejeton qu'ils produiront sera déterminé par l'éducation, ou bien l'œuf appartiendra à un type extrême; ce type extrême donnera fatalement une femelle si les deux éléments conjoints sont très gros; il donnera fatalement un mâle si l'un des deux (*n'importe lequel*) a de petits coefficients, puisqu'il en résultera un *petit œuf*.

Si les éléments sexuels qui se fusionnent sont tous deux

fraîchement formés, il y aura des chances pour qu'ils aient de grands coefficients puisqu'ils n'ont pas encore eu le temps de s'user; l'œuf qui en résultera aura donc des tendances à donner une femelle.

Au contraire, si l'un des éléments (*n'importe lequel*) est vieux et usé, l'œuf aura des tendances à donner un mâle.

Indépendamment des conditions de vétusté, il y a peut-être des individus qui ont la propriété de donner des éléments sexuels à très petits coefficients; alors, quel que soit le conjoint, le rejeton sera mâle. Beaucoup de femmes n'ont que des fils...

Mais n'oublions pas que, pour les animaux à développement intra-utérin, l'influence maternelle peut déterminer le sexe pendant la période de gestation; c'est même probablement le cas le plus général; mais nous n'avons aucune raison sérieuse d'affirmer que, chez l'homme, il y a des types extrêmes d'œufs fécondés déterminant fatalement le sexe du rejeton en dépit des conditions d'éducation comme cela a lieu chez l'abeille, le phylloxéra, etc. Chez les têtards, les expériences de Yung prouvent que *le plus grand nombre des œufs* est d'un type moyen qui donne aux conditions de milieu une influence prépondérante dans la détermination du sexe. Il y a dans cette voie beaucoup de recherches à faire.

Je voudrais seulement, dans cette courte étude, avoir montré avec quelle défiance il faut accueillir les théories basées sur la prépondérance de l'un des conjoints, imposant son sexe au rejeton, comme celle de Hofacker et Sadler prétendant que le parent mâle plus âgé donne plus de garçons, comme celle de Girou, prétendant que le parent le plus vigoureux donne son sexe à l'enfant, comme celle de Starkweather, prétendant que le parent, supérieur à l'autre, donne un rejeton du sexe opposé au sien, etc...

Toutes ces théories ont eu pour point de départ des idées

plus ou moins justes sur la nature des phénomènes sexuels; ce sont elles qui ont donné naissance à des discussions interminables sur l'*hérédité du sexe*; je ne crois pas que ces discussions méritent d'attirer plus longtemps l'attention des naturalistes.

**

Les expériences de Lœb, de Bataillon, etc.... sur le développement des œufs vierges sous l'influence de certains phénomènes d'osmose ont paru donner à la question générale du sexe et de la fécondation une orientation nouvelle. Il me semble que l'on s'est bien vite lancé dans cette voie d'ailleurs extrêmement intéressante. Les phénomènes osmotiques par lesquels on détermine le développement, la segmentation, des œufs non fécondés, sont évidemment d'une très grande importance pour la réalisation des conditions de la vie élémentaire manifestée des cellules; je ne crois pas que l'on puisse, jusqu'à présent, les considérer comme ayant un rapport direct avec la sexualité. Tout ce que l'on sait de la maturation sexuelle pousse à croire que cette maturation est d'ordre chimique. Les phénomènes d'osmose sont des phénomènes physiques qui intéressent les éléments génitaux en tant que cellules et peut-être pas en tant qu'éléments sexuels proprement dits.

CHAPITRE X

CONSIDÉRATIONS CHIMIQUES SUR LA CELLULE

§ I. — L'élément ultime de l'individualité.

Dans le troisième chapitre de cet ouvrage, je crois avoir démontré, par des déductions inattaquables, une chose qui peut sembler paradoxale au premier abord, savoir que les variations quantitatives déterminant la différenciation cellulaire, ne touchent pas au caractère quantitatif qui constitue l'hérédité individuelle et qui varie d'un individu à l'autre; ce caractère quantitatif serait transmis intégralement à tous les éléments histologiques et il ne pourrait varier dans l'un d'eux sans varier de la même manière dans tous les autres; ce serait en un mot le caractère de *l'unité individuelle,* en même temps que le facteur de l'hérédité.

Mais comment pouvons-nous concevoir que la variation quantitative, déterminant la différenciation histologique, laisse intact ce caractère également quantitatif? Comment, dans un mélange de substances, pouvons-nous concevoir que les proportions varient, à un certain point de vue, tout en restant, à un autre point de vue, absolument invariables? Cela semble tout à fait paradoxal et cependant, cela est, nous sommes forcés de nous prendre la solution de cette question dans laquelle est la clef de la structure des êtres vivants; si nous nous heurtons à de graves difficultés, nous ne regretterons pas la peine que nous aurons eue à les surmonter. Une première idée très simpliste est que les deux variations indépendantes, la *variation tissu* et la *variation individu* portent sur des parties différentes de la cellule; j'ai moi-même adopté provisoirement cette idée [1], mais uniquement pour fixer le langage, à un moment où je ne prévoyais pas l'importance des conclusions que nous réserve la solution du précédent paradoxe.

Il est impossible de s'en tenir à cette conception simpliste des choses, à cause de la généralité du processus de différenciation histologique dans les diverses ontogénèses; supposer qu'il y a dans une cellule, à côté des caractères qui déterminent la cellule elle-même, d'autres caractères indépendants de ceux-là et représentant les facteurs héréditaires, c'est commettre une faute de logique comparable à celle de la théorie des particules représentatives qui sépare la vie de l'hérédité. Serions-nous donc conduits à une absurdité par les déductions faites précédemment? Nous allons être amenés au contraire à une notion nouvelle, celle des mélanges à deux degrés.

Supposons en effet pour fixer les idées que notre cellule contienne trente substances différentes dont les proportions quantitatives déterminent toutes ses propriétés. Si ces trente substances sont indépendantes les unes des autres et peuvent varier indépendamment dans n'importe quelles conditions, il sera impossible qu'une variation quantitative ne détruise pas les résultats d'une autre variation quantitative précédente; il n'en sera plus de même, si nous supposons que ces trente substances sont réunies en six groupes P^1 P^2 P^3 P^4 P^5 P^6 tels que les substances de chaque groupe soient jusqu'à un certain point, liées

---

1. *Évolution individuelle et Hérédité, op. cit.*, p. 113.

les unes aux autres. Il y aura alors, dans la cellule, deux sortes de caractères quantitatifs : 1° ceux qui résulteront des rapports de groupe à groupe, ou des proportions quantitatives du mélange des groupes $P^1 P^2 P^3 P^4 P^5 P^6$ envisagés comme des substances simples; 2° ceux qui résulteront des rapports de substance à substance dans l'intérieur d'un groupe. Et, puisque les substances constitutives d'un groupe sont, jusqu'à un certain point, liées les unes aux autres, nous pourrons concevoir deux sortes de variations quantitatives indépendantes : l'une qui altérera les rapports de groupe à groupe sans modifier les rapports de substance à substance dans l'intérieur d'un groupe, l'autre qui altérera au contraire les rapports de substance à substance dans l'intérieur des groupes sans modifier les rapports de groupe à groupe. L'une sera la variation tissu, l'autre sera la variation individu.

Avons-nous des raisons de penser que l'une de ces variations est plutôt la variation de groupe à groupe ou la variation de substance dans l'intérieur d'un groupe? Oui sans doute, car la variation tissu est une variation tout à fait spéciale, qui se produit toujours dans les mêmes conditions, dans la série toujours bien déterminée des phénomènes embryologiques; au contraire, la variation individu est une variation infiniment plus générale et qui se produit dans des conditions extrêmement diverses. Cette simple considération nous amène à croire que la variation tissu est cette variation spéciale qui intéresse seulement les groupes de substances sans toucher aux substances elles-mêmes; c'est une variation beaucoup moins profonde que la variation individu; n'oublions pas non plus que cette variation tissu mène à un nombre de types très limité, tandis que la variation individu conduit à un nombre de types infini. Il y a en effet une infinité d'hommes différents, une infinité de chiens différents, tandis qu'il n'y a qu'un nombre limité de variétés tissus et, de plus, ces variétés tissus sont les mêmes chez l'homme, le chien, le cheval, etc., voire même chez l'escargot ou le ver de terre!

Nous admettons donc, dès à présent, que la variation tissu, c'est l'altération des rapports de groupe à groupe, tandis que la variation individu est l'altération des rapports de substance à substance dans l'intérieur des groupes, notion très complexe en apparence et qui va se simplifier bientôt.

Remarquons d'abord que, pour que la modification des rapports de groupe à groupe, c'est-à-dire la différenciation histologique, laisse intacte les rapports de substance à substance, c'est-à-dire l'hérédité, et nous avons vu que cela a lieu, il faut que les mêmes rapports de substance à substance existent dans tous les groupes, et ceci exige, non pas que tous les groupes soient composés des mêmes substances, ce qui rendrait illusoire la considération de groupes différents, mais, du moins, que tous les groupes soient composés de substances *parallèles* si j'ose m'exprimer ainsi.

Je suppose, par exemple, qu'il y ait dans chaque groupe cinq substances *différentes* : a, b, c, d, e, ces substances seront du type 1 dans le groupe P_1 $(a_1, b_1, c_1, d_1, e_1)$, du type 2 dans le groupe P_2 $(a_2, b_2, c_2, d_2, e_2)$ et ainsi de suite, et, dans chaque groupe, le caractère héréditaire sera le même, c'est-à-dire que les rapports quantitatifs des substances a, b, c, d, e, seront les mêmes.

Soient $\alpha, \beta, \gamma, \delta, \varepsilon$, les coefficients communs des substances a, b, c, d, e, dans tous les groupes, on voit qu'une cellule quelconque de l'individu sera de la forme :

$$\begin{aligned}
&\lambda\,(\alpha\,a_1 + \beta\,b_1 + \gamma\,c_1 + \delta\,d_1 + \varepsilon\,e_1) \\
+\ &\mu\,(\alpha\,a_2 + \beta\,b_2 + \gamma\,c_2 + \delta\,d_2 + \varepsilon\,e_2) \\
+\ &\nu\,(\alpha\,a_3 + \beta\,b_3 + \gamma\,c_3 + \delta\,d_3 + \varepsilon\,e_3) \\
+\ &\ \cdots\cdots\cdots\cdots\cdots\cdots\cdots \\
+\ &\sigma\,(\alpha\,a_6 + \beta\,b_6 + \cdots\cdots\cdots + \varepsilon\,e_6)
\end{aligned}$$

$\lambda, \mu, \nu \ldots \sigma$, étant les coefficients dont les rapports déterminent la *variété tissu*, puisque la somme précédente peut s'écrire :

$$\lambda P_1 + \mu P_2 + \nu P_3 + \ldots + \sigma P_6$$

Mais remarquons que la somme précédente peut se mettre sous la forme :

$$
\begin{aligned}
& \alpha \, (\lambda a_1 + \mu a_2 + \ldots + \sigma a_6) \\
+ \;& \beta \, (\lambda b_1 + \mu b_2 + \ldots + \sigma b_6) \\
+ \;& \ldots\ldots\ldots\ldots\ldots\ldots\ldots \\
+ \;& \varepsilon \, (\lambda e_1 + \mu e_2 + \ldots + \sigma e_6)
\end{aligned}
$$

qui met en évidence l'existence des coefficients d'*hérédité* $\alpha, \beta, \gamma, \delta, \varepsilon$, dans toutes les cellules du corps.

Et rien ne peut être plus frappant que la comparaison des deux formes précédentes de la même somme, pour montrer que des variations quantitatives *absolument indépendantes* peuvent atteindre une cellule, la variation tissu qui affecte les coefficients de la cellule envisagée sous la forme :

$$\lambda P_1 + \mu P_2 + \nu P_3 + \ldots + \sigma P_6$$

et la variation individu qui affecte les coefficients de la cellule envisagée sous la forme :

$$\alpha A + \beta B + \gamma C + \ldots + \varepsilon E.$$

Nous aurions même pu écrire ces formules, dès le début, sans faire tous les raisonnements que nous avons faits pour y arriver, car il est évident que, seule, cette somme à double entrée peut expliquer l'existence de variations quantitatives indépendantes. Une simple remarque va nous permettre de faire disparaître la complication effrayante de la formule très générale à laquelle nous sommes arrivés. En effet, nous l'avons déjà vu, si le nombre des individus est infini (combinaisons des coefficients $\alpha, \beta, \gamma, \delta, \varepsilon$), il n'en est pas de même du nombre des tissus de chaque individu, qui est très limité, du moins si on les envisage à l'état adulte; nous sommes donc en droit de penser que, chez l'adulte, après une série de variations des coefficients $\lambda, \mu, \nu, \ldots \sigma$, qui ont déterminé les caractères successifs des tissus embryonnaires, on arrive à un état définitif où il y a des tissus adultes [1] absolument différents les uns des autres, c'est-à-dire, où, pour chaque tissu, tous les coefficients $\lambda, \mu, \nu, \ldots \sigma$, sauf un, sont nuls. Dans l'exemple précédent, il y aurait donc six formes de tissus adultes, les formes $P_1, P_2 \ldots P_6$, P_6 étant, par exemple, le muscle, P_2 le nerf, P_3 le globule rouge, etc. Et alors nous comprenons la signification des groupes P, que nous avions tout à l'heure laissés intentionnellement dans le vague; les cinq substances différentes a, b, c, d, e, dont les rapports quantitatifs déterminent le caractère héréditaire individuel, ont six types particuliers, le type 1 étant le type musculoplastique, le type 2, le type neuroplastique, etc...; ces types 1, 2,...6, des substances a, b, c, d, e, étant, soit des isomères, soit des groupements atomiques voisins ne différant que par une ou deux chaînes latérales, soit tout ce qu'on voudra; l'hypothèse peut se donner ici libre cours puisque la chimie ne nous donne aucun renseignement.

La seule chose que nous ayons à retenir de cette série de déductions est la suivante : on a depuis longtemps été forcé d'admettre que l'œuf, la cellule initiale d'un animal, est un peu muscle, un peu nerf, un peu hématie, etc. Voilà que nous sommes obligés de descendre encore plus bas et d'admettre que *chaque* substance vivante de l'œuf a des types musculoplastique, neuroplastique, hématoplastique, etc.

Je ne me préoccupe pas ici de chercher à deviner par quel mécanisme s'opère la variation spéciale qui conduit à la différenciation histologique et pourquoi le type P_1 prédominera dans

---

1. Mais cela n'empêche pas qu'il y ait encore, dans l'organisme, des tissus non adultes avec des coefficients $\lambda, \mu, \nu, \ldots, \sigma$, qui ne sont pas nuls, ainsi que le prouvent les phénomènes de régénération.

le tissu musculaire plutôt que le type P_2 des mêmes substances vivantes. Cette question est certainement fort intéressante, mais elle est inutile à la solution du problème que nous nous sommes posé. Dès maintenant l'individu, si complexe qu'il soit, nous apparaît comme un ensemble de PETITES MASSES ayant toutes la même constitution quantitative, savoir :

$$(a\alpha + b\beta + c\gamma + d\delta + e\varepsilon),$$

$\alpha, \beta, \gamma, \delta, \varepsilon$, étant des coefficients *communs à tout le corps*, mais, a, b, c, d, e, pouvant être, suivant les parties considérées du corps, soit du type pur 1, 2,...6, soit d'un type mélangé de la forme :

$$(\lambda a_1 + \mu a_2 + \nu a_3 + ... + \sigma a_6).$$

Que sont, par rapport aux cellules, ces PETITES MASSES $(\alpha a + \beta b + \gamma c + \delta d + \varepsilon e)$? Il est évident que débarrassée de ses substances excrémentitielles ou squelettiques, réduite, en un mot, à ses substances vivantes, n'importe quelle cellule peut être représentée par la formule :

$$(\alpha a + \beta b + \gamma c + \delta d + \varepsilon e),$$

à un facteur numérique près; il en est de même d'ailleurs de l'ensemble total du corps. Mais, dans la cellule considérée isolément, les substances a, b, c, d, e sont-elles réparties d'une manière homogène ou hétérogène? C'est la question que nous nous sommes posée, au chapitre III, à propos de la bactéridie charbonneuse.

Une première idée qui se présente naturellement à l'esprit est que les diverses substances a, b, c, d, e, sont localisées dans les divers éléments figurés de la cellule; la cellule serait donc, en réalité, l'élément indivisible de l'organisme. On pourrait tirer cette conclusion des expériences de mérotomie et croire que, par exemple, certaines substances indispensables sont localisées dans le noyau, puisque, le noyau enlevé, l'assimilation n'a plus lieu; cependant, une comparaison avec des êtres supérieurs montre que cette interprétation est sujette à caution; par exemple, si l'on enlève le cœur à un animal, l'animal meurt, non pas parce qu'il lui manque certaines substances localisées dans le cœur, mais parce qu'il lui manque un organe dont le fonctionnement assure le renouvellement du milieu intérieur nécessaire à l'assimilation; la conclusion de la précédente expérience de mérotomie peut donc être, non pas que certaines substances constitutives et indispensables sont localisées dans le noyau, mais bien que le noyau est un organe dont le fonctionnement rend l'assimilation possible.

Une autre raison pour douter de cette interprétation, c'est la variation des éléments figurés de la cellule aux diverses époques de la vie cellulaire.

Enfin, les expériences de mérotomie, lorsque la mérotomie intéresse le noyau, ont montré [1] qu'il n'y a pas de différences appréciables entre les individus ré   érés, quelles que soient les proportions de cytoplasma et d   u qui coexistent dans le morceau du protozoaire, siège de la régénération, et cela prouve que les substances dont les proportions relatives déterminent le caractère individuel ne sont pas localisées les unes dans le cytoplasma les autres dans le noyau.

D'autre part, étant donnée la structure hétérogène de la cellule, nous ne pouvons pas penser à une répartition homogène des cinq substances a, b, c, d, e, et cependant, il semble probable que chaque partie de la cellule contient les substances a, b, c, d, e, avec leurs coefficients $\alpha \beta \gamma \delta \varepsilon$.

Nous sommes donc conduits à cette idée que la cellule est constituée d'un très grand nombre de petites masses $\alpha a + \beta b + \gamma c + \delta d + \varepsilon e$) qui sont véritablement les *éléments* ultimes de

---

1. Il ne faudrait pas cependant tirer de ces expériences une conclusion trop catégorique, car, je l'ai déjà dit plus haut, nous n'avons pas de réactifs bien sensibles de la variation quantitative chez les stentors. et autres infusoires et nous ne pouvons pas affirmer que les individus régénérés jouissent de propriétés absolument identiques.

l'individualité. Chacune de ces petites masses est douée des propriétés héréditaires, absolument comme chaque cellule du corps, mais l'assimilation n'est possible que pour une partie de la cellule contenant à la fois un certain nombre minimum de ces petites masses empruntées au cytoplasme et au noyau.

La cellule ne serait donc pas l'élément ultime de l'individualité, mais une individualité de premier ordre, déjà hétérogène et composée de parties différentes comme l'individu entier est composé de tissus; cependant bien des phénomènes donnent à penser que les parties différentes de la cellule sont composées, non pas, comme les tissus, de variétés diverses des substances *abcde*, mais plutôt d'une même variété de ces substances, se trouvant, aux divers points de la cellule, à des états divers, particulièrement au point de vue de l'hydratation et de la pénétration par les substances extérieures.

En résumé, la cellule serait une unité composée d'un très grand nombre de petites masses ($\varkappa a + \beta b + \gamma c + \delta d + \varepsilon e$), éléments ultimes de l'individualité et qui constituent à elles seules la masse vivante de l'organisme pluricellulaire, si complexe qu'il soit. Ces petites masses se multiplient par assimilation (hérédité absolue) et peuvent être soumises à une certaine variation (variation tissu) qui laisse intactes leurs propriétés quantitatives héréditaires [1]. Une seule de ces petites masses suffit donc à définir l'individualité tout entière. Un *caractère acquis* correspond à une variation dans les coefficients quantitatifs $\alpha\beta\gamma\delta\varepsilon$.

Voilà des conclusions qui semblent s'imposer lorsque l'on

---

1. En dehors des Métazoaires et des Métaphytes, chez les êtres unicellulaires, lorsque nous constatons deux variations indépendantes, il y en a toujours une qui est indéfinie, c'est-à-dire qui peut se produire d'une manière continue en donnant naissance à une infinité de types différents (exemple, variation de virulence chez la bactéridie charbonneuse) et une qui est limitée à un nombre restreint de variétés (charbon asporogène). Alors, c'est la première variation qui correspond à la variation individu ; la deuxième correspond à la variation tissu.

part des phénomènes connus et incontestables de la régénération et de l'hérédité; il est bien évident que la chimie étant encore impuissante à analyser les substances vivantes, l'histologie la plus admirable n'aurait pu nous faire deviner ce caractère étonnant de l'unité dans la constitution individuelle.

§ II. — Sexualité et génération alternante.

Si l'histologie ne peut pas, à elle seule, nous donner les notions générales que nous avons tirées de l'étude de l'hérédité, il ne faut pas, pour cela, négliger les résultats des recherches histologiques, surtout quand ces résultats sont communs à un très grand nombre de cas: il faut alors, soit expliquer ces phénomènes figurés de la cellule, soit en tirer des arguments pour l'interprétation d'autres faits. Mais je pense néanmoins qu'il faut toujours se défier des éléments figurés de la cellule, auxquels on est invinciblement tenté d'attribuer une grande importance; je crois avoir montré cette infériorité des découvertes purement histologiques, dans un article récent. (L'équivalence des deux sexes dans la fécondation, *Rev. gén. des sciences*, 30 novembre 1899.)

Déjà dans l'étude des Métazoaires, même pour des choses aussi complexes que la forme spécifique d'un Triton, nous avons été amenés à considérer que les éléments figurés sont les formes d'équilibre des substances vivantes dans les conditions où elles se trouvent. Il en sera naturellement de même pour les éléments figurés à l'intérieur des cellules, d'autant plus que nous savons déjà (voyez plus haut) qu'il y a un lien indiscutable entre la forme spécifique des cellules et leur composition chimique.

Tout le monde connaît ce qu'il y a de général dans la structure cellulaire; il y a une période dite de repos entre deux divisions, période pendant laquelle la cellule double sa masse vivante, puis une période de mouvement (je laisse de côté les cas de division directe) pendant laquelle se passent les phénomènes étonnants réunis sous le nom de Karyokinèse. La Karyokinèse est un remaniement total des éléments figurés de la cellule, remaniement qui prouve une modification profonde des conditions d'équilibre; si l'on appliquait aux diverses parties de la cellule la dénomination de *tissus*, on pourrait dire que la karyokinèse représente une histolyse suivie d'une histogénèse. Aucune interprétation n'a encore été donnée de ce phénomène remarquablement général, car je n'appelle pas interprétation, le raisonnement téléologique qui consiste à dire que tout se passe comme cela, afin qu'il y ait distribution égale des éléments cellulaires aux deux cellules filles. Outre qu'une explication par les causes finales n'est pas une explication, celle-ci n'est même pas logique au point de vue finaliste, puisque la karyokinèse se passe au cours de la différenciation cellulaire dont la conséquence est de donner des cellules *différentes*.

Je crois que l'étude des phénomènes sexuels jette une certaine lumière sur ces phénomènes et, qu'en outre, certaines particularités de karyokinèse se manifestant dans la lignée des éléments sexuels, donnent des renseignements intéressants sur la sexualité.

Rappelons en deux mots la nature générale du processus sexuel. Parmi les éléments constitutifs d'un organisme, il y en a qui sont normalement détachés, à un certain moment, de l'organisme considéré. Quelquefois ces éléments sont capables de se développer par eux-mêmes et, alors, naturellement, possédant le caractère quantitatif αβγδε, ils reproduisent un individu semblable à celui d'où ils proviennent; c'est ce qu'on appelle la génération agame (spores, propagules, parthénogénèse). Dans d'autres cas, ces éléments sont incapables de se développer par eux-mêmes, mais alors il en existe deux types *complémentaires*, le type mâle ou spermatozoïde et le type femelle ou ovule ; l'ovule attire le spermatozoïde et la fusion de ces deux éléments incapables de développement donne un *œuf* qui reproduit l'organisme parent. Chez beaucoup d'espèces, le type de reproduction sexuelle est le seul qui existe ; chez beaucoup d'autres on constate une alternance régulière entre la génération agame et la reproduction sexuelle, c'est ce qu'on appelle la *génération alternante*.

La génération alternante est beaucoup plus répandue qu'on ne le croit ; je vais essayer de montrer qu'elle existe même chez les animaux supérieurs comme l'homme et que cela explique bien des choses ; pour faire cette démonstration, je passe rapidement en revue les phénomènes de génération alternante les mieux connus dans le règne végétal.

Les fougères les plus communes nous en donnent un premier exemple excellent ; sous la feuille d'une fougère apparaissent de petits amas jaunâtres qui laissent échapper une fine poussière formée de *spores*. Une spore, dans des conditions convenables de milieu, se développe en un organisme pluricellulaire, le *prothalle*, organisme qui n'a aucune ressemblance avec la fougère primitive, mais rappelle plutôt la forme d'une algue. Voilà un premier fait absolument contraire à la notion que nous avons acquise précédemment de l'hérédité. Ne nous y arrêtons pas pour l'instant, mais retenons le fait, qui sera pour nous une source de lumière tout à l'heure. Le prothalle donne naissance à des éléments sexuels de deux types complémentaires, que, chez les végétaux, on appelle *oosphère* et *anthérozoïde* et dont la fusion produit un *œuf* qui se développe en une fougère identique à la première ; c'est bien là une génération alternante, c'est-à-dire, l'alternance d'une génération agame et d'une reproduction sexuelle, avec ce caractère remarquable que la forme issue de la spore est entièrement différente de la forme issue de l'œuf. Je note en passant qu'une exception, connue sous le nom de phénomène d'*apogamie* a été remarquée chez quelques espèces de fougères cultivées, *Pteris cretica* et *Asplenium felix femina cristatum* et *falcatum*. La spore de ces fougères donne bien encore naissance à un prothalle, mais ce prothalle ne donne que des produits sexuels avortés et reproduit la fougère normale par bourgeonnement direct de ses cellules végétatives, sans fécondation par conséquent.

Un deuxième exemple, un peu plus complexe, de génération alternante, nous est fourni par les *Préles*; ici la plante feuillée donne encore des spores toutes semblables, mais ces spores, en germant, donnent naissance à deux types de *prothalle* dont l'un appelé *prothalle mâle* produit des anthérozoïdes, l'autre *prothalle femelle* donne des oosphères. L'anthérozoïde et l'oosphère s'unissent pour former un œuf d'où renaîtra la plante feuillée sous sa forme primitive. Le prothalle mâle est minuscule, le prothalle femelle, beaucoup plus grand.

On pourrait suivre en détail, dans la série des cryptogames vasculaires, une échelle de complication croissante de la génération alternante; cette complication croissante tient à plusieurs causes : 1° Les spores produites par la plante feuillée sont de deux natures; il y en a de petites (microspores) et de grandes (macrospores); les petites donnent des prothalles mâles, les grandes des prothalles femelles. 2° Les prothalles ont des dimensions très réduites et finissent par ne plus se composer, pour ainsi dire, que des appareils producteurs d'éléments sexuels. 3° Les prothalles minuscules sont parasites de la plante-mère, c'est-à-dire que les spores se développent, là où elles naissent, sur la plante-mère, au lieu de se disséminer à l'extérieur, de sorte que, pour un observateur peu attentif, *il semble que la plante-mère a directement produit les éléments sexuels de la seconde génération.* Je souligne intentionnellement ce passage qui explique pourquoi la génération alternante a si longtemps passé inaperçue chez les êtres supérieurs.

Les travaux récents de M. Nawaschine et Guignard ont permis d'étendre les résultats précédents aux phanérogames gymnospermes et même angiospermes; la macrospore et le prothalle femelle qui en dérive restent enfouis dans les profondeurs de l'ovaire; la microspore n'est autre chose que le grain de pollen qui, germant sur un stigmate, produit le tube pollinique ou prothalle mâle dont les anthérozoïdes vont féconder l'oosphère du prothalle femelle.

Voilà donc la génération alternante établie pour l'ensemble des cryptogames vasculaires et des phanérogames. Il peut sembler, si l'on examine rapidement les faits précédemment énumérés, que l'appareil végétatif qui fournit les spores (plante feuillée résultant de l'œuf) est toujours beaucoup plus élevé en organisation que l'appareil végétatif fournissant les produits sexuels (prothalle issu de la spore); mais il serait mauvais de vouloir tirer de là un enseignement quelconque car, chez les mousses, c'est tout le contraire; c'est l'appareil végétatif issu de la spore qui est la plante feuillée; l'oosphère fournie par la plante feuillée est fécondée sur place et se développe en parasite sur la plante-mère, donnant naissance à un *sporogone* peu différencié qui fournit les spores; ici donc, c'est la génération issue de l'œuf fécondé qui est rudimentaire et qui se développe en parasite sur la génération issue de la spore.

La généralité du processus de génération alternante dans l'ensemble des plantes vasculaires donne à ce processus un très grand intérêt; il nous met aux prises avec une difficulté nouvelle, celle de l'existence de deux formes végétatives d'une même espèce, formes profondément différentes et qui, néanmoins, dérivent toujours héréditairement l'une de l'autre, ce qui semble renverser notre conception générale de l'hérédité. Dans cette difficulté, les renseignements fournis par l'histologie vont nous être d'un grand secours.

On sait que, pendant la karyokinèse, certains éléments de la cellule se montrent sous une forme spéciale, la forme de *chromosomes* particulièrement avides de matières colorantes; ces chromosomes disparaissent, en tant qu'éléments figurés, à la fin de la karyokinèse. Au cours des bipartitions successives d'une lignée cellulaire, *le même nombre de chromosomes* apparaît à chaque karyokinèse, donnant ainsi la preuve visible d'une similitude remarquable dans les conditions mécaniques d'équilibre réalisées à chaque bipartition. L'importance de ce fait vient de sa généralité; or, il est bien établi maintenant par les recherches de Strasburger, Guignard, etc., que, dans la génération alternante des plantes, le nombre de chromosomes apparaissant à chaque karyokinèse dans les éléments de l'individu issu de l'œuf *est double* de celui qui apparaît, à chaque karyokinèse, dans les éléments de l'individu issu de la spore. Par exemple, chez la grande fougère appelée *Osmonde*, le nombre des chromosomes apparaissant à chaque karyokinèse dans les éléments de la plante feuillée est 24, mais la cellule-mère des spores ne présente que 12 chromosomes, et ce nombre réduit de chromosomes se retrouve à toutes les karyokinèses dans le prothalle issu de la spore et jusqu'aux éléments sexuels qui en dérivent; l'anthérozoïde et l'oosphère n'ont donc que 12 chromosomes; leur union donne un œuf à 24 chrosmosomes, d'où naît une osmonde feuillée à 24 chromosomes, et ainsi de suite.

Chez l'oignon, la plante feuillée a 16 chromosomes à chaque karyokinèse, mais, à partir de la première division de la cellule mère du pollen et de la première division du sac embryonnaire, il n'y a plus que 8 chromosomes. Des résultats tout à fait équivalents ont été mis en évidence chez toutes les plantes vasculaires, sans exception, dont on a pu compter le nombre de chromosomes. On aurait pu croire que les muscinées s'écarteraient de la règle, parce que chez ces êtres l'appareil végétatif issu de la spore est bien plus développé et plus différencié que l'appareil végétatif issu de l'œuf; *il n'en est rien*; dans une Hépatique du genre *Pallavicinia*, Farmer a compté 4 chromosomes pour les karyokinèses de la plante issue de la spore et 8 chromosomes pour celles du sporogone.

Nous ne savons certainement pas à quelle modification de la structure cellulaire est dû le changement de condition d'équilibre qui se traduit, dans les karyokinèses de la génération issue de la spore par un dédoublement du nombre des chromosomes, mais nous constatons néanmoins ce changement de conditions d'équilibre et cela nous suffit pour comprendre l'existence de deux formes spécifiques alternantes; puisque les conditions mécaniques d'équilibre sont certainement bouleversées dans la cellule, il est tout naturel que la forme spécifique construite par la cellule soit également bouleversée. Il y a, avons-nous dit, un lien indiscutable entre la forme spécifique et la composition chimique, *dans des conditions déterminées*, mais cela n'empêche pas que, *dans d'autres conditions*, la même composition chimique détermine une autre forme spécifique. Il y a même là une nouvelle preuve du fait que la forme spécifique n'est qu'une forme d'équilibre...

Beaucoup de naturalistes ont considéré le dédoublement des chromosomes comme caractéristique de la maturation des produits sexuels! Les considérations précédentes prouvent que, chez les plantes du moins, ce dédoublement conduit au contraire *à la formation de la spore* et que, dans la plante issue de la spore, les éléments sexuels se forment sans dédoublement du nombre des chromosomes. Passons maintenant aux animaux.

Beaucoup de considérations étrangères à l'histologie ont amené depuis longtemps les naturalistes à considérer les organes génitaux comme parasites à l'intérieur du corps; en nous tenant aux données histologiques, nous sommes forcés d'accepter cette manière de voir et d'admettre la génération alternante chez les animaux, même les plus élevés en organisation. En effet, si nous croyons que ces animaux produisent directement les ovules et les spermatozoïdes, c'est certainement par suite d'une illusion analogue à celle qu'ont pu avoir en botanique les observateurs peu attentifs, au sujet des plantes dans lesquelles les prothalles étaient parasites chez les adultes, car nous retrouvons *d'une manière absolument constante*, dans la lignée des produits sexuels, le dédoublement du nombre des chromosomes, qui caractérisait, chez les plantes, la génération issue de la spore.

Le plus souvent (*Cyclope*, *Salamandre*, etc.) ce dédoublement du nombre des chromosomes caractérise un grand nombre de bipartitions dans la lignée des produits sexuels, autrement dit, il y a un grand nombre de bipartitions entre la formation de la spore qui se développe à l'état parasite dans l'individu et l'apparition des produits sexuels ultimes, autrement dit encore, le prothalle, résultant de la spore, se compose d'un grand nombre de cellules; chez l'Ascaris, il n'y a que deux bipartitions dans la lignée issue de la spore, c'est-à-dire que le nombre réduit de chromosomes n'apparaît que chez la cellule grand'mère des produits sexuels, et cela réduit le prothalle au minimum.

Dans tous les cas, il est indéniable qu'il y a génération alternante chez les animaux; certaines cellules de leur corps prennent, en effet, à une période plus ou moins avancée de l'évolution individuelle, le caractère commun à tous les prothalles végétaux et qui consiste à présenter des karyokinèses à nombre de chromosomes dédoublé; or, ce caractère est très important puisqu'il indique un état d'équilibre profondément différent et qu'il se manifeste chez les végétaux par une transformation radicale de la forme spécifique. J'espère arriver un jour à montrer que ce dédoublement chromatique résulte d'un état *sexuel* spécial du corps cellulaire.

Prenant la question au rebours, nous sommes amenés à constater définitivement que nous devons considérer les chromosomes et en général les éléments figurés de la cellule comme des formes d'équilibres caractéristiques de certaines conditions mécaniques et uniquement comme cela; l'étude de ces éléments figurés nous donnera donc des renseignements précieux sur les conditions d'équilibre réalisées aux divers moments dans le corps cellulaire, non pas que nous sachions traduire ces renseignements en langage mécanique, nous en sommes, hélas, bien loin encore, mais nous aurons du moins des points de comparaison nous autorisant à affirmer que les conditions mécaniques correspondant à des figurations analogues sont analogues, et que les conditions mécaniques correspondant à des figurations différentes sont différentes. En revanche nous voyons combien il est illogique d'attribuer une individualité quelconque à des éléments figurés dont la figuration dépend à chaque instant de conditions extérieures et de localiser dans ces éléments figurés les propriétés héréditaires.

§ III. — Interprétation sexuelle de la Karyokinèse.

A chaque bipartition, sauf dans les cas si rares de division directe, il se produit un *remaniement total* des éléments figurés de la cellule; on voit apparaître des chromosomes, des asters, des fuseaux, etc., une quantité de figures qui n'existaient aucunement pendant la période dite de repos, c'est-à-dire pendant la période active d'assimilation; les traits généraux de ce phénomène dit de karyokinèse, se retrouvent chez un si grand nombre d'êtres, avec des caractères analogues, qu'on lui attribue une grande importance biologique; malheureusement on en a faussé la signification par des explications finalistes: on y a vu un processus général *destiné* à amener la division de la cellule en deux parties égales et on en a conclu, par suite, que, puisque la nature prenait tant de peine à répartir dans les deux cellules filles exactement la moitié de tous les éléments figurés (éléments figurés *au moment* de la karyokinèse, cela s'entend), c'est que ces éléments figurés avaient, chacun pour son compte, des propriétés spéciales, une individualité importante! et l'on s'est acharné à suivre l'individualité de ces éléments éphémères, dans les périodes de repos, c'est-à-dire, *quand ils ont disparu* et ont été remplacés par d'autres. Tirons seulement de la constance, dans les bipartitions successives d'une lignée cellulaire, du nombre des chromosomes et de toutes les figures concomitantes, la conclusion que les conditions dans lesquelles se font ces bipartitions sont analogues; or, au début de chaque bipartition, il se fait, pardonnez-moi l'expression, un chambardement général de toute la cellule, et, puisque nous ne pouvons croire que ce chambardement s'explique par la nécessité finaliste de la répartition égale des substances, il faut tâcher d'en concevoir la raison. Nous concevons, comme une chose relativement simple, la fragmentation d'une masse de substance qui a atteint, dans des conditions données, sa dimension maxima d'équilibre; nous ne nous étonnons guère de voir les chromosomes se former comme caractéristique de l'état d'équilibre réalisé dans le cytoplasma au début de la karyokinèse, encore ignorons-nous ce qui a pu modifier si profondément les conditions d'équilibre de ce cytoplasma! Mais ce qui nous semble le plus extraordinaire c'est un appareil d'asters et de fuseaux, cet ensemble de lignes de force qui semblent émaner de deux centres brusquement formés dans la cellule; tout cela a un aspect compliqué, un aspect de *mécanisme* qui nous déroute; des auteurs ont été jusqu'à voir dans ces lignes de force des filaments élastiques qui vont se jeter sur les chromosomes pour les distribuer également dans les deux cellules filles!

Quand on veut expliquer un phénomène, il faut chercher les

cas dans lesquels il se présente avec le maximum de simplicité et le minimum de complications étrangères ; or, nous connaissons un cas dans lequel un aster se forme sous nos yeux, dans des conditions bien faciles à déterminer expérimentalement ; c'est lorsque le spermatozoïde entre dans l'ovule.

*
* *

Pour bien comprendre ce qui se passe dans ce phénomène de la fécondation, il faut dire quelques mots de la structure des éléments mâle et femelle, et montrer sous quels aspects morphologiques différents se dissimule l'équivalence du spermatozoïde et de l'ovule.

Au point de vue descriptif, une cellule, sexuelle ou non, peut être considérée comme contenant trois parties distinctes : le cytoplasma, le centrosome, le noyau ; je laisse de côté la membrane et toutes les parties accessoires. Étudions donc d'abord le cytoplasme des éléments sexuels.

Cytoplasma. — Ici, dès le début, nous constatons au point de vue morphologique une différence extrêmement considérable ; le spermatozoïde est presque toujours ridiculement petit en comparaison de l'ovule ; chez le *Fucus vesiculosus*, par exemple, on peut considérer l'ovule comme soixante mille fois plus volumineux que l'élément mâle ; dans certains cas, ce qu'on appelle cytoplasma semble être presque nul dans le spermatozoïde et est au contraire extrêmement volumineux dans l'ovule. Mais cela n'a pas d'importance si l'on veut envisager seulement la valeur des éléments de sexe différent au point de vue de l'hérédité dont ils sont les véhicules, car il est bien certain que les substances vivantes seules, c'est-à-dire les substances actives dans l'assimilation morphogénique peuvent être les véhicules de la transmission des caractères. Or, tout le monde sait que les ovules sont encombrés d'une énorme quantité de substances nutritives inertes; au contraire, les spermatozoïdes sont réduits à leurs parties essentielles. On ne peut certainement pas affirmer qu'il y a équivalence entre les parties vivantes du cytoplasma de l'ovule et celles du cytoplasma du spermatozoïde, puisque l'on n'a, en ce moment, aucun moyen pratique de doser ces parties vivantes; mais on ne peut non plus, en se basant uniquement sur les différences de dimension des éléments, nier cette équivalence [1]. Il vaut mieux laisser la question pendante en ce qui concerne le cytoplasma; on ne peut en tirer d'argument ni pour ni contre l'équivalence des éléments dés deux sexes.

Centrosome. — Passons maintenant à l'étude du second élément figuré des cellules sexuelles. Et d'abord, qu'est-ce qu'un centrosome? Le centrosome fut découvert par van Beneden dans les cellules des Dicyémides, en 1876, seulement. C'est en effet un corpuscule très petit (il a souvent moins d'un micron) et très difficile à apercevoir. Au moment de la division des cellules par karyokinèse, on le remarque assez facilement au centre de la sphère attractive entouré de ses radiations formant aster, mais il est plus difficile à trouver dans les cellules au repos. On le considère néanmoins aujourd'hui comme un organe constant et permanent de la cellule, quoique, dans les cellules musculaires, par exemple, on n'ait pas encore réussi à l'apercevoir en dehors de la période de mitose.

On a beaucoup discuté sur l'origine et le rôle du centrosome. Quelques-uns le considèrent comme d'origine protoplasmique, d'autres comme d'origine nucléaire; d'autres enfin, comme Bürger, le considèrent seulement comme une figure mécanique momentanée, mais ceci n'est guère soutenable puisque, dans presque tous les cas, il se maintient comme élément à contour

---

1. Cependant, la rareté de la polyspermie semble être une preuve indirecte en faveur de l'équivalence des cytoplasmas.

défini en dehors de la période de mitose; Watasé y voit un *microsome* analogue aux autres *microsomes* du cytoplasma.

Quant à son rôle, sa situation au centre des asters a naturellement amené Boveri à y voir le centre dynamique de la cellule, et cette question est intéressante au point de vue des échanges et des courants de substance dans la vie cellulaire, mais nous n'avons pas à l'étudier ici. Enfin, on a considéré aussi le centrosome comme un organe donnant, par sa propre division, une impulsion qui détermine la division des autres parties de la cellule, et ceci est certainement faux puisque, dans beaucoup de cas, les éléments chromatiques du noyau se divisent bien avant le centrosome. Nous verrons, précisément dans les phénomènes de fécondation, l'interprétation qui a donné naissance à cette théorie.

Quoiqu'il en soit, on est aujourd'hui obligé d'admettre que le centrosome est un élément défini de la cellule, et il y a lieu de rechercher, si, au point de vue de cet élément défini, il y a équivalence entre le spermatozoïde et l'ovule.

C'est probablement cette idée préconçue qui a amené Hermann Fol à la description de son fameux *quadrille des centres*. Il annonça, en 1891, que l'ovule possède un centrosome ou *ovocentre* et le spermatozoïde également un centrosome ou *spermocentre*. Quand le spermatozoïde pénètre dans l'ovule pour la fécondation, le spermocentre d'une part, l'ovocentre d'autre part se divisent en deux parties et chaque demi-ovocentre s'unit à chaque demi-spermocentre; ainsi se forment les deux centrosomes de la première figure karyokinétique de l'œuf fécondé qui va se diviser.

Aujourd'hui, personne ne croit plus au quadrille des centres; M. Guignard, qui en a été un des derniers partisans, l'a abandonné l'année dernière en découvrant les anthérozoïdes des phanérogames angiospermes.

Mais, pour ne plus admettre le quadrille des centres, je crois qu'il est néanmoins très dangereux de nier, au point de vue du centrosome, l'équivalence de l'élément femelle. Voici en effet l'opinion qui a cours aujourd'hui :

L'ovocentre n'existe pas; l'ovule mûr dérive de cellules qui avaient un centrosome, mais il n'a pas de centrosome. Au contraire, le spermatozoïde a un centrosome; c'est ce petit corpuscule que l'on voit entre la tête et la queue. Donc, dans l'œuf fécondé, le centrosome est fourni par le spermatozoïde et uniquement par lui; l'ovule avait perdu, avec son centrosome, la faculté de se diviser; le spermatozoïde la lui rend en lui apportant un nouveau centrosome d'origine exclusivement mâle.

Pourquoi appelle-t-on centrosome ce petit corpuscule que l'on voit entre la tête et la queue du spermatozoïde? C'est parce que, *une fois entré dans l'ovule*, ce corpuscule s'entoure d'un aster rayonnant qui lui donne tout à fait l'aspect du centrosome normal des figures karyokinétiques. Je ne prétends pas que cette interprétation soit erronée, mais, comme je n'oublie pas la notion *indiscutable* de l'équivalence des deux éléments sexuels au point de vue de l'hérédité, je n'accepte qu'avec défiance une théorie qui réduit à néant cette équivalence, surtout lorsque, comme je vais le montrer maintenant une autre interprétation *au moins aussi logique* des faits observés, permet de faire accorder la microchimie et l'hérédité.

On a constaté que les cellules d'où dérive l'ovule mûr ont un centrosome; l'ovule mûr n'en a pas [1], mais jamais, au cours de la maturation, on n'a vu l'ovule *éliminer* ce centrosome. Je pense donc qu'il est logique d'admettre qu'au cours des modifications chimiques qui déterminent la maturation, le centrosome, au lieu de rester un élément figuré, se dissout dans la masse totale de l'ovule, où il reste à l'état diffus. La substance cor-

---

1. Cependant, ceci n'est peut-être pas général. Wheeler, par exemple, annonce que dans le Myzostome, c'est l'ovocentre qui existe et non le spermocentre.

respondante reste au contraire figurée dans le spermatozoïde où les conditions d'équilibre sont bien différentes, et constitue un granule que j'appelle le *procentrosome mâle*.

Lors de la fécondation, le procentrosome mâle attire à lui la substance du *procentrosome femelle* diffus dans l'ovule et c'est précisément de cette attraction que résulte la figure *aster* que l'on voit autour du prétendu spermocentre. De telle sorte que le centrosome de l'œuf fécondé résulterait de la fusion de deux éléments équivalents, l'un mâle, l'autre femelle, le premier figuré, le second diffus. Il n'y a ici qu'une interprétation théorique des faits, mais, je le répète, cette interprétation est au moins aussi logique que celle qui est enseignée partout, puisque personne n'a jamais vu *éliminer* l'ovocentre, et d'autre part elle a l'avantage de s'accorder avec l'équivalence indiscutable des deux éléments sexuels au point de vue de l'hérédité.

∴

Il resterait à étudier le noyau, mais pour les éléments nucléaires, l'équivalence est tellement évidente chez le mâle et la femelle qu'il est inutile de la démontrer.

Retenons seulement de cette courte revue, que l'aster qui se forme autour du procentrosome mâle est le résultat de l'attraction, vers ce procentrosome mâle, des substances femelles réparties dans le cytoplasma de l'œuf. Cette simple remarque nous fait concevoir, provisoirement du moins, une interprétation sexuelle de la karyokinèse. Il suffit de se rappeler que les substances de sexe différent s'attirent chimiotactiquement pour concevoir admirablement la karyokinèse. La prophase serait déterminée par la maturation femelle du cytoplasma; je ne sais pas pourquoi cette maturation femelle se produit périodiquement dans la vie cellulaire, mais il ne serait peut-être pas difficile d'en donner des raisons. Le centrosome au contraire, soit qu'il sorte à ce moment du noyau, soit qu'il préexiste dans le cytoplasma, aurait subi de son côté la maturation mâle. Un aster se formerait donc naturellement autour du centrosome comme il s'en forme un autour du procentrosome mâle quand le spermatozoïde pénètre dans l'ovule, c'est-à-dire, qu'il y aurait attraction réciproque entre le centrosome et le cytoplasma femelle de l'ovule. Placé d'abord contre le noyau, le centrosome serait protégé par lui, comme par un écran, contre l'attraction dans toute une moitié du cytoplasma et serait *tiré* surtout par les attractions cytoplasmiques, dans le plan tangent au noyau au point où il est sorti. De sorte que, sa bipartition se produisant, ses deux moitiés s'écarteraient, comme elles le font d'ailleurs, sous l'influence de ces attractions cytoplasmiques, et l'on aurait ainsi l'amphiaster, c'est-à-dire deux centres d'attraction s'écartant progressivement et réunis néanmoins par les lignes de forces faisant le *fuseau*. Mais, à mesure que ces deux centres d'attraction s'éloignent, ils ne sont plus protégés par le noyau contre l'attraction du reste de la cellule, aussi cessent-ils de rester dans le plan tangent au noyau et tendent-ils au contraire à venir dans le plan équatorial parallèle à ce plan tangent, ce qui a lieu en réalité (v. la figure ci-contre).

En même temps, sous l'influence des conditions absolument nouvelles réalisées par la maturation femelle du cytoplasma, l'équilibre nucléaire change totalement, la paroi du noyau disparaît et le cytoplasme baigne directement tous les éléments contenus à son intérieur. Aussi ces éléments subissent-ils une modification très profonde, et c'est là la cause qui détermine la formation des chromosomes.

Mais du moment que la paroi du noyau a disparu et que le cytoplasma femelle a envahi son intérieur, il doit partir de là vers les centrosomes de nouvelles attractions; elles se manifestent en effet et c'est ce qu'on appelle le second fuseau.

Alors, tout est symétrique par rapport aux deux centres

d'attraction, et il est tout naturel par conséquent que les corps inertes [1] baignant dans le cytoplasme se réunissent dans le plan

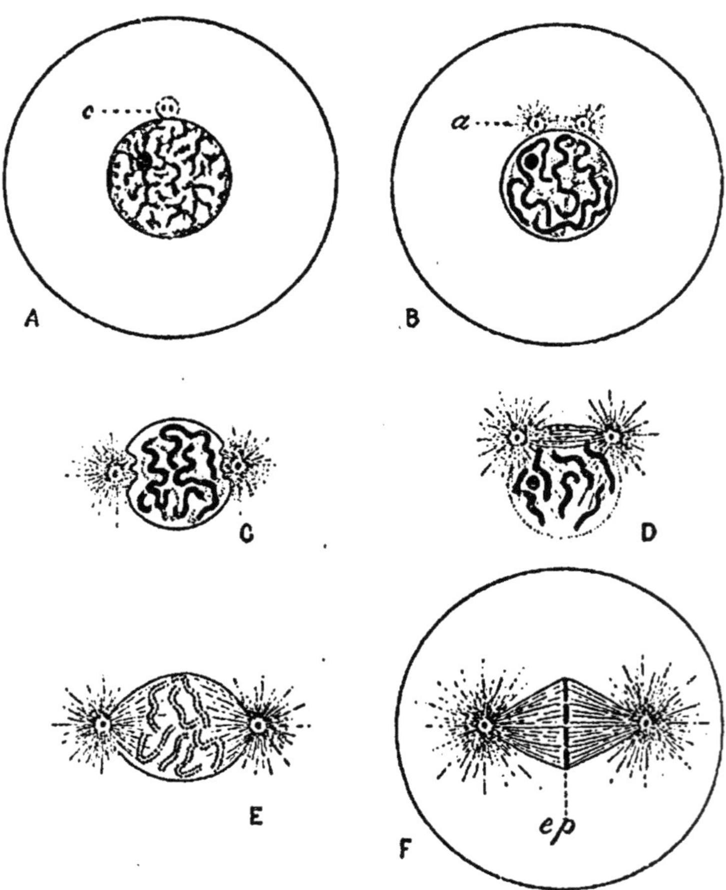

Fig. 4. — Schéma de la Karyokinèse (d'après Wilson).

perpendiculaire à la ligne des centres (plan équatorial). Mais les chromosomes étant dédoublés longitudinalement dans le plan équatorial, la moitié de chacun d'eux obéit naturellement au

1. Je considère les chromosomes, comme inertes, parce que je n'ai aucune raison de supposer que, eux aussi, ont subi la maturation sexuelle.

mouvement d'entraînement vers les centres d'attraction, et ainsi s'explique cette seconde partie de la karyokinèse. Mais la neutralisation sexuelle finit par se produire, c'est-à-dire que la *fécondation* du centrosome par le cytoplasma cellulaire se termine. Alors, sauf qu'il y a eu bipartition, tout doit se retrouver comme avant la karyokinèse; c'était la maturation femelle du cytoplasma qui avait déterminé le remaniement des éléments figurés du noyau, maintenant que cette maturation a disparu, que la neutralité est revenue, le noyau reprend la forme qu'il avait d'abord dans le cytoplasma neutre, une nouvelle phase de repos recommence... et ainsi de suite, si, pour des raisons que nous ne serions peut-être pas embarrassés de trouver, il y a maturation femelle périodique du cytoplasma. La karyokinèse résulterait donc d'une fécondation périodique du cytoplasma devenant femelle par un centrosome mâle (sorti du noyau), et, dans les phénomènes étonnants de la prophase, dans le chambardement nucléaire qui s'y produit, il faudrait voir une crise de maturité sexuelle, comme Ch. Pérez [1] a suggéré récemment que c'était le cas pour l'histolyse des insectes!

Je n'affirme pas, sans doute, que tel est le cas, mais je trouve qu'il y a là une interprétation basée sur des faits et qui ne manque pas de vraisemblance.

La maturation sexuelle vraie, celle qui donnerait lieu aux éléments génitaux, porterait non plus sur le cytoplasma seul, mais *sur toute la cellule*, de telle manière que la karyokinèse commencée ne s'achèverait pas, faute de fécondation par un élément de sexe opposé coexistant dans la cellule. Et c'est ce qui arrive en effet : à la maturation sexuelle, la karyokinèse commence bien, mais elle n'est pas terminée, c'est-à-dire

---

1. Ch. Pérez, *Sur la métamorphose des insectes* (*Bull. soc. Entomol. France*, 1899). M. Giard n'admet pas l'interprétation de Ch. Pérez. La métamorphose est-elle une crise de maturité génitale? (*Bull. soc. Entomol. France*, 14 février 1900). Voyez plus haut chapitre VIII.

qu'on ne va pas jusqu'à une nouvelle phase de repos. La karyokinèse ne se termine que par une fécondation totale, quand le
spermatozoïde entre dans l'ovule, seulement il y a là quelque
chose de plus que dans la karyokinèse ordinaire parce que les
substances nucléaires, elles aussi, étant de sexe différent, s'attirent et marchent l'une vers l'autre.

LIVRE IV

L'UNITÉ DANS LE MÉCANISME

Dans un petit livre récent [1], le Dr Pierre Bonnier développe la notion du sens des attitudes segmentaires; c'est, dit-il, « la faculté que nous possédons de savoir, à tout instant, orienter une partie de notre corps par rapport à toutes les autres ». L'expression de M. Bonnier est heureuse et très commode dans la pratique; elle permettra de raconter facilement certains faits dont il était difficile de parler. Un des avantages du *sens des attitudes*, est sa généralité; l'auteur s'élève avec raison contre la notion restreinte et peu scientifique de *sens musculaire*; il y a dans cette dernière notion une hypothèse gratuite et insoutenable; au contraire, l'expression *sens des attitudes* ne fait appel à aucune hypothèse et est d'une généralité absolue.

Bien des gens n'ont pas réfléchi à la difficulté d'expliquer la coordination des mouvements les plus simples de notre organisme; ils se sont servi de leur *sens des attitudes*, comme M. Jourdain faisait de la prose, sans le savoir. Et cependant, il suffit d'arrêter un peu sa pensée sur un acte *quelconque* de la vie humaine pour être effrayé de sa complexité.

Quand vous portez un fruit à votre bouche et *exactement* à votre bouche sans hésiter, vous mettez en jeu un nombre for-

1. *L'Orientation (Collection Scientia)*, Carré et Naud, éditeurs.

midable d'éléments anatomiques dont vous ignorez la distribution ; nous n'avons pas besoin de savoir l'anatomie de notre bras pour nous servir de notre bras · mais, sans même le regarder, nous *savons* à chaque instant dans quelle situation se trouve notre bras par rapport au reste de notre corps ; c'est le sens des attitudes segmentaires.

Il n'y a évidemment là qu'une expression nouvelle, mais il suffit souvent d'une expression nouvelle et suffisamment claire pour que l'on puisse poser nettement certains problèmes et souvent les résoudre.

Dans le prochain chapitre, qui traite du mécanisme de l'imitation, nous serons amenés à nous demander en particulier comment il est possible qu'un jeune enfant ou un jeune oiseau *reproduise* exactement la voix de ses parents ; il entend cette voix au moyen de son oreille et la reproduit au moyen d'un appareil phonateur *tout différent* ; il la reproduit sans hésitation du moment qu'il l'a suffisamment apprise ; or, réfléchissez au nombre formidable d'éléments anatomiques qui entrent en jeu, et d'une manière absolument précise, dans l'articulation de la voyelle *a*! Et les jeunes enfants, et les jeunes oiseaux ne savent pas l'anatomie de leurs voies respiratoires! Mais ils ont le sens des attitudes, c'est-à-dire qu'ils sont prévenus à chaque instant de la disposition *relative* de ces parties dont ils ignorent la nature.

Outre la facilité de langage que permet l'heureuse expression de M. Bonnier, elle est la meilleure forme de la notion de conscience individuelle totale résultat de la somme des consciences partielles. Lorsque l'on suit le développement de l'homme et qu'on le voit résulter d'une agglomération de plus en plus considérable de cellules, on est amené à se demander comment, de cette pluralité d'éléments divers peut résulter l'unité personnelle ; l'hypothèse la plus naturelle est que, chaque élément anatomique étant, pour son propre compte, doué d'une conscience individuelle, l'ensemble de ces consciences cellulaires *s'addi-tionne* dans tout l'organisme [1], par l'intermédiaire du système nerveux ou tout autrement, de manière à former la conscience totale de l'être.

L'unité psychologique de notre personne serait donc la somme, sans cesse variable, de toutes les consciences également variables à chaque instant, de nos éléments cellulaires. Dans cette somme, il y a deux choses à considérer : 1° la nature même des consciences élémentaires ajoutées ; 2° la *disposition relative* des éléments constitutifs de notre corps, dont les consciences élémentaires s'ajoutent pour donner notre conscience totale ; cette disposition relative est en effet d'une importance considérable, et c'est justement elle qui se traduit, dans notre conscience totale, par ce que M. P. Bonnier appelle « le sens des attitudes segmentaires ».

L'étude du mécanisme de l'imitation, en nous montrant une fois de plus ce qu'on peut appeler la *réversibilité* des phéno-mènes de la vie animale, nous donnera, presque aussi nettement que l'étude de l'hérédité des caractères acquis, la notion de l'unité individuelle.

Un animal ayant acquis un caractère nouveau dans son ensemble, son œuf représente si merveilleusement l'état de cet ensemble qu'il sera capable de donner naissance à un individu doué de ce caractère acquis par le parent.

Un oiseau entendant un son avec son oreille sera capable de répéter ce son avec sa voix ; ce phénomène de l'imitation ne semble pas au premier abord avoir le moindre rapport avec celui de l'hérédité ; au fond, ces mécanismes sont du même ordre et prouvent l'unité de l'être vivant.

1. Le Dantec. — *Le déterminisme biologique et la personnalité consciente* (Alcan, 1897), chap. v. Conscience élémentaire et conscience somme.

CHAPITRE XI

LE MÉCANISME DE L'IMITATION

Chez beaucoup d'animaux, chez ceux-là, au moins, que nous connaissons le mieux et qui sont le plus voisins de nous par leur organisation, l'individu adulte ne devient tel, n'est pourvu de toutes les facultés caractéristiques de son espèce que s'il a été soumis à une certaine éducation, s'il a *appris* certaines choses qu'il aurait ignorées dans l'isolement absolu. Les parents, ou au moins des êtres de même nature sont généralement les éducateurs des jeunes et, dans l'espèce humaine en particulier, le rôle de l'éducation est immense, sauf au point de vue morphologique pur comme nous le verrons plus tard.

Mais, chez des êtres moins élevés en organisation, chez des êtres surtout qui éclosent à un stade plus avancé de leur développement comme le poussin, le rôle de l'éducation par les parents est moindre; il est nul chez des êtres qui éclosent à l'état adulte comme beaucoup d'insectes; ceux-là n'apprennent rien et d'ailleurs ne sauraient rien apprendre de leurs parents puisque ceux-ci sont morts plusieurs mois avant leur éclosion. On peut considérer comme *héréditaires* les mécanismes grâce auxquels ces derniers êtres réagissent aux conditions extérieures dans quelque circonstance que ce soit [1]. Chez l'homme au contraire et les animaux éducables, la manière d'agir dans une circonstance donnée dépend pour une large part de ce que l'individu a appris étant jeune ; c'est la question la plus délicate et la plus controversée de la biologie générale que celle de savoir déterminer, dans un acte donné d'un individu donné, la part de l'hérédité et celle de l'éducation.

Hérédité et éducation nous apparaissent ainsi comme deux expressions antagonistes et complémentaires, mais pour que cela soit rigoureusement exact il faut donner au mot *éducation* son sens le plus général. L'éducation au sens le plus général, est l'ensemble de *toutes* les conditions que l'individu a traversées et dans lesquelles il a réagi depuis qu'il était œuf jusqu'au moment où on le considère ; aucune de ces conditions, si insignifiante qu'elle paraisse, n'est indifférente dans la détermination de la structure de l'individu ; l'individu, à un moment quelconque de son existence, est le résultat de ce qu'il était à l'état d'œuf et de *tout* ce qu'il a fait depuis. L'hérédité est l'ensemble des caractères de l'œuf, et seulement cela, quelque éloignées qu'en puissent paraître les manifestations de ces caractères chez l'adulte, comme un tic nerveux provenant chez un fils d'un père qu'il n'a pas connu, ou comme l'instinct des pigeons culbutants.

Pour un lecteur convaincu du déterminisme de tous les phénomènes naturels, il est absolument manifeste que les deux définitions précédentes sont complètes ; l'hérédité et l'éducation ainsi comprises définissent complètement un individu donné à un moment donné. Il est même évident aussi que tout acte

1. Cependant il ne faut pas oublier que ces êtres, lorsqu'ils sont susceptibles d'actes intellectuels, c'est-à-dire, d'après la définition de Romanes, capables de tirer parti de leur expérience, peuvent modifier par le fonctionnement répété de tel ou tel organe une partie héréditaire de leur mécanisme (self-education). Le Lamarckisme ne perd pas ses droits quoique, chez les insectes considérés, ils se trouvent notablement restreints.

exécuté par l'individu à ce moment donné sous l'influence de conditions données, ne pourra être entièrement attribué, ni à l'hérédité seule, ni à l'éducation seule, mais à la résultante de ces deux facteurs. Le bras de l'homme qui agit aurait été différent si l'œuf avait été différent, mais il aurait aussi été plus fort et plus musclé si l'homme avait exercé la profession de forgeron au lieu d'être professeur. Un forgeron fils de plusieurs générations de professeurs et un professeur issu de plusieurs générations de forgerons, peuvent tirer des caractères analogues, l'un de l'hérédité, l'autre de l'éducation ; on voit, par ce simple exemple, combien il est difficile de fixer la part qui, dans un caractère quelconque d'un être, revient à l'un ou l'autre des deux facteurs essentiels de sa production.

Nous avons défini *l'éducation du sens large* et il peut sembler au premier abord que cette définition diffère beaucoup de celle qu'on donne ordinairement de l'éducation ; « c'est, disent les dictionnaires, l'art de développer les facultés physiques, intellectuelles et morales d'un enfant ; en zootechnie, on étend cette définition aux espèces domestiques ».

Mais, *aucune* des conditions extérieures dans lesquelles s'accomplit le développement d'un enfant n'est indifférente à ce développement ; l'éducateur idéal serait celui qui connaîtrait *toutes* ces conditions et saurait les diriger dans l'intérêt de son élève. Il serait donc illogique de séparer, au point de vue du résultat obtenu, les conditions naturelles des conditions artificiellement réalisées dans lesquelles se développe un jeune animal, et l'on voit que la définition de l'éducation au sens large ne diffère pas essentiellement de celle des dictionnaires.

Au point de vue de notre étude actuelle, toutes les parties de l'éducation ne nous intéressent pas au même degré. Beaucoup de conditions extérieures réagissent sur les êtres sans mettre en jeu leur faculté *d'imitation* ; l'exercice de cette faculté est au contraire indispensable pour l'acquisition de la plupart des caractères que l'on considère vulgairement comme constituant précisément l'éducation de l'individu. Un enfant ne sait pas faire tout ce que fait un homme; il faut qu'il *apprenne* et c'est en imitant qu'il apprend. Il ne faut pourtant pas trop se hâter d'affirmer que telle ou telle faculté a été acquise par imitation; la contre-épreuve est impossible et l'on ne peut pas savoir si l'enfant, soustrait à l'influence de certains exemples, n'aurait pas néanmoins été, en vertu de l'hérédité seule, doué de la particularité que l'on constate chez lui. Dans beaucoup de cas le doute n'est pas possible, mais cependant, l'hérédité de l'instinct admirable des Sphex doit donner à réfléchir. Pour des animaux qui, comme l'homme, naissent très loin de l'état adulte et incapables de se suffire sans le secours de leurs semblables, il est bien difficile de savoir quelles seraient les facultés de l'individu en vertu de la seule hérédité, si l'on parvenait à supprimer de son éducation tout exemple d'individu de même espèce. On a souvent parlé d'hommes de race civilisée, élevés dans des bois par des animaux sauvages, mais la plupart de ces observations sont suspectes. Une histoire d'Hérodote prouve que l'on a cru autrefois à l'hérédité de la parole articulée : Psammétik, afin de savoir si la langue égyptienne était la plus ancienne du monde, aurait fait élever deux jeunes enfants par des chèvres, en recommandant aux serviteurs qui devaient en prendre soin de ne jamais parler devant eux, de telle sorte que, pas une fois, ils n'entendissent la voix humaine. Parvenus à un âge où d'ordinaire les enfants expriment leurs désirs à l'aide du langage acquis, les deux malheureux étaient muets, ils ne savaient que pousser des cris pour exprimer leurs besoins.

Toutefois, on crut remarquer qu'ils faisaient entendre de préférence le mot *bekos*. Le roi, instruit du résultat de l'expérience et ayant appris que le mot *bekos*, en phrygien, signifie *pain*, en conclut que le peuple phrygien était le plus ancien de la terre, attendu que sa langue paraissait être naturelle à l'homme.

Ceci n'est qu'une légende, mais avons-nous des observations concluantes qui nous permettent de limiter rigoureusement la non-hérédité de la parole articulée? Nous allons discuter cette question avec d'autres qui sont du même genre, car il est indispensable avant d'étudier le mécanisme de l'imitation, de savoir quels sont exactement les particularités qui sont acquises par son fonctionnement. Wallace restreint autant qu'il peut le domaine de l'hérédité des instincts et laisse au contraire le champ très vaste à l'imitation; essayons de vérifier ses conclusions.

Si nous n'y réussissons pas, nous aurons toujours la ressource de limiter notre étude de l'imitation aux cas peut-être très peu nombreux où son rôle est indiscutable.

§ I. — L'hérédité n'est pas plus mystérieuse que l'imitation.

Wallace propose de définir l'instinct « l'accomplissement par un animal d'actes *complexes*, absolument sans instruction ni connaissance acquise préalablement [1] ». Ainsi, on dit des oiseaux ou des abeilles qui construisent leurs nids ou leurs cellules, des insectes qui pourvoient à leurs besoins futurs ou à ceux de leurs descendants, qu'ils accomplissent tous ces actes sans jamais en avoir vu faire de semblables à d'autres, et sans aucunement savoir pourquoi ils les font eux-mêmes. C'est ce qu'exprime le terme très commun d'instinct aveugle.

Mais ce sont là, ajoute Wallace, autant d'assertions positives qui, chose étrange, n'ont jamais été prouvées. On les considère comme évidentes par elles-mêmes et n'ayant aucun besoin de preuve. Personne n'a encore fait l'expérience suivante : prendre les œufs d'un oiseau qui construit un nid perfectionné, faire éclore ces œufs au moyen de la vapeur ou sous une couveuse

---

1. *La Sélection naturelle*, éd. française, p. 208.

étrangère, puis mettre les jeunes oiseaux dans une grande volière ou dans un jardin couvert, où ils trouveraient une situation et des matériaux pour un nid semblable à celui de leurs parents et voir alors quelle espèce de nid ces oiseaux construiraient. Si, rigoureusement soumis à ces conditions, ils choisissent les mêmes matériaux, la même situation, construisent leur nid de la même manière et aussi parfaitement que leurs parents l'avaient fait, alors nous aurons un cas distinct bien prouvé. Pour le moment il n'est que supposé sans raison suffisante.... Or, dans une recherche scientifique, un point dont on peut chercher la preuve ne doit pas se présumer et *l'on ne doit point avoir recours à une force tout à fait inconnue pour expliquer les faits, aussi longtemps que les forces connues peuvent suffire.* Pour ces deux motifs, conclut l'auteur anglais, je refuse d'accepter la théorie de l'instinct dans tous les cas où l'on n'a pas d'abord épuisé tous les autres moyens possibles d'explication.

Ce n'est pas ici le lieu de discuter les définitions de l'instinct; j'ai essayé de le faire ailleurs[1]; mais je relève dans cette longue citation de Wallace les points suivants : 1° Comment limitera-t-on le degré de *complexité* d'un acte, pour savoir si cet acte est le résultat d'un instinct? On dit du poulain ou du veau qu'il marche par instinct, aussitôt qu'il est né, « mais, dit Wallace, cela est dû uniquement à son organisation qui lui rend la marche possible et agréable ». Fort bien, seulement, n'y a-t-il pas là « un acte complexe accompli par un animal absolument sans instruction ni connaissance acquise préalablement »? Quand nous n'y réfléchissons pas, l'opération de la locomotion nous semble très simple parce qu'elle nous est très familière; quel prodige d'équilibre, cependant, et que de milliers d'éléments anatomiques agissent synergiquement sous l'influence de la seule pesanteur pour que le poulain reste debout et marche!

1. *Le déterminisme biologique et la personnalité consciente,* Alcan, 1897.

Autre exemple, emprunté au même auteur : « On dit quelquefois que l'enfant nouveau-né *cherche le sein* (assertion absurde [1]) et on y voit une preuve merveilleuse de l'instinct. *Sans doute, c'en serait une, si le fait était vrai*; mais malheureusement pour la théorie, il est absolument faux, ainsi que peuvent l'attester tous les médecins et toutes les nourrices.

« Néanmoins il est certain que l'enfant tette sans qu'on lui ait enseigné, mais c'est là un de ces actes *simples* qui résultent de la conformation même des organes, et qui ne peuvent pas plus être attribués à l'instinct que la respiration ou le mouvement musculaire [2] ». Je ne trouve pas l'acte de téter si *simple*, et si l'enfant ne cherche pas le sein, le poussin élevé à la couveuse cherche fort bien la pâtée et boit l'eau qui est dans l'abreuvoir; ces actes du poussin sont sans contredit aussi complexes que le serait celui de l'enfant cherchant le sein ; ce ne sont, néanmoins, que les résultats *de la conformation même de ses organes* comme dit Wallace; seulement dans *ces organes* il faut faire entrer les yeux, le nez et le cerveau que je ne vois pas de raison pour séparer des autres [3]. Ces actes doivent-ils être considérés comme instinctifs ou intellectuels? Cela est indifférent à notre discussion actuelle [4]; il est seulement certain qu'en vertu de la seule hérédité, et sans l'avoir jamais appris, le poussin

1. Fausse peut-être, mais pourquoi absurde ?

2. *Op. cit.*, p. 210.

3. Romanes n'est pas de cet avis : « L'instinct, dit-il, implique des opérations intellectuelles; c'est par là que l'action instinctive se distingue de l'action réflexe... L'action de téter, chez l'enfant à la mamelle, n'est qu'une action réflexe d'après ma définition; elle devient instinctive à juste titre, lorsque l'enfant, sous l'influence de son développement conscient, recherche la mamelle. Voilà comment, à mesure que l'élément intellectuel surgit et progresse dans l'échelle de la complexité objective, de nombreux cas se présentent aux confins du domaine de l'action réflexe et de l'instinct que l'on ne peut attribuer avec certitude à l'une ou à l'autre région ». (*Intelligence des animaux*, Introduction.) Mais précisément, à cause de l'existence de ces nombreux cas douteux, on ne peut introduire de démarcation tranchée entre l'instinct et l'acte réflexe; c'est toujours une question de mécanisme plus ou moins anciennement acquis.

4. Voir *Le déterminisme biologique, op. cit.*

sait faire tout cela. L'imitation n'y est pour rien puisque, dans sa couveuse, le poussin n'a jamais vu personne accomplir les mêmes actes. C'est donc affaire d'hérédité et il faut que les théories de l'hérédité expliquent cela pour être complètes, et ceci m'amène au deuxième point que je voulais relever dans la citation de Wallace :

2° « L'on ne doit point avoir recours à une force tout à fait inconnue pour expliquer les faits, aussi longtemps que les forces connues peuvent suffire. » C'est un principe absolument logique, mais est-il applicable au cas considéré? Qu'est-ce qui est le plus connu de l'hérédité ou de l'imitation? Nous sommes peut-être plus habitués à observer des phénomènes d'imitation que des phénomènes d'hérédité; nous savons imiter beaucoup de choses, nous le faisons naturellement et sans effort, mais s'ensuit-il que le mécanisme de l'imitation nous soit connu? C'est le plus ordinaire péché d'anthropomorphisme que de considérer comme simples toutes les propriétés si éminemment complexes de l'organisme humain, uniquement parce qu'elles nous sont familières. Wallace n'y manque pas, et il trouve si naturel le mécanisme de l'imitation qu'il essaie d'y ramener presque toutes les actions animales ou humaines : « Je crois, dit-il, que les oiseaux ne font pas leurs nids par instinct et que l'homme ne construit pas sa demeure par raison ». Puis il se pose le problème de savoir si l'homme construit par raison ou par imitation et il conclut que les œuvres de l'homme sont surtout imitatives. Je ne sais jusqu'à quel point cette conclusion est légitime, mais dans tous les cas elle ne peut donner que plus d'intérêt à l'étude du mécanisme de l'imitation. Essayons d'abord de nous rendre compte de son rôle dans quelques cas où il est particulièrement évident.

§ II. — Chant des oiseaux.

Il y a plus d'un siècle déjà [1], Daines Barrington disait : « Le chant n'est pas plus inné chez les oiseaux que le langage ne l'est chez l'homme, mais il dépend entièrement de l'enseignement qui leur est donné, en tant que leurs organes leur permettent d'imiter les sons qu'ils ont souvent l'occasion d'entendre ». Voici d'ailleurs une de ses observations, qui est intéressante à bien des égards : « J'ai élevé des linottes prises dans le nid avec les trois alouettes qui chantent le mieux : l'*alauda arvensis*, l'*alauda arborea* et l'*anthus pratensis*. Chaque linotte, au lieu du chant de son espèce, adopta entièrement celui de son maître. Lorsque le chant de la *linotte-alouette des prés* fut tout à fait fixé, je plaçai l'oiseau avec deux linottes communes dans une chambre où elles restèrent ensemble pendant trois mois ; la linotte n'emprunta pas un seul passage au chant de ses nouvelles compagnes, mais conserva constamment celui de l'alouette [2] ».

Une remarque très importante du même auteur est que les oiseaux retirés du nid à l'âge de trois ou quatre semaines ont déjà appris le cri d'appel de leur espèce, quoique l'ayant seulement entendu, *jamais poussé* ; pour éviter cela, il faut les ôter du nid un jour ou deux après leur naissance ; autrement, on ne peut plus leur rien apprendre en dehors de leur chant spécifique.

C'est donc que le mécanisme qui dirige la phonation devient adulte de bonne heure ; mais remarquez bien qu'il s'agit seulement ici de *sons* et non des associations de sons qui constituent

---

1. *Philosophical transactions*, 1773, vol. 63.
2. Cette dernière partie de l'observation de Barrington montre qu'une fois pourvu d'un langage, le jeune oiseau devient plus rebelle à l'acquisition d'un langage nouveau (comme cela a lieu aussi pour les enfants), même quand ce langage nouveau est le langage usuel de leur espèce.

le langage ; Barrington cite l'exemple d'un chardonneret qui chantait exactement comme un troglodyte, « sans aucun des *sons* particuliers à son espèce ». Cet oiseau enlevé de son nid un jour après sa naissance avait été placé à une fenêtre donnant sur un petit jardin : c'est là sans doute qu'il avait acquis le ramage du troglodyte, n'ayant aucune occasion d'apprendre même l'appel du chardonneret.

Wallace conclut de ces faits et de plusieurs autres : « Que le chant particulier de chaque oiseau est acquis par imitation, aussi bien que l'enfant apprend l'anglais ou le français, non par instinct, mais en entendant le langage parlé par ses parents ». La comparaison ne me semble pas absolument légitime, car lorsqu'il s'agit du ramage d'un oiseau, nous nous attachons surtout au timbre des sons [1], généralement peu nombreux, qui le constituent, et non aux associations de sons qui, chez quelques espèces, peuvent former de véritables phrases. Au contraire, la différence entre le français et l'anglais est dans l'association des sons et non dans leur nature propre ; on peut parler français avec l'accent anglais. Cependant, l'on peut trouver dans l'étude des sons caractéristiques de ces deux langues, des exemples analogues à ceux du ramage des oiseaux. Voici un anglais élevé en Angleterre et qui n'a jamais prononcé ou entendu prononcer notre son *u* ; transportez-le en France et vous verrez combien de temps il lui faudra pour arriver à dire *u* s'il y arrive jamais [2]. C'est le cas d'une linotte adulte à laquelle vous voudriez apprendre le chant de l'alouette des prés [3] ; avec cette différence, toutefois que chez l'homme

---

1. Quand nous entendons parler un langage étranger que nous ne connaissons pas, nous nous habituons assez vite à ses intonations particulières pour pouvoir le distinguer d'un autre langage également inconnu, sans nous préoccuper des phrases dites. De même pour les oiseaux.

2. Les Bretons du pays de Galles ont, comme nous, le son *u* : les grammaires destinées à apprendre leur langage aux Anglais portent que la voyelle *u* a un son intermédiaire entre *i* et *ou*.

3. Voyez plus haut l'exemple des linottes de Daines Barrington.

même mûr, il n'y a pas de mécanisme phonateur absolument adulte et la prononciation d'un nouveau son peut encore s'acquérir au prix de difficultés plus ou moins grandes; mais peut-être y a-t-il aussi d'autres espèces d'oiseaux qui restent éducables au point de vue de la phonation jusqu'à un âge moins tendre que cela n'a lieu pour la linotte.

Avant d'aller plus loin, voyons ce que l'on peut tirer des faits précédents pour déterminer la part qui revient à l'hérédité dans la phonation, *quant à la nature des sons proférés.* De ce qu'une linotte a appris le ramage de l'alouette des prés et n'a pu ensuite reproduire celui de la linotte, il ne s'ensuit pas le moins du monde que l'on ne puisse pas considérer comme héréditaire le mécanisme de la phonation spécifique, seulement, quand l'animal éclôt assez loin de l'âge adulte et est soumis, dès sa naissance, à une éducation déterminée, le résultat de cette éducation peut être, *dans certains cas*, de faire disparaître complètement le mécanisme héréditaire.

Tout caractère acquis par un individu est, nous l'avons vu précédemment, une conséquence des deux facteurs antagonistes : l'hérédité et l'éducation au sens large. Il y a toujours une part pour chacun de ces deux facteurs dans un caractère individuel, mais, suivant les cas, l'influence de l'un ou l'autre peut être prédominante et aller même jusqu'à masquer l'influence antagoniste. Nous trouverons facilement des exemples de ces deux influences contraires.

Pour affirmer que, dans certains cas, le mécanisme de la phonation peut être héréditaire, il faudrait pouvoir soustraire les jeunes animaux à l'audition de tout bruit, les élever dans le silence absolu, ce qui est irréalisable pratiquement. Mais il y a des cas où, *malgré l'éducation contraire*, on constate une hérédité indubitable, ce qui est même plus frappant que ne le serait le résultat du silence absolu. Vous pouvez tous refaire l'expérience suivante qui a été faite mille fois : Dans une basse-

cour ne contenant que des poulets, faites couver par une poule
des œufs de cane. Les canetons élevés dans la basse-cour et
n'ayant jamais entendu que des cris de poulets deviendront des
canards adultes qui pousseront des *coin coin* caractéristiques,
par un instinct héréditaire aussi sûr que celui qui les pousse à
se mettre à l'eau malgré les observations indignées de la mère
poule.

La différence est trop grande entre le cri du canard et celui
du poulet pour que l'influence de la fréquentation des poulets
se fasse sentir dans la phonation des canards; il est mécaniquement impossible à un caneton d'imiter le cri du poulet de
même qu'il est mécaniquement impossible à un chien d'imiter
les voyelles que les hommes prononcent devant lui. Le canard
éclot d'ailleurs à un stade très avancé de son évolution; il est
presque adulte.

Entre l'oie domestique et l'oie d'Égypte, les différences
sont moins grandes qu'entre le canard et le poulet; aussi
peut-on constater, lorsque l'on fait couver des oies d'Égypte
par une oie ordinaire, une modification de la voix des jeunes
sous l'influence de l'exemple maternel.

Chez les oiseaux chanteurs, qui éclosent à un stade beaucoup
moins avancé que les canards, poulets ou oies, on observe
naturellement, à cause de cette éclosion précoce, une influence
plus grande de l'éducation et c'est pour cela que nous avons vu
des linottes, arrachées à leur nid dès leur éclosion, apprendre
le chant des alouettes; l'éducation l'emporte ici sur l'hérédité
et il est probable que les enfants dont parle Hérodote n'auraient pas dit *Bekos* après avoir vécu dans la compagnie d'une
chèvre, mais bêê, comme dans la farce de maître Pathelin.

Même dans le cas de ces oiseaux chez lesquels l'éducation
peut arriver à masquer le rôle de l'hérédité, il est facile de
constater néanmoins que ce dernier n'est pas nul. Dans une
même volière où les jeunes oiseaux peuvent entendre les

ramages d'un grand nombre d'espèces, ils adoptent de préférence le ramage maternel, ce qui dénote au moins une hérédité
de tendance.

Il est temps de rechercher de quelle nature est cette
hérédité.

*
* *

Dans le développement de l'oiseau il y a deux parties distinctes : la première, la période d'incubation, qui se passe
dans l'œuf, jusqu'à l'éclosion, la seconde, dans laquelle l'animal
devenu libre est en relation directe avec le milieu extérieur.
Pendant la période d'incubation, le milieu extérieur fournit
seulement au jeune animal une température et une aération
convenables. L'éducation se réduit donc pendant cette époque
à la réalisation de certaines conditions de température et d'aération, et, comme, dans les cas normaux, ces conditions doivent être à très peu près les mêmes, sous peine de mort, pour
tous les petits d'une même espèce, on ne peut admettre que
cette éducation uniforme produise des différences entre les
embryons; ces différences, si elles existent au moment de l'éclosion, étaient déterminées dans les œufs; elles correspondent à
des différences dans les caractères des œufs; elles sont, par
définition même du domaine de l'hérédité.

Au contraire, après l'éclosion, le jeune animal est en relation avec le milieu extérieur par tous ses organes des sens;
des conditions nouvelles, très variées et très spéciales à chaque
individu, interviennent désormais dans le développement de
l'être; en particulier, l'imitation joue un rôle considérable dans
cette nouvelle période de la vie; de deux linottes issues d'œufs
frères, l'une élevée près d'une alouette chantera comme une
alouette, l'autre, laissée à sa mère, aura le ramage d'une
linotte. Néanmoins, même pendant cette période de vie libre,

l'hérédité ne sera jamais négligeable, puisque tous les caractères nouvellement acquis s'ajouteront à la structure de l'être, telle qu'elle était au moment de l'éclosion, c'est-à-dire uniquement déterminés par l'hérédité.

Au point de vue purement objectif, l'être est une machine complexe, variant sans cesse jusqu'à la mort, mais ayant à chaque instant une structure précise qui détermine exactement la nature du fonctionnement de l'organisme sous l'influence d'une cause extérieure donnée, à ce moment donné. Il y a généralement dans cette machine complexe un grand nombre de mécanismes à peu près distincts les uns des autres et dont chacun, capable d'exécuter une fonction sous l'influence d'une excitation extérieure, s'appelle l'organe propre à cette fonction. Le mot organe pris dans le sens le plus général représente l'ensemble de *tous* les éléments qui agissent synergiquement dans l'accomplissement de la fonction. Si un corps étranger, déposé en un point de l'organisme, provoque l'éternuement, l'organe de l'éternuement comprend tous les éléments anatomiques qui ont agi dans cette occasion à partir de l'élément même qui a reçu l'impression extérieure du corps étranger. Quelles que soient les conditions dans lesquelles un élément anatomique *agit*, son action est toujours un phénomène de nature chimique, même quand elle s'accompagne de manifestations physiques importantes ; donc, aucun fonctionnement ne peut être réalisé sans entraîner de modification de l'organisme ; c'est pour cela que l'organisme *varie sans cesse* jusqu'à la mort, mais ces variations inévitables peuvent être de deux natures : ou bien elles entraînent une modification dans la coordination des pièces de l'organe même qui a fonctionné, de telle manière que, sous l'influence d'une nouvelle excitation identique, le même organe fonctionnera *différemment* ; ou bien elles modifient seulement les pièces de l'organe sans rien changer à leur coordination et alors, le

même organe, sous l'influence d'une nouvelle excitation identique, aura un fonctionnement de même nature; le mécanisme
n'a pas été changé; certaines pièces seulement ont été renfor-
cées ou diminuées.

De ces deux catégories d'organes, la première seule est perfectible, puisque perfectionnement nécessite modification; la
deuxième comprend au contraire les organes fixes, ceux auxquels peut se donner rigoureusement la dénomination d'organes
adultes. Le mécanisme de ces organes fixes est absolument
immuable par définition, mais il suffit de réfléchir un instant
pour comprendre qu'ils peuvent avoir deux origines distinctes.
Ils peuvent être congénitalement fixes, c'est-à-dire adultes au
moment de l'éclosion ou héréditaires, par définition, ou bien
devenir adultes ultérieurement, c'est-à-dire provenir par des
modifications successives, d'un mécanisme héréditaire modifiable dont les jeunes étaient pourvus au moment de l'éclosion.

Le fonctionnement d'un organe immuable s'appelle un instinct; nous voyons donc qu'il y a deux espèces d'instincts, les
instincts congénitaux ou primaires qui, par définition, sont héréditaires, et les instincts acquis ou secondaires qui proviennent
par modifications successives d'un mécanisme congénital modifiable devenant adulte. Les premiers doivent être évidemment
communs à tous les êtres qui ont la même hérédité, les seconds
sont au contraire personnels puisqu'ils proviennent *de l'éducation* d'un mécanisme congénital, commun par conséquent à
tous les êtres qui ont la même hérédité, mais acquérant un
caractère personnel par ce que l'éducation a de forcément
personnel.

Pour compléter les définitions précédentes, il faut dire aussi
que l'on appelle acte intellectuel le fonctionnement de tout
mécanisme modifiable, perfectible par son fonctionnement même.
Sont seuls susceptibles d'être modifiés par l'éducation les
organes congénitaux qui appartiennent à cette catégorie; mais

leur fonctionnement intellectuel peut ne pas rester intellectuel
toute la vie; l'organe peut devenir adulte et son fonctionnement est un instinct secondaire ou acquis; il peut rester susceptible de modifications jusqu'à la mort, rester toujours intelligent, et cela est le cas pour beaucoup de mécanismes du
corps de l'homme [1]. Au contraire, beaucoup d'insectes éclosent
sous la forme parfaite d'imago avec des mécanismes presque
tous adultes.

Nous sommes obligés, dans l'étude que nous poursuivons
ici, de nous borner à l'étude des espèces actuellement vivantes
sans nous préoccuper de la formation des espèces, et de considérer l'état actuel des instincts primaires sans rechercher s'ils
ne proviennent pas d'instincts secondaires fixés au bout d'un
grand nombre de générations d'éducation identique, dans l'hérédité de l'espèce considérée.

En particulier, occupons-nous du mécanisme phonateur. Cet
organe existe chez les jeunes oiseaux au moment de leur
éclosion et je ne sache pas qu'il soit adulte chez aucun d'eux à
ce moment; les poussins et les canetons ont une voix différente de celle de leurs parents et ce sont à peu près les oiseaux
qui éclosent au stade le plus avancé de leur évolution. Il n'est
pas téméraire de supposer que si des oiseaux sortaient de l'œuf
avec leur complet développement comme les insectes holomé-
taboliques sortent de leur chrysalide, ils auraient à ce moment
même, la voix de leurs parents. L'exemple des poulets et des
canards est assez probant à cet égard; sans naître adultes, ces
animaux sont déjà fort avancés dans leur évolution quand ils
sortent de l'œuf et, en particulier, leur organe phonateur peut
être considéré comme ayant une destinée à peu près fixée; cet

---

1. Notre cerveau n'est, pour ainsi dire, jamais adulte; il n'y a pas de
vieillard, si vieux qu'il soit, qui ne puisse encore apprendre quelque
chose de nouveau tant qu'il lui reste un peu de vie. Mais un acte peut
être intellectuel, si une partie du cerveau contribue à son exécution, et se
servir néanmoins de beaucoup de mécanismes adultes.

organe, quoique ne pouvant produire que des gloussements est déjà assez nettement construit pour que son évolution ulté-rieure ne puisse guère s'écarter d'une ligne tracée d'avance; l'animal ne peut apprendre le langage d'une espèce bien diffé-rente de la sienne. Sans imitation aucune, les canetons élevés par une poule acquièrent la voix des canards adultes; on peut donc en induire sans trop de risque, que si les canards sor-taient plus avancés de l'œuf, ils en sortiraient avec leur voix de canard. Et cependant entre l'éclosion et l'état adulte, l'or-gane phonateur de l'oie d'Égypte reste susceptible de modifi-cation sous l'influence de l'éducation, mais seulement par une espèce d'un genre voisin.

Une comparaison grossière avec les œuvres de l'homme permet de dire que l'organe phonateur est susceptible de varia-tions plus ou moins profondes suivant le degré de *fini* auquel il est arrivé au moment de l'éclosion.

Un sculpteur peut se demander devant un bloc de marbre informe :

Sera-t-il dieu, table ou cuvette?

mais une fois qu'il a commencé à dégrossir son marbre dans l'intention d'en faire une table il ne peut plus songer à en faire un dieu; il lui reste seulement le choix entre plusieurs tables de modèles voisins, et plus son ouvrage devient fini, plus il lui devient difficile d'introduire dans le plan préconçu, autre chose que des modifications de détail. Il en est de même de l'organe phonateur des jeunes animaux; suivant que cet organe est plus ou moins *fini* au moment de leur éclosion, il est susceptible d'évoluer dans un cadre plus ou moins restreint; on peut dire que, suivant que cet organe est plus ou moins avancé, il est doué d'une plasticité plus ou moins étendue.

Un oison d'Égypte, abandonné à lui-même sans imitation d'aucune sorte, deviendra une oie d'Égypte avec sa voix caractéristique, de même qu'un poussin ou un caneton deviendront poulet et canard avec leur voix spécifique, mais le même oison d'Égypte, élevé par une oie vulgaire aura à l'état adulte une voix un peu différente de celle de son espèce. Dans ces cas d'éclosion à un stade avancé, le langage de l'adulte est donc déterminé par les caractères héréditaires, sauf l'intervention antagoniste d'une éducation par une espèce voisine. Chez la linotte, nous l'avons vu [1], la plasticité est plus grande; une linotte d'un jour placée près d'une alouette des prés acquiert le langage de l'alouette des prés et devient ensuite *incapable* d'apprendre celui de son espèce; c'est donc que son organe phonateur est suffisamment plastique à l'éclosion pour pouvoir être construit, par l'éducation, sur des modèles aussi différents que celui de la linotte et celui de l'alouette; mais aussi cet organe phonateur devient rapidement adulte puisque Daines Barrington rapporte : « Lorsque le chant de la *linotte-alouette des prés* fut tout à fait fixé, je plaçai l'oiseau avec deux linottes communes dans une chambre où elles restèrent ensemble pendant trois mois; la linotte n'emprunta pas un seul passage au chant de ses nouvelles compagnes, mais conserva constamment celui de l'alouette [2] ». Une autre linotte enlevée à son nid à l'âge de deux ou trois jours avait presque appris à articuler et pouvait répéter les mots « Pretty boy » et quelques autres courtes phrases, *aucun autre son n'ayant été proposé à son imitation*. Chez la linotte, la voix est donc un instinct secondaire; il peut être notablement différent suivant l'éducation, mais, une fois acquis, il n'est plus variable. D'autres oiseaux conservent plus longtemps la plasticité de leur organe phonateur; voici quelques-uns des exemples les plus remarquables du résultat de l'éducation phonétique chez les oiseaux :

Daines Barrington éleva une linotte avec une *vengolina*

1. Voir plus haut la citation de Daines Barrington.
2. Wallace, *op. cit.*, p. 226.

(petit pinson d'Afrique) qui, à ce qu'il dit, chante mieux qu'aucun oiseau étranger, excepté l'oiseau moqueur d'Amérique, et l'imitation du maître par l'élève fut si parfaite qu'il était impossible de les distinguer l'un de l'autre. Chose plus extraordinaire encore, un moineau commun, oiseau qui d'ordinaire ne fait que gazouiller, apprit le chant de la linotte et du bouvreuil en étant élevé avec ces oiseaux. Le rév. W. H. Herbert fit des observations semblables et raconte que les jeunes, quand ils sont enfermés, apprennent facilement le chant d'autres espèces et deviennent d'assez bons chanteurs *quoique, dans l'état de nature, ils soient pauvrement doués sous ce rapport.* Le bouvreuil, dont le ramage est naturellement faible, dur et insignifiant, a néanmoins une faculté musicale remarquable, car on peut lui enseigner à siffler des airs complets. D'autre part, le rossignol dont le chant naturel est si beau, montre une grande aptitude, dans la domesticité, à apprendre celui d'autres espèces. Bechstein parle d'un rouge-queue qui, ayant niché sous le bord de son toit, imitait le chant d'un pinson en cage sur une fenêtre au-dessous de lui, tandis qu'un autre, dans un jardin voisin, répétait quelques-unes des notes d'une fauvette à tête noire dont le nid était tout près...

Tous ces faits prouvent surabondamment que le mécanisme phonateur des passereaux chanteurs n'est pas adulte au moment de l'éclosion, mais est seulement ébauché et peut être terminé ensuite, sous l'influence de l'imitation, de manière à reproduire le ramage de telle ou telle autre espèce. Mais Daines Barrington fait remarquer que les oiseaux retirés du nid à l'âge de trois ou quatre semaines ont déjà appris le cri d'appel de leur espèce, pour éviter cela, il faut les ôter du nid un jour ou deux après leur naissance. Wallace [1], qui n'admet pas l'hérédité des instincts, pense que « pour faire acquérir à de jeunes oiseaux un nouveau

---

1. Wallace, *op. cit.*, p. 228.

chant correctement, il faut les soustraire à leurs parents de très bonne heure, parce que les trois ou quatre premiers jours leur suffisent *pour connaître et imiter plus tard le chant de ceux-ci* ». Cela montre, ajoute-t-il, que de très jeunes oiseaux *peuvent entendre et se souvenir* et il serait fort extraordinaire que, puisqu'ils peuvent voir, ils ne pussent ni observer ni se rappeler et vécussent des jours et des semaines dans un nid sans rien savoir ensuite des matériaux dont il est fait et de la façon dont il est construit. Le but de Wallace, dans tout le chapitre auquel je fais allusion ici est de démontrer que les oiseaux apprennent à faire leur nid au lieu d'en avoir l'instinct héréditaire. Or, il me semble que, pour arriver à cette démonstration, il accepte un peu trop facilement l'exemple, favorable à sa théorie, de la voix apprise les premiers jours après l'éclosion, et apprise par simple audition, retenue de mémoire jusqu'au jour bien plus éloigné où le jeune oiseau commencera à chanter lui-même. Il y a certainement des cas où ce phénomène de mémoire se produit; on en trouve des exemples indéniables dans le fait de l'éducation d'un jeune oiseau par un oiseau d'une espèce différente, mais, précisément dans le cas auquel Wallace emprunte sa démonstration, une autre interprétation du phénomène est possible et même vraisemblable.

Nous avons vu en effet, d'une part que le mécanisme phonateur de certains oiseaux devient adulte de bonne heure, puisqu'une linotte ayant appris toute jeune le langage de l'alouette des prés ne pouvait plus ensuite apprendre celui de sa propre espèce, d'autre part que le mécanisme phonateur d'autres oiseaux (canards), quoique non adulte à l'éclosion, devenait naturellement le mécanisme normal de l'espèce quand aucune influence éducatrice n'intervenait. Eh bien, si une linotte reste plusieurs jours après son éclosion dans le nid maternel, ne peut-on admettre que son mécanisme phonateur est devenu naturellement adulte sans l'intervention d'aucune imitation?

Est-ce que les mères linottes ont l'habitude de chanter dans leur nid? Pour accepter l'interprétation de Wallace il faudrait que l'on connût le cas d'une linotte, soustraite de très bonne heure à une éducation phonétique quelconque et restant aphone ou douée d'un mécanisme phonateur différent de celui de ses parents. Or, aucun cas semblable n'a jamais été signalé. Il est donc vraisemblable d'admettre que, comme pour les poulets et les canards, *le mécanisme phonateur des jeunes oiseaux se développe spécifiquement sous l'influence de la seule hérédité quand aucune éducation antagoniste n'intervient.* L'intervention de l'éducation maternelle, dans l'exemple que rapporte Wallace, étant précisément parallèle au développement héréditaire de l'organe phonateur, il est impossible de savoir dans ce cas quelle est la part de l'hérédité et celle de l'imitation puisque les deux influences ne sont pas antagonistes. On peut tirer au contraire des conclusions intéressantes des cas connus dans lesquels le rôle de l'imitation est certain, comme ceux où un jeune oiseau a appris le chant d'une autre espèce.

C'est ici que nous entrons dans le domaine même de l'étude de l'imitation, et nous y constatons d'emblée des merveilles.

Voici une jeune linotte arrachée à son nid le jour ou le lendemain de sa naissance. Elle possède une ébauche d'organe phonateur[1] et nous avons tout lieu de croire que, sous l'influence de la seule hérédité, cette ébauche se perfectionnerait naturellement, au cours de l'évolution de l'animal soustrait à toute éducation phonétique, de manière à donner à la linotte adulte la voix de son espèce. Jusqu'ici, rien de particulièrement extraordinaire; l'hérédité d'un mécanisme quelconque, d'un instinct si merveilleux qu'il soit, n'est pas, quoiqu'en pense Wallace, plus difficile à comprendre que l'hérédité de la forme

---

1. Il ne faut pas oublier la définition donnée plus haut de l'organe au sens le plus général.

du bec et des plumes, *que l'hérédité, en un mot, grâce à laquelle le fils d'une linotte est une linotte.*

Le mécanisme de l'hérédité, expliqué pour le cas le plus simple, se trouve par là même expliqué pour tous les cas les plus complexes [1]. Il faut donc retourner la proposition de Wallace relativement à l'hérédité des instincts : « L'on ne doit point, dit-il, avoir recours à une force tout à fait inconnue pour expliquer les faits, aussi longtemps que les forces connues peuvent suffire. » Ce qui veut dire en d'autres termes : « Il ne faut pas avoir recours à l'hérédité pour expliquer ce que l'imitation suffit à produire ». Il me semble au contraire que la nécessité de l'imitation introduit une difficulté nouvelle. Quelles que soient les opinions sur la valeur plus ou moins définitive des théories actuelles sur l'hérédité, le fait que le fils de l'homme est un homme est assez avéré pour qu'on le considère comme le résultat d'une propriété *connue* au moins par ses effets. Or, dans la structure héréditaire de l'homme, il y a des mécanismes tellement compliqués, que la même propriété d'hérédité, à laquelle il *faut* attribuer leur production, semble devoir être suffisante pour expliquer n'importe quoi. C'est donc bien, au contraire de ce que pensait Wallace, un nouveau problème, une nouvelle difficulté que l'on introduit en montrant qu'à côté des mécanismes héréditaires, il en est d'autres qui sont le résultat de l'imitation. Et cela est bien certain cependant dans le cas du jeune oiseau qui apprend le chant d'une autre espèce.

Reprenons notre jeune linotte arrachée à son nid le jour de sa naissance et isolons-la complètement, en compagnie d'une alouette des prés. Au bout de quelque temps de cohabitation, cette linotte qui, dans d'autres conditions, eût chanté comme une linotte, reproduira le chant de l'alouette des prés et jamais celui de la linotte. L'ébauche de l'appareil phonateur dont le

---

1. Voyez *Évolution individuelle et hérédité (Bibl. sc. internationale)*.

jeune animal était doué à son éclosion est donc devenu, sous l'influence de l'imitation, un mécanisme adulte nouveau.

Bien plus, les premiers chants du jeune animal, ont été du type alouette et non du type linotte. C'est donc que la seule audition de sa voisine l'alouette a modifié chez la linotte l'organe phonateur avant qu'elle s'en fût servi une seule fois d'une manière effective, de telle manière que la première fois qu'une circonstance fortuite a déterminé chez elle une envie de chanter, elle a chanté comme une alouette. En étendant encore dans le temps la définition de l'organe pour le besoin particulier du langage dans la circonstance actuelle, nous disons donc que la jeune linotte possédait un organe capable, sous l'influence du chant voisin de l'alouette, de produire un chant semblable, au bout de quelques jours d'une évolution normale. L'*organe* en question comprend évidemment tous les mécanismes auditifs, transmetteurs, transformateurs et enfin, producteurs de son. Cet organe est un organe *imitateur*; il n'arrive à imiter qu'en évoluant sans cesse, mais du jour où il a imité, il est fixé et son fonctionnement est devenu un instinct secondaire. C'est donc que le chant de l'alouette, plusieurs fois répété devant la jeune linotte, a produit dans son organisme des impressions qui se sont *emmagasinées* pendant quelques jours de manière à construire chez l'animal en question un appareil producteur des sons qui constituent le chant de l'alouette. L'expression *emmagasinés* dont nous venons de nous servir nous fait penser à un appareil de physique, le phonographe.

Le phonographe se compose d'une plaque vibrante portant un stylet capable d'inscrire sur la surface d'un cylindre mobile toutes les vibrations de la plaque; chaque position du stylet correspondant à une position de la plaque, la courbe inscrite par le stylet sur le cylindre est un lieu de points correspondant aux positions successives de la plaque vibrante. Si donc l'appareil est agencé [1] de manière qu'il soit possible d'astreindre le stylet à parcourir une seconde fois la courbe tracée pendant que la plaque vibrait *comme résonnateur* [2] sous l'influence d'une série donnée de sons, la plaque, invariablement liée au stylet, repassera exactement par les positions qu'elle avait occupées et par conséquent, si cela a lieu dans le même temps que la première fois reproduira la série donnée de sons qui l'avait d'abord mise en mouvement.

Cette explication un peu simpliste du mécanisme du phonographe, suffit à faire comprendre que l'impression produite par les sons sur la plaque est *emmagasinée* sur le cylindre tournant et emmagasinée de manière à être *réversible*; autrement dit, cet emmagasinage peut, dans des conditions données, reproduire les sons qui avaient été d'abord produits devant l'appareil. De même, dans l'exemple que nous étudions actuellement, le chant de l'alouette des prés est *emmagasiné* dans l'organisme de la linotte, de manière a pouvoir être reproduit par cet organisme.

Mais il faut immédiatement remarquer qu'il y a entre l'appareil physique réversible et l'appareil biologique, entre le phonographe et l'organe phonateur de la linotte une différence capitale; les deux appareils sont *réversibles* en ce sens que chacun d'eux peut reproduire les sons qui l'ont ébranlé une première fois, seulement, dans le phonographe, c'est le mécanisme récepteur qui est en même temps chargé de reproduire ce qu'il a entendu; chez la linotte il y a deux mécanismes *différents* dans l'organe imitateur; l'un qui reçoit les impres-

---

1. C'est justement ce qui a lieu dans le phonographe; la surface du cylindre est enduite d'une substance assez molle pour que le stylet y trace une rainure, mais en même temps assez dure pour que cette rainure puisse ensuite guider le stylet correctement.

2. On donne le nom de résonnateur, en physique, à un appareil vibrant quelconque qui vibre à l'unisson des sons produits devant lui; certains résonnateurs ne peuvent reproduire qu'un seul son; la plaque du phonographe doit pouvoir les reproduire tous.

sions auditives, l'autre qui les reproduit identiques à elles-mêmes. La réversibilité est donc bien plus merveilleuse chez la linotte que dans le phonographe; il y a deux instruments de musique, l'un qui fonctionne comme résonnateur et qui permet ainsi l'enregistrement des sons extérieurs, l'autre qui permet la production de sons semblables à ceux qu'a enregistrés le premier. Ces deux instruments sont unis l'un à l'autre par des tissus conducteurs intermédiaires et c'est l'ensemble de tout cela qui constitue l'organe imitateur. Cet organe a donc plus de rapport avec le téléphone qu'avec le phonographe; mais il se distingue encore du téléphone par un nouveau degré de complexité; les deux instruments terminaux qui, dans le téléphone, sont identiques[1], sont, chez la linotte, entièrement différents.

L'emmagasinage, l'enregistrement des sons entendus se produit, comme pour le phonographe, nous verrons plus tard dans quelle partie de l'organe imitateur. Dans tous les cas, il est évident dès à présent que l'organe phonateur devient adulte de très bonne heure c'est-à-dire que son mécanisme est définitivement fixé. L'enregistrement de tout autre ramage que celui de l'alouette des prés est désormais devenu impossible, ou, du moins, il ne peut plus donner lieu chez la linotte à la production de sons analogues.

A partir de ce moment, l'organe imitateur de sons n'existe plus; il n'y a plus qu'un mécanisme fixe pouvant produire toujours le même ramage chaque fois qu'il est mis en activité par le cerveau. Et alors, nous ne devons plus même considérer comme faisant partie d'un même organe l'appareil récepteur et l'appareil producteur des sons; l'appareil producteur, devenu adulte, est en effet capable de fonctionnement sous l'influence

---

1. Ils l'étaient du moins dans les téléphones primitifs; dans le téléphone actuel, la différence entre les appareils qui sont au départ et à l'arrivée les rapproche davantage de l'organe imitateur des sons chez la linotte.

du cerveau sans que l'appareil récepteur ait à intervenir pour donner une excitation. L'oiseau peut chanter dans un isolement complet, pour charmer sa solitude. C'est comme s'il existait entre les deux bouts d'un téléphone un appareil enregistreur analogue à celui du phonographe. Cet enregistreur serait impressionné par les sons provenant de l'appareil point de départ et, une fois cela fait, si quelqu'un faisait tourner le cylindre enregistreur, le son enregistré serait transmis par un mécanisme spécial, à l'autre bout, à l'appareil d'arrivée. On comprend, dans ces conditions, qu'une fois l'enregistrement fait, le rôle de l'appareil point de départ est nul ; on pourra, sans que ce dernier appareil fonctionne, mettre en mouvement le cylindre aussi souvent qu'on le voudra et faire chanter l'appareil d'arrivée. C'est ce que fait la linotte dans l'isolement.

Ici donc, l'organe imitateur de sons nous est apparu comme un organe transitoire dont le fonctionnement a pour effet de construire, sur un modèle déterminé, l'appareil phonateur adulte de la linotte. Une fois ce résultat obtenu, il n'y a plus d'enregistrement possible de nouveaux ramages, ou, du moins, plus d'enregistrement capable de se traduire par une reproducduction du ramage entendu, dans l'appareil phonateur de la linotte.

Mais le rôle de l'organe imitateur n'est pas toujours aussi restreint et le jeune animal n'est pas toujours susceptible d'apprendre *seulement* un ramage. Il y a des cas où il peut en apprendre, ou enregistrer, successivement plusieurs, il y a même des cas où l'appareil imitateur ne devient jamais adulte.

L'enfant apprend jeune toutes les syllabes qui composent sa langue maternelle, ou, au moins, tous les éléments de ces syllabes qui restent ensuite enregistrés à l'état de mécanisme phonateur ; pour prononcer une phrase il lui suffit de donner, avec son cerveau, des ordres successifs de mise en train à tous les mécanismes phonateurs représentant les éléments de la phrase. C'est la coordination, dans le cerveau, de toutes ces mises en train successives qui constitue la faculté du langage articulé. On voit qu'elle est indépendante de la phonation elle-même, et il est évident que Wallace a tort quand il compare le phénomène par lequel un enfant apprend l'anglais ou le français, à celui par lequel un oiseau acquiert **son** chant particulier, et surtout quand il conclut, par induction, de la non hérédité du premier à l'impossibilité pour le second, d'être héréditaire.

L'organe imitateur de sons, n'est pas, même chez l'homme, susceptible d'un fonctionnement indéfini; nous avons vu qu'un anglais adulte, élevé en Angleterre, est dans l'impossibilité presque absolue de prononcer la voyelle *u*. Il y a d'ailleurs beaucoup de sons qui frappent notre oreille *et qu'il nous est impossible de reproduire*[1] si ce n'est d'une manière approchée. J'insiste sur ce fait qui nous sera très utile ultérieurement. Notre appareil récepteur est donc plus étendu que notre appareil producteur de sons; nous nous rendrons compte de cette différence en étudiant le mécanisme de chacun d'eux.

*
* *

De toutes les considérations qui précèdent il apparaît que, au moment de la naissance, la linotte et beaucoup de jeunes animaux sont doués d'un *organe imitateur des sons*, organe qui a la propriété de construire dans le jeune animal un ou plusieurs mécanismes phonateurs dont le fonctionnement reproduit les sons proposés comme exemples, dans le jeune âge, à l'organe imitateur. Il est certain que *tous* les sons proposés comme exemples ne peuvent pas être indifféremment reproduits; la latitude est plus ou moins grande suivant les espèces;

---

1. On n'imite que ce qu'on *peut* imiter.

le cas de cette jeune linotte qui avait appris à dire « *pretty boy* »[1] montre que dans cette espèce particulière l'organe imitateur est assez étendu. Il y a, dans son fonctionnement, une particularité très intéressante sur laquelle il est temps d'attirer l'attention. Le ramage de l'alouette des prés, si simple qu'il nous paraisse lorsque nous le comparons instinctivement à la voix humaine, est d'une complexité inouïe si nous le comparons au son de nos instruments de musique. Si nous décomposons chacune de ses notes successives au moyen de résonnateurs suivant la méthode de Helmholtz, nous constatons dans chacune d'elles des harmoniques nombreux et précis dont la production simultanée avec leur intensité relative, peut seule reproduire la note considérée. Le syrinx[2] est un instrument à vent, d'apparence relativement simple. Il existe à un état de développement plus ou moins complet chez la jeune linotte ; mais songez à la complexité énorme du jeu de muscles nécessaire pour que, la première fois que la jeune linotte se sert de cet instrument, elle en tire précisément le ramage de l'alouette des prés. Et pourquoi? uniquement parce que l'alouette des prés a été le seul oiseau dont le chant soit venu frapper l'appareil récepteur de l'organe imitateur des sons dont le syrinx est l'appareil phonateur. Jusqu'au moment où l'oiseau a chanté, il ne s'était encore jamais servi de son syrinx ; cet appareil n'a été aucunement impressionné par le chant voisin de l'alouette ; tous les phénomènes qui précèdent le premier chant de l'oiseau se sont passés dans la partie de l'organe imitateur qui précède l'appareil enregistreur, — récepteur, transmetteur, enregistreur — donc, nous sommes en droit d'affirmer que le syrinx

---

1. Ou du moins, quelque chose d'approchant, avec les timbres caractéristiques du ramage de la linotte.

2. Il est évident que l'instrument phonateur des oiseaux ne comprend pas seulement le syrinx, mais aussi le bec, la langue, etc... Je dis syrinx parce que c'est la partie importante de l'instrument, mais il faut entendre par là l'instrument complet.

lui-même n'est pour rien, au début; dans l'imitation du chant de l'alouette; il peut ensuite s'y adapter plus complètement par assimilation fonctionnelle, à mesure qu'il le répète plus souvent.

La comparaison précédemment faite avec deux téléphones séparés par un phonographe enregistreur permet de comprendre ce fait. Le téléphone A reçoit le son et l'enregistre dans le phonographe B, sans que le téléphone C intervienne le moins du monde. Mais ensuite, quand on fera tourner le cylindre du phonographe, le téléphone C, jusque-là absolument intact, n'en répétera pas moins exactement ce qui avait été dit à A au début de l'expérience; c'est donc dans l'appareil enregistreur que se passent les phénomènes proprement dits de l'*imitation*. C'est cet appareil qui se construit dans sa forme adulte sous l'influence des sons proférés dans le voisinage. Mais ne trouvez-vous pas admirable ce mécanisme, existant toujours chez la linotte à l'éclosion et par conséquent *héréditaire*, qui permet une telle merveille? Et croyez-vous que Wallace ait raison de considérer l'imitation comme plus simple que l'hérédité, alors que l'imitation ne peut se concevoir que comme le jeu naturel d'un organe héréditaire?

Quand et comment s'est développée dans l'espèce considérée cet organe qui se transmet aujourd'hui au jeune animal dès son éclosion?

Voilà une question qui ne manque pas d'être intéressante, mais qui présente autant de difficulté que d'intérêt. Pour l'étudier, il ne faudrait laisser dans l'ombre aucun point du fonctionnement du mécanisme imitateur.

Nous avons vu et, cela est évident d'après les observations rapportées précédemment, que le phénomène proprement dit de l'imitation se passe dans l'appareil enregistreur. Mais il y a aussi autre chose. Reportons-nous à l'exemple classique du Dʳ Samuel Wilks :

Quand je reçus mon perroquet, dit-il, il y a plusieurs années, il était tout à fait ignorant, ce qui me fournit l'occasion d'observer la manière dont il acquit le don de la parole. Je constatai que son procédé ressemblait beaucoup à celui qu'adoptent les enfants pour apprendre leurs leçons et que la cause déterminante de ses discours se trouvait généralement dans quelque association d'idées, comme la plupart des phrases toutes faites en ce monde. Il est reconnu que les perroquets imitent les sons dans la perfection, voire même la voix humaine, dont leur voix surpasse du reste l'étendue car ils peuvent atteindre les notes les plus basses comme les plus élevées. Le mien a un répertoire très suffisant de mots et de phrases, *mais il ne les retient que quelques mois s'il ne les pratique pas constamment* sous l'influence provocatrice et périodique de certaines circonstances. Toutefois, s'il lui arrive de les oublier, il suffit de les lui répéter quelquefois pour qu'il les retrouve, tandis que pour apprendre une phrase nouvelle il lui faudrait bien plus longtemps. Dans ce cas, *il faut la lui répéter plusieurs fois* et il est curieux de voir l'attention de l'oiseau et la manière dont il approche aussi près que possible de son professeur. *Au bout de quelques heures,* on l'entend se livrer à des essais aussi malheureux que ridicules, mais il finit par prononcer la phrase d'une manière convenable et l'on dirait presque *qu'elle était en magasin quelque part dans son esprit* et que tous ses efforts tendaient à l'en faire sortir.

Lorsque la phrase comprend un certain nombre de mots, l'oiseau commence par répéter les deux ou trois premiers, puis il y joint le suivant, puis le suivant, et ainsi de suite, jusqu'à ce qu'il arrive à prononcer le tout correctement. D'heure en heure, il continue ses efforts avec la plus grande constance, et ce n'est qu'au bout de quelques jours qu'il arrive au degré de perfection qu'il ambitionne... Quant à la manière d'oublier les leçons apprises, phrases ou airs, elle est également curieuse. Ce sont les mots et les notes de la fin qui commencent par s'en aller : c'est qu'en effet ce sont ceux du commencement qui sont le mieux gravés dans la mémoire et le lien qui leur associe ceux qui suivent va en s'affaiblissant. Mais quelques répétitions rétablissent bien vite la chaîne [1].

Cette observation si complète est pleine de faits intéressants. Pour l'étudier en détail, nous devons passer successivement en revue les phénomènes qui ont lieu dans les différentes parties de l'organe imitateur des sons [2]. Cet organe se compose : 1° de deux appareils musicaux d'ordre physique, le récepteur dans l'oreille et le producteur de sons dans le syrinx et toute la bouche ; 2° de deux systèmes de transmission qui unissent ces deux appareils musicaux à l'enregistreur ; 3° de l'enregistreur qui est la partie la plus curieuse de l'organe imitateur et qui est lui-même sous la dépendance de certains centres supérieurs du cerveau.

Je n'entre pas ici dans le détail du mécanisme physique des deux instruments musicaux qui sont aux extrémités de l'organe imitateur.

1° *Organe récepteur*. — Il nous suffit de savoir que, sous l'influence de sons extérieurs à l'animal, l'appareil musical récepteur vibre à l'unisson de ces sons de manière à les reproduire tous ou presque tous. Notre oreille *chante* l'air que nous entendons chanter près de nous ; en réalité, ce que nous entendons, c'est la musique que nous joue notre oreille.

J'ai dit que le récepteur reproduit tous *ou presque tous* les sons qui sont produits auprès de lui. C'est pour l'homme seulement que nous pouvons juger de l'étendue du fonctionnement de l'appareil récepteur et nous pourrions dire rigoureu-

1. *Journal de science mentale*, juillet 1879, cité par Romanes, *L'intelligence des animaux*, t. II, p. 29.
2. Il est bon de remarquer en même temps que cet organe ne devient pas vite adulte chez le perroquet, puisque cet animal peut toujours, avec quelque peine il est vrai, apprendre de nouvelles phrases.

sement que cet appareil reproduit *tous* les sons, puisque nous n'appelons en réalité *sons* que les mouvements vibratoires susceptibles d'être perçus par notre oreille. Ce serait une manière de parler trop anthropomorphique. Il vaut mieux donner le nom de son à tout mouvement de vibration *de l'air*. Alors nous sommes à même de constater que malgré son étendue extraordinaire, le fonctionnement de notre appareil récepteur a néanmoins des limites; des vibrations trop lentes, dont nous constatons la production par d'autres sens, ne sont pas répétées par notre oreille. Nous sommes donc en droit de supposer que ces limites du fonctionnement de l'appareil récepteur varient avec l'espèce animale considérée, mais nous n'avons que peu de moyens de déterminer précisément ces limites pour chaque espèce. D'ailleurs, très peu d'observations et d'expériences ont été faites sur ce sujet. Sir John Lubbock a constaté que le son ne produit aucun effet sur les fourmis. Les vibrations d'un diapason ou d'une corde à violon, la voix humaine, les coups de sifflet, etc., tout leur est indifférent, et les expériences que l'on a faites avec des flammes sensibles, avec le microphone et le téléphone pour découvrir si elles émettaient elles-mêmes des sons, inappréciables à l'oreille humaine, ont démontré qu'elles n'en émettent pas. Voilà donc des animaux qui semblent absolument dépourvus de tout organe récepteur ou producteur de sons ce qui pourra sembler bien étrange à ceux qui n'ont pas réfléchi à la question; dans la série des vertébrés nous trouverons par le simple raisonnement des choses infiniment plus curieuses.

Tous les vertébrés ont un organe auditif, mais quelle différence de complexité entre celui du plus simple des poissons et celui de l'homme. L'appareil récepteur des sons est, nous l'avons vu, un instrument de musique qui, dans notre oreille, chante, à l'unisson des sons extérieurs; sans préjuger encore de la signification du mot *entendu* que nous connaîtrons bientôt, nous pouvons affirmer déjà que seuls les sons chantés dans notre oreille nous seront perceptibles. Cela posé, croyez-vous, quand vous parlez à votre chien, que son oreille lui répète *tout* ce que vous lui dites? Pour un perroquet, il n'y a pas de doute, évidemment son appareil récepteur lui répète *tout* puisqu'il peut tout enregistrer; mais pour le chien, le mouton, le kanguroo, le poulet, le lézard, la grenouille, la carpe, en descendant graduellement l'échelle de complexité des vertébrés, avons-nous le droit de supposer la même chose? Évidemment non, car nous serions obligés, si nous l'admettions pour le chien de l'admettre aussi pour le mouton et ainsi de suite jusqu'à la carpe et à la lamproie, si nous l'avons admis *par pure analogie* pour l'un quelconque des vertébrés.

Soit par exemple la voyelle *a*. L'étude de cette voyelle par la méthode des résonnateurs de Helmholtz nous montre qu'elle résulte de la superposition de plusieurs sons harmoniques très précis.

Lorsque la voyelle *a* est prononcée près de nous, notre appareil récepteur la répète dans notre oreille. Supposons que la moitié des sons qui composent cette voyelle ne puisse être reproduite dans notre oreille. Ceux qui existent se superposeront et leur addition reproduira, non pas *a* mais un son qui aura avec *a* plus ou moins de rapport. Nous pouvons facilement nous rendre compte de la nature exacte de ce son en faisant vibrer en même temps la série incomplète correspondante des résonnateurs de Helmholtz. Eh bien, si le chien possède dans son appareil récepteur uniquement de quoi répéter cette série incomplète de sons partiels, c'est ce son différent et non *a* que lui chantera son oreille. Cela ne l'empêchera pas d'ailleurs de reconnaître quelques-uns des mots que nous prononcerons devant lui et qui détermineront toujours chez lui la même série correspondante de sons différents.

Cependant, si son instrument ne lui répète que les éléments

communs de deux sons distincts, il ne les distinguera pas l'un de l'autre, alors que l'homme doué d'un appareil récepteur plus complet, les distinguera facilement. Avec une différence de degré, nous trouvons des variations analogues dans la capacité auditive des individus de notre espèce; les hommes sont plus ou moins bien doués au point de vue de l'oreille.

En résumé, l'appareil récepteur des sons triera, dans les éléments d'un son donné, tous ceux qu'il est capable de reproduire et reconstituera ainsi un son plus ou moins approché du modèle; naturellement, c'est seulement ce son simplifié qui pourra impressionner les centres nerveux de l'animal et s'enregistrer dans son appareil enregistreur. Il est probable qu'un chien n'entend pas tout ce que nous lui disons; au contraire, le perroquet entend tout; nous en avons la preuve dans le fait qu'il peut reproduire tout; la réciproque de cette affirmation ne serait pas logique; nous n'avons pas le droit d'affirmer que le chien n'entend pas tout parce qu'il ne peut pas tout reproduire. L'organe producteur des sons est souvent, dans une espèce animale, très inférieur comme étendue de fonctionnement à l'appareil récepteur. Nous pouvons nous en assurer nous-mêmes par notre propre observation de tous les jours.

2° *Organe producteur de sons.* — Le mécanisme de l'appareil producteur de sons est très différent en général de celui de l'appareil récepteur; il y a entre ces deux appareils la différence que l'on peut établir entre un instrument à vent et un instrument à cordes. De là, une première cause d'inégalité dans l'étendue du fonctionnement des deux appareils. Mais en outre, avec le même instrument de musique, deux personnes différentes peuvent obtenir des résultats différents, suivant leur talent plus ou moins développé. Il y a donc deux choses à considérer : l'appareil physique producteur de sons et l'appareil nerveux qui le dirige; auquel de ces deux appareils s'applique l'éducation imitatrice? Le rôle du second est certain, le plus simple raisonnement le prouve; mais le premier lui-même n'est-il pas modifiable par l'exercice? L'instrument de musique du moineau est-il purement héréditaire?

Nous avons vu que l'on peut apprendre à des moineaux à chanter comme des linottes et des bouvreuils. Qu'est-ce que cela veut dire! Est-ce qu'un syrinx de moineau adulte, greffé sur les nerfs phonateurs d'un bouvreuil permettrait à celui-ci d'émettre son chant spécifique! Ou bien le syrinx d'un moineau qui a appris jeune le chant d'une linotte s'est-il transformé sous l'influence de l'éducation et diffère-t-il d'un syrinx de moineau ordinaire! C'est uniquement l'étude de la manière d'apprendre, l'étude des premiers sons émis par le jeune animal qui nous permet de répondre à cette question.

Il est certain que, pour émettre un son, il faut avoir un instrument capable de le produire. Wallace trouve l'explication de l'instinct qui pousse les oiseaux à construire le nid caractéristique de leur espèce, *dans la nature des outils qui lui sont donnés.*

Jamais on ne pourrait apprendre à un canard ou à un corbeau à imiter le chant du rossignol, pas plus qu'on ne pourrait apprendre à un joueur de tambour ou de crécelle à imiter un violoniste. Mais si un individu, possesseur d'un instrument que nous ne connaissons pas, s'exerce devant nous à imiter un air joué sur le violon et si ses premiers essais, quoique ne reproduisant pas exactement l'air entendu, ressemblent à des sons de violon, nous serons certains que son instrument inconnu n'est ni une crécelle ni un tambour, mais est analogue au violon au moins par la nature des sons qu'il peut rendre. Cette comparaison nous amène à penser que le syrinx du jeune oiseau est généralement capable de rendre des sons autres que ceux qui sont caractéristiques du ramage de son espèce; les *premiers* sons qu'émet un moineau imitant une linotte sont en effet des sons de linotte, seulement, le plus souvent, sous l'influence de l'éducation, le jeune oiseau ne peut apprendre à se servir de son instrument que d'une seule manière. Le fonctionnement possible du syrinx jeune est donc bien plus étendu que celui qui sera mis en jeu chez l'oiseau adulte et *c'est dans l'appareil enregistreur et non dans l'appareil vibratoire que se passe le phénomène important de l'imitation*. Il ne faudrait pas cependant affirmer que, chez l'oiseau adulte, le syrinx possède encore cette grande étendue de fonctionnement comme appareil vibratoire. Il est probable, comme cela a lieu pour tout autre organe composé de tissus vivants, qu'à la longue, à force de répéter la même chose, le syrinx finit par ne plus être capable de produire d'autres sons; sous l'influence de l'assimilation fonctionnelle, les parties qui servent souvent se consolident au détriment des parties non usitées qui s'atrophient; il y a donc lieu de croire que le syrinx de l'adulte, considéré comme instrument de musique, ne peut plus émettre que les sons ordinaires du ramage de l'animal ou, au moins, des sons analogues, c'est-à-dire qu'il s'est spécialisé dans son fonctionnement. L'application du principe de Fritz Müller à l'appareil vibratoire des oiseaux ferait comprendre que tous les passereaux, descendant d'un ancêtre commun, ont encore, à l'état jeune, l'appareil vibratoire étendu de cet ancêtre, grâce auquel un jeune peut, dans des conditions d'éducation convenables, reproduire le chant d'une autre espèce, mais que, à mesure que l'oiseau devient adulte, cet appareil vibratoire se spécialise de plus en plus [1] au point de n'être plus capable que d'un fonctionnement limité, ou à peu près, au ramage de l'adulte. Dans ce cas donc, au point de vue où nous sommes forcés de nous placer par l'idée que nous nous faisons des instruments de musique, cette spécialisation serait le contraire d'un perfectionnement, puisqu'il rédui-

---

[1]. Si tant est qu'il se spécialise réellement; nous n'avons aucun moyen de nous en assurer puisque nous ne pouvons pas donner à un moineau un syrinx de linotte adulte.

rait l'étendue possible du jeu sans lui faire gagner beaucoup au point de vue de la précision dans l'exécution ; mais cela arrive plus souvent qu'on ne croit dans le parallélisme de l'ontogénie avec la phylogénie ; un organe en se développant se *spécialise* et son fonctionnement se restreint au fonctionnement spécifique.

Que cela ait lieu pour le syrinx, nous pouvons en faire l'hypothèse, mais nous ne saurions l'affirmer puisque, je le répète, nous ne pouvons pas greffer un syrinx de linotte adulte sur les nerfs phonateurs d'un moineau. Au contraire, nous sommes en droit de donner le fait comme certain pour l'appareil enregistreur des sons dont il nous reste à étudier maintenant le fonctionnement merveilleux.

Cet appareil, considéré comme partie essentielle de l'organe imitateur, a, chez la linotte, une durée limitée et un fonctionnement restreint qui nous ont permis d'en concevoir l'existence : pour pouvoir faire son étude générale, il faut connaître le jeu de l'appareil enregistreur dans les cas plus complexes où cet appareil ne devient pas adulte aussitôt et se montre avec tout son luxe de perfectionnements comme chez l'homme. Avant de passer à cet examen, résumons en quelques mots les résultats de notre enquête sur le chant des oiseaux.

La plupart des oiseaux possèdent, à l'éclosion, un instrument auditif et un instrument phonateur réunis par des tissus intermédiaires, conducteurs et enregistreurs. Ces deux instruments acoustiques sont toujours différents l'un de l'autre. L'instrument auditif répète à l'animal, *ce qu'il peut répéter* parmi les bruits et les sons qui se propagent autour de lui. *Cette partie seulement* des mouvements vibratoires de l'air ambiant est susceptible d'impressionner les tissus conducteurs et enregistreurs.

Parmi les sons perçus de cette manière par l'animal, *quelques-uns* sont susceptibles d'être reproduits par l'instrument phonateur et ceux-là, il les reproduit. Aussi est-il naturel que

le fils chante comme le père, d'abord parce qu'il a, héréditairement, l'instrument phonateur fait de la même manière et
ensuite, parce qu'il entend chanter son père et les oiseaux de
son espèce. Mais, l'instrument phonateur du jeune oiseau qui
vient d'éclore est généralement capable de reproduire des sons
autres que ceux qui constituent le chant du père et, en particulier, les sons qui constituent le chant d'autres espèces de passereaux. Il reproduit en conséquence le chant de l'oiseau qu'on
lui donne pour unique compagnon dès le jeune âge. Le plus
souvent, au bout d'un certain temps, il ne peut plus reproduire
que celui-là, soit que l'instrument phonateur lui-même se soit
modifié par assimilation fonctionnelle à force de le répéter et
soit devenu ainsi un mécanisme acoustique adulte et plus spécialisé, soit que cette spécialisation adulte se soit produite dans
les tissus enregistreurs intermédiaires. Quand c'est le chant
paternel qui sert de modèle au jeune oiseau, on ne peut savoir
quelle est, dans la reproduction de ce chant, la part de l'hérédité et celle de l'éducation, mais certains exemples permettent
de penser que, soustrait à l'exemple du chant paternel, le jeune
oiseau aurait acquis, à la suite d'une évolution suffisamment
longue, et par l'hérédité seule, au moins les éléments du ramage
propre à son espèce. Peut-être doit-on penser aussi qu'un jeune
oiseau, soustrait de bonne heure à l'audition de tout bruit et ne
recevant ainsi aucune excitation acoustique, resterait indéfiniment et incurablement muet, les diverses parties de son organe
phonateur (instrument auditif, instrument producteur de sons,
tissus intermédiaires et enregistreurs) subissant, par désuétude,
une atrophie.

Enfin, une fois l'éducation vocale terminée, et elle l'est de
bonne heure chez la linotte par exemple, l'instrument phonateur n'a plus rien à voir avec l'instrument auditif; c'est un
mécanisme adulte comme la patte, comme l'aile et qui fonctionne
suivant sa nature quand il reçoit du cerveau l'ordre de mise en

train. A ce moment, l'animal peut devenir sourd sans devenir muet; l'ouïe et le syrinx sont deux éléments indépendants.

§ III. — La parole articulée.

Si étrange que cette affirmation puisse paraître au premier abord, nous allons retrouver dans l'étude du langage articulé, à peu près toutes les conclusions que nous avons tirées de l'examen du chant des oiseaux, au moins quant *aux éléments phonétiques* du langage, c'est-à-dire, quant à la nature des instruments phonateurs et des sons qu'ils peuvent rendre, indépendamment de la manière dont ces instruments sont mis en action sous l'influence des centres nerveux pour construire des mots et des phrases.

S'il y a plusieurs espèces d'oiseaux chanteurs, il y a plusieurs races d'hommes et ces races différentes ont des langages composés d'éléments phonétiques différents. J'ai signalé plus haut l'absence de notre son *u* chez les Anglais, mais cet exemple, pour être familier, n'est pas le meilleur. Les Anglais ne sont pas d'une race aussi différente de la nôtre que le sont les Annamites ou les Chinois; aussi trouverons-nous, chez les Annamites par exemple, des éléments phonétiques bien plus éloignés de ceux qui constituent la langue française. Essayez de faire répéter à un Annamite une phrase de Bossuet et vous verrez quelle cacophonie vous obtiendrez; vous arriveriez peut-être plus vite à un résultat admissible en essayant de faire faire la même chose à un perroquet. Il est bien évident que les instruments phonateurs sont différents chez l'Annamite et le Français *adultes* et que, jusqu'à un certain point, les différences entre ces instruments sont comparables à celles qui existent entre ceux de la linotte et de l'alouette des prés. La preuve en est que, quand un Français, récemment arrivé au Tonkin et ayant appris *l'annamite dans les livres* parle à un indigène avec la phonation française, l'indigène *ne l'écoute pas*, convaincu qu'il est, d'après la nature des sons qu'il entend, que ces sons constituent des phrases françaises et non des phrases annamites. Cela peut arriver même quand la phrase annamite prononcée est correcte de tout point, et en effet, si un interprète fait remarquer à un indigène que c'est sa langue qu'on lui parle, il écoute et il comprend. Il y a donc là évidemment une pure question d'éléments phonétiques et d'instruments phonateurs, et c'est à peu près la même chose que ce que la linotte emprunte à l'alouette des prés dans l'expérience de Daines Barrington. Nous reconnaissons le chant d'un oiseau aux sons qu'il produit et non à la phrase que constituent ces sons. Ceci posé, nous allons retrouver facilement chez l'homme toutes les conclusions que nous avons tirées de l'étude du chant des oiseaux dans le chapitre précédent.

Et d'abord, l'appareil phonateur de l'enfant qui vient de naître est susceptible de devenir un appareil adulte différent de celui du père ; il est donc plus étendu, potentiellement du moins, et l'éducation qui le spécialise, restreint les limites de son fonctionnement.

Il y a certainement des différences héréditaires entre les larynx des Français et ceux des Annamites, car il serait bien étonnant que dans deux races aussi distinctes, deux organes quelconques fussent, par hérédité, rigoureusement identiques. Cependant, prenez d'une part un jeune Annamite que vous transporterez en France et ferez élever par les Français, d'autre part, un jeune Français d'un jour que vous transporterez au Tonkin et ferez élever par des Annamites, le premier arrivera facilement à parler français avec les éléments phonétiques français, le second à parler annamite avec les éléments phonétiques annamites, absolument comme la linotte d'un jour de Daines Barrington avait appris le ramage de l'alouette des prés. Vingt ans plus tard, ramenez en France votre jeune Français élevé au Tonkin et essayez de lui apprendre sa langue maternelle, il répétera *bœup* quand vous essaierez de lui faire prononcer bœuf, tandis que le jeune annamite élevé à Paris trouvera autant de difficulté à articuler sa langue maternelle si vous le renvoyez au Tonkin. C'est absolument le cas de la linotte qui, ayant appris jeune le ramage de l'alouette des prés, ne pouvait plus chanter comme une linotte. Il est vrai que, par un effort soutenu, le jeune Français pourra finir par articuler le français assez convenablement à la longue, mais ce ne sera jamais qu'un à peu près, et il lui restera toujours des traces indélébiles de l'instrument phonateur construit primitivement sur le modèle annamite. L'organe imitateur des sons ne sera donc pas chez lui absolument adulte; il y aura dans son mécanisme des parties perfectibles à côté des parties adultes définitivement fixées.

Il n'y a cependant pas antagonisme entre les deux systèmes phonétiques puisqu'un enfant tout jeune peut apprendre les deux à la fois; son appareil phonateur devient alors plus étendu que s'il avait appris seulement l'une des langues...

Quant à la question de l'hérédité, tout ce qu'on peut dire est que, de même que chez les oiseaux, l'éducation peut la masquer totalement en ce qui concerne l'organe phonateur; mais il est probable quoi qu'on ne puisse pas le vérifier, qu'un enfant d'une race donnée doit avoir plus de facilité à apprendre la langue qu'ont parlée ses ancêtres pendant un grand nombre de générations. Il n'y a évidemment pas hérédité du langage articulé, mais il pourrait y avoir hérédité du système phonétique comme cela a bien lieu chez les canards et les poulets. On ne peut pas faire d'expériences à ce sujet; il serait trop cruel de risquer de rendre un enfant muet en le soustrayant pendant ses premières années à l'audition de tout langage. Il serait possible en effet que la désuétude causât l'atrophie de l'organe phonateur et qu'on ne pût plus y remédier ; mais, l'exemple des canards autorise à le croire, si un enfant de race annamite, par exemple, s'était trouvé fortuitement isolé de tout contact auditif pendant quelques années (et cela peut se produire quand une obstruction mécanique cause une surdité momentanée et curable) et si, au moment où aurait cessé cet isolement, aucune atrophie ne s'était produite, l'évolution de l'organe phonateur sous l'influence de l'hérédité sans imitation aurait peut-être été suffisante pour qu'il fût impossible d'apprendre à cet enfant à articuler correctement une autre langue que l'annamite.

Somme toute, il ne semble pas que l'on puisse établir une ligne de démarcation bien tranchée entre les hommes et les oiseaux au point de vue de la part qui, dans l'acquisition du système phonétique, revient à l'hérédité et à l'éducation. Cependant, là comme partout ailleurs, les mécanismes devenant définitivement adultes de bonne heure sont plus rares dans l'espèce humaine.

D'ailleurs, même en considérant comme adultes et absolument fixes les éléments du système phonétique de l'homme, il lui reste toujours, dans le cerveau, une partie non adulte qui est capable de coordonner le fonctionnement de ces divers mécanismes partiels de manière à en former le langage articulé. Les oiseaux ont peut-être une faculté analogue, c'est une question discutée mais qui ne nous intéresse pas pour le moment ; quoiqu'il en soit, c'est chez l'homme qu'elle existe à son maximum de complexité.

Nous ne nous occupons de la parole articulée que comme exemple de la faculté d'imitation, nous n'avons donc pas à considérer ce phénomène intellectuel d'ordre supérieur qui fait que l'homme peut, à volonté, mettre en jeu successivement tels et tels éléments de son système phonétique de manière à former des phrases ; ce qui nous intéresse c'est seulement la pratique de l'imitation des mots et des phrases qui, chez l'enfant, est le début de la parole articulée. Nous trouvons là des faits absolument comparables à ce qui se passe chez les oiseaux qui apprennent à chanter ou chez les enfants qui apprennent à reproduire par imitation les éléments phonétiques; seulement, dans cette seconde étape, au lieu d'apprendre à constituer les éléments phonétiques au moyen des sons simples en créant un mécanisme phonateur spécial, l'enfant apprend à constituer les mots et les phrases par la mise en train de mécanismes existant déjà chez lui et produisant les éléments phonétiques de son langage. A part cette différence de *degré* il y a similitude avec l'*organisme imitateur* dont nous avons constaté l'existence chez les jeunes oiseaux : Perception par l'instrument auditif du mot ou de la phrase décomposée en ses éléments phonétiques; passage à travers des tissus conducteurs et enregistreurs; puis enfin reproduction par l'instrument phonateur, de la série d'éléments phonétiques perçue par l'instrument auditif. Cette dernière partie de l'acte devient toujours indépendante de la première dès que la phrase est apprise, enregistrée. Il suffit d'un ordre du cerveau pour faire reproduire, indépendamment de tout fonctionnement auditif, une phrase apprise, par l'instrument phonateur.

Cette similitude avec l'*organe imitateur* des oiseaux va, malgré une complexité relativement plus grande, nous permettre d'étudier chez nous-mêmes, par le moyen des épiphénomènes, le mécanisme merveilleux de l'appareil enregistreur qui, nous l'avons vu, est la partie vraiment imitative de l'organe imitateur des sons. Rappelons-nous donc la question posée : Comment se fait-il que l'enregistrement du fonctionnement de l'instrument auditif dans l'instrument enregistreur, permette la reproduction exacte des sons enregistrés, par un appareil phonateur *tout différent* de l'appareil auditif. C'est là, en effet, qu'est la merveille de l'imitation. Il n'y aurait pas tant de quoi nous étonner si l'appareil récepteur était lui-même l'appareil reproducteur des effets perçus; remarquez en effet que ce procédé, dont nous n'avons aucun exemple dans la nature sauf peut-être pour le sens du toucher, serait infiniment plus simple; il n'est pas impossible d'en concevoir la réalisation : notre oreille contient, nous l'avons vu, un ensemble de résonnateurs qui analysent le son produit à l'extérieur et le répètent pour nous. C'est donc là un instrument producteur de sons. Nous *entendons* ce qui s'y passe à cause de l'existence des tissus conducteurs qui viennent apporter l'impression perçue à nos centres nerveux. Il n'y aurait *a priori* rien d'étonnant à ce que, de ces centres nerveux, pût partir ensuite un ordre de mise en train, qui, retournant à l'oreille déterminât exactement le même fonctionnement que précédemment et fît répéter *par l'oreille* exactement ce qu'elle avait entendu d'abord. Il n'y a aucune raison *a priori* pour que l'instrument auditif, qui, au point de vue acoustique, contient tout ce qu'il faut pour reproduire tous les sons que nous entendons (nous n'entendons que ce qu'il reproduit) pût servir en même temps d'instrument phonateur, c'est-à-dire, pût nous permettre de répéter à d'autres ce qu'il nous a dit lui-même. Cela n'a jamais lieu dans la nature, pas plus qu'il n'y a, dans la nature, de fibre nerveuse qui soit à la fois centripète et centrifuge et, évidemment, pour la même raison.

Il y a donc toujours imitation phonétique par un instrument *autre* et tout différent, comme structure acoustique, de l'instrument auditif. C'est la merveille de l'imitation; voyons maintenant ce que les épiphénomènes nous enseignent à son sujet.

Il suffit de s'observer un instant pour constater que l'on peut parler mentalement sans proférer de sons, de même que l'on peut entendre mentalement des sons qui n'existent pas, savoir, par exemple, ceux de la parole mentale. Quand vous écrivez dans le silence du cabinet, vous *dites* mentalement et vous *entendez* mentalement ce que vous écrivez.

Il est bien certain cependant que votre instrument auditif et votre instrument phonateur ne sont, à ce moment, le siège d'aucun fonctionnement physique ; il y a seulement activité des centres nerveux et cette activité est accompagnée des épiphénomènes qui constituent la phonation mentale et l'audition mentale. En y réfléchissant un peu on voit que l'on ne peut établir aucune différence entre ces deux catégories d'épiphénomènes. Il vous est impossible de dire si vous entendez mentalement ou si vous proférez mentalement les paroles que vous écrivez. Bien plus qu'est-ce qu'*écouter*, sinon répéter mentalement ce qu'on entend ? Si donc il y a deux centres nerveux différents l'un qui perçoit les sons, l'autre qui ordonne leur production, ces deux centres nerveux sont inséparables l'un de l'autre et tellement intriqués que nous ne pouvons distinguer les épiphénomènes qui appartiennent à l'un de ceux qui appartiennent à l'autre et c'est là la clef du mécanisme de l'imitation. En admettant toujours que les deux centres précités sont différents, et cela seulement pour fixer le langage, nous sommes donc obligés de convenir que, lorsqu'une impression auditive arrive au centre auditif, elle produit, en même temps, dans le centre phonateur, un enregistrement tel que l'ordre de mise en train résultant ensuite de cet enregistrement, déterminera la reproduction par l'instrument phonateur des sons perçus par l'instrument auditif. Cela n'arrive, il est vrai que si l'on *écoute...*

Reprenons, pour nous exprimer plus facilement, notre comparaison précédente avec des instruments de physique. Le téléphone A (oreille) répète des sons extérieurs ; si à ce moment il est en relation avec le phonographe B, appareil enregistreur, il y a enregistrement des sons extérieurs, et, par suite, épiphénomènes d'audition mentale et de phonation mentale ; si en outre, il y a relation du phonographe avec le téléphone C (larynx) il y a phonation et l'on répète effectivement ce que l'on entend. L'ensemble des centres qui constituent le phonographe B peut donc être mis en relation d'activité, soit avec le téléphone A, soit avec le téléphone C, c'est-à-dire que l'on peut *écouter* et *parler*. Mais il peut aussi y avoir fonctionnement du phonographe B sans qu'il soit en relation ni avec A, ni avec C, de même que le mécanisme d'un automobile peut être embrayé ou non avec les roues de la voiture et fonctionner sans déterminer la locomotion. Dans ce dernier cas, lorsque l'activité du phonographe B est isolée, il y a seulement audition mentale et phonation mentale, c'est-à-dire que nous sommes seuls prévenus de ce qui se passe au dedans de nous. De même l'enregistreur B peut être en relation avec le téléphone A tout seul (audition) ou avec le téléphone C tout seul (phonation). Enfin, il est même possible que l'enregistreur B soit disloqué et que la partie de lui qui est en relation avec le téléphone A soit séparée de celle qui est en relation avec le téléphone C (entendre sans écouter). Le fonctionnement de l'appareil B est directement soumis à l'action des centres nerveux supérieurs.

La clef du mécanisme de l'imitation phonatrice est dans la coordination merveilleuse qui existe entre les deux parties de l'enregistreur B et qui fait que nous ne pouvons pas distinguer, même par les épiphénomènes, ce qui se passe dans la première de ce qui se passe dans la seconde. Ces épiphénomènes accompagnent aussi bien l'audition d'un son extérieur que la reproduction de ce son par un appareil *tout différent!* La coordination admirable dont nous constatons ici l'existence est-elle congénitale ou acquise par l'éducation quand l'enfant *apprend à parler?* Il y a tant de générations que les hommes parlent, que ce caractère mécanique a pu être définitivement acquis et devenir ainsi héréditaire, partiellement au moins; la question n'a du reste qu'un intérêt secondaire au point de vue où nous

nous sommes placés dans cette étude car il y a d'autres coordi-nations non moins admirables, qui viennent s'ajouter à la pré-cédente et qui, à coup sûr, sont obtenues par éducation sans être héréditaires. Je veux parler de la lecture et de l'écriture. Qu'est-ce en effet qu'apprendre à lire, sinon établir une coordi-nation définitive entre des impressions visuelles, recueillies par les yeux et les centres de phonation et d'audition mentales?

§ IV. — Lecture et écriture.

L'œil est un organe récepteur comme l'oreille et est doué d'un mécanisme aussi admirable sinon plus. Les vibrations qu'il perçoit sont d'un ordre plus subtil, si j'ose m'exprimer ainsi, et il en transmet la notion par des tissus conducteurs spéciaux, à nos centres nerveux. Considéré comme point de départ d'un organe imitateur analogue à l'organe imitateur des sons, l'œil nous conduit à un *instrument* d'imitation assez vague, compre-nant pour ainsi dire tout l'organisme. Le singe imite ce qu'il voit, par des mouvements de tout son corps quand il le peut, mais remarquons aussi que l'oreille peut conduire à un instru-ment d'imitation moins précis que l'appareil phonateur. Chantez à un enfant qui ne sait pas parler un air de ceux qu'on appelle *dansants* et vous le verrez agiter les jambes *en cadence*. Pour l'ouïe, comme pour la vue, on peut donc dire que l'appareil imitateur se compose de tout l'organisme, chaque partie de l'organisme imitant *ce qu'elle peut* imiter parmi les choses entendues ou vues. Mais pour l'ouïe il y a une partie de l'orga-nisme, l'instrument phonateur, qui est plus particulièrement apte à reproduire avec précision tous les sons entendus, le reste du corps ne pouvant guère qu'en marquer la cadence. De même, pour la vue, il y a la main qui peut arriver à dessiner au moins le contour des objets observés. Cette faculté de dessiner le contour nous suffit pour l'étude de la lecture et de l'écriture.

Remarquons d'abord que cette faculté est innée. Des enfants de bergers ont été amenés à dessiner, sans aucune éducation préparatoire, les contours des objets qu'ils voyaient. Quand il s'agit de l'imitation des caractères d'écriture, un enfant qui ne sait ni lire ni écrire peut arriver à un résultat satisfaisant s'il est assez bien doué, congénitalement, sous le rapport de l'imitation graphique. De même, nous pouvons copier une page de chinois sans savoir ni lire ni écrire cette langue idéographique. Ce dessin, purement imitatif des choses vues, n'est pas l'écriture, pas plus que l'action de répéter une phrase entendue n'est la lecture. L'écriture et la lecture, facultés *acquises* par l'éducation, consistent dans la construction d'une coordination entre l'organe imitateur des sens et l'organe imitateur des formes, des contours. Rien n'est plus admirable que cette coordination si facile à établir chez un jeune enfant, si difficile au contraire à construire chez un adulte illettré.

On fait correspondre à chacun des éléments phonétiques qui constituent le langage articulé, un signe graphique appelé lettre; on apprend aux enfants, d'abord cette correspondance (lecture) puis la reproduction graphique de ces signes dont la correspondance phonétique est connue précédemment (écriture). On ne peut apprendre à écrire que lorsqu'on sait lire; autrement, la reproduction graphique des lettres serait du pur dessin.

Mais une fois cette correspondance définitivement acquise, les deux organes imitateurs des sons et imitateurs des lettres sont tellement intriqués qu'on ne peut plus les séparer; une impression perçue par le récepteur de l'un quelconque des deux peut être transmise au reproducteur de l'autre; on peut répéter oralement ce que l'on voit écrit ou écrire ce que l'on entend dire. L'enregistrement est le même, que l'on entende une chose ou qu'on la lise. Les épiphénomènes sont également les mêmes; quand on lit avec les yeux, sans parler, on *entend* ce qu'on lit;

quand on écrit en silence, on *dit* mentalement ce qu'on écrit. De telle manière qu'il *semble* que le centre enregistreur soit le même pour les deux organes imitateurs, ce qui évidemment peut sembler bien extraordinaire pour un caractère acquis par éducation. Cette coordination est d'ailleurs une des choses les plus merveilleuses quoiqu'elle nous soit familière et nous paraisse toute simple. Aussi, dans notre siècle qui a vu inventer le téléphone et le phonographe, n'a-t-on pas encore osé songer à construire un appareil qui sût écrire ce qu'on lui dicterait. Le phonographe écrit bien en réalité, c'est-à-dire qu'il inscrit des dessins correspondant exactement aux sons perçus, mais ces dessins ne correspondent pas aux éléments phonétiques dans lesquels nous avons conventionnellement décomposé notre langage; à plus forte raison ne correspondent-ils pas aux éléments graphiques que nous avons, par une seconde convention, accouplés à nos éléments phonétiques conventionnels. Le phonographe résonne et il ne fait que cela; c'est un pur résonnateur, c'est-à-dire qu'il reproduit le *mouvement du son*. Par un dispositif spécial il arrive que ce mouvement du son, reproduit par le phonographe, est enregistré, mais cela n'a rien à voir avec la coordination établie chez l'homme entre des signes graphiques et des éléments phonétiques conventionnels. Peut-être arrivera-t-il un jour que les hommes adopteront comme écriture l'écriture du phonographe, mais il est encore bien difficile de prévoir comment cela se réalisera, si cela se réalise jamais.

Quoiqu'il en soit de toutes ces considérations plus ou moins fantaisistes, nous constatons chez l'individu sachant lire et écrire, l'existence d'un centre simple ou complexe, mais en tout cas si admirablement coordonné que les épiphénomènes accompagnant dans ce centre, la lecture mentale, l'audition mentale, la phonation mentale, etc., semblent absolument confondus. Reprenant notre comparaison grossière avec une machine automobile, nous dirons que ce centre est un appareil qui peut être, par embrayage ou désembrayage, uni à ou séparé de quatre instruments *différents*, deux récepteurs et deux reproducteurs, entre les fonctionnements si divers desquels est établie une admirable coordination.

Et même, on peut dire que les deux reproducteurs comprennent tout l'organisme, mais plus particulièrement les parties de cet organisme qui sont plus spécialement capables de reproduire avec précision toutes les qualités des phénomènes qui ont frappé les récepteurs. L'étude de l'éducation des sourds-muets est à ce sujet particulièrement intéressante.

§ V. — Éducation des sourds-muets.

Au point où nous en sommes il est bien facile de comprendre comment se pose le problème du langage des sourds-muets. Je parle naturellement de leur langage phonétique, car leur langage mimique n'a rien de particulièrement intéressant; ce dernier langage consiste uniquement, en effet, dans l'emploi de l'organe imitateur des formes, des choses vues, et revient à donner à chaque élément graphique un autre élément correspondant, également graphique, mais pouvant s'exécuter avec les mains sans plume ni encre; ce n'est guère plus compliqué que la correspondance établie pour nous tous entre les caractères imprimés et ceux de l'écriture cursive.

Il n'en est plus de même quand il s'agit de leur parole articulée. Personne n'ignore en effet que l'on peut arriver à apprendre à parler à des sourds-muets *complètement sourds*. Ces malheureux ne sont en effet muets, le plus souvent, que parce que, dans leur enfance, l'instrument récepteur de l'organe imitateur des sons leur manquait; ils n'ont donc pu enregistrer, dans leur appareil enregistreur, les éléments phonétiques de la parole articulée et c'est pour cela que leur instrument phonateur n'a pas reproduit ces éléments phonétiques. Ils sont muets parce qu'ils sont sourds, mais ils ont néanmoins, en général, un instrument phonateur capable de reproduire les éléments phonétiques du langage ordinaire. Seulement, comment leur apprendre à s'en servir !

Nous avons vu, dans le chapitre précédent, que deux organes imitateurs différents coexistent chez les individus normaux : 1° celui qui va de l'ouïe au larynx et qui est l'organe imitateur des sons avec lequel on apprend à parler ; 2° celui qui va de la vue aux mains et avec lesquels on apprend à lire et à écrire *quand on sait déjà parler* ; apprendre à lire et à écrire c'est donc établir une coordination entre les signes graphiques de l'écriture et les sons correspondants du langage. Pour les sourds-muets, il faut évidemment suivre la marche inverse ; on commence par l'éducation du second organe imitateur, celui qui va des yeux aux mains, c'est-à-dire qu'on leur apprend d'abord à reconnaître et à reproduire des signes graphiques dont ils ignorent la valeur phonétique, tandis qu'on apprend aux individus normaux à reconnaître et à reproduire des éléments phonétiques dont ils ignorent encore la valeur graphique conventionnelle. Une fois l'une des deux éducations effectuée, on conçoit aisément que la seconde en soit facilitée chez les individus normaux, à cause, précisément, de la prédisposition de votre cerveau à l'établissement d'une coordination entre les deux organes imitateurs. Supposez par exemple un enfant normal auquel vous avez appris à parler sans lui montrer jamais de caractères d'écriture ; si cet enfant devient aveugle, vous pouvez néanmoins lui apprendre à lire et à écrire, c'est-à-dire, à reconnaître et à reproduire des signes graphiques correspondant aux éléments phonétiques du langage articulé. Il suffira pour cela de lui conduire la main sur des caractères en relief [1] ;

1. Si vous lui conduisez la main en lui faisant exécuter exactement les mouvements de l'écriture, vous faites fonctionner l'instrument reproduc-

c'est-à-dire que, pour l'enregistrement dans l'appareil enregistreur du second organe imitateur vous aurez suivi la marche inverse de la normale, l'enregistrement des caractères graphiques proviendra de l'instrument reproducteur, la main, et non de l'instrument récepteur, l'œil, qui est déficient. C'est exactement la même marche que l'on suit, avec un peu plus de difficulté il est vrai, pour enseigner aux sourds la parole articulée; seulement, je le répète, on commence par l'éducation du second organe imitateur, celui qui va des yeux aux mains. On leur apprend à reconnaître et à reproduire les éléments graphiques; ce résultat obtenu, il faut arriver à leur faire proférer les sons correspondants qu'ils ne peuvent pas entendre; il faut faire l'équivalent de ce qu'on faisait chez l'enfant aveugle en conduisant sa main sur des caractères graphiques en relief, c'est-à-dire qu'il faut s'adresser à un élément du son qui soit susceptible d'être porté à la connaissance de l'enfant par un sens autre que celui de l'ouïe.

Pour que la vue puisse être utile dans cette opération, il faut que les éléments choisis du son soient *visibles*. Or, on peut toujours rendre visible un mouvement vibratoire de l'air. Sans que ce système ait rien de pratique, le phonographe permet d'expliquer la nature de la méthode d'enseignement de la parole à un sourd. Imaginez en effet que vous ayez dit *a* dans un phonographe et que le sourd vous ait vu et ait vu le dessin inscrit correspondant. Il pourra se proposer de *dire* devant le phonographe quelque chose qui reproduise le même dessin; lorsqu'il y sera arrivé, il aura évidemment dit *a* et il pourra enregistrer cet élément phonétique en le répétant assez souvent. Ce système est, je le répète, absolument inapplicable dans la pratique, mais il suffit à expliquer l'essence de la méthode suivie.

leur de l'appareil imitateur, mais si vous lui faites seulement *palper* un caractère en relief, vous vous adressez en réalité à un autre instrument récepteur, l'instrument du tact, qui est dans la main de l'homme juxtaposé à l'instrument reproducteur de formes.

Il y a en effet, heureusement pour les sourds, d'autres mouvements que les mouvements vibratoires eux-mêmes, qui accompagnent la production de la voix humaine : « La parole se manifeste, non seulement par des sons, mais encore par les positions successives que prennent les différentes parties de l'organe vocal — lèvres, langue, joues, mâchoires, — par les divers mouvements qu'elles exécutent et les vibrations résultant du passage de l'air dans le larynx, vibrations qui, suivant la nature des éléments phonétiques, sont plus particulièrement sensibles à la gorge, à la face, au crâne ou à la poitrine. De cet ensemble de faits qui constituent la parole — le son étant mis à part, — l'œil du sourd voit les positions des organes et leur jeu dans l'acte de la phonation, et sa main, convenablement placée, perçoit les vibrations. Le sourd-muet se rend ainsi un compte très exact de ce qu'est la parole en tant que mouvement. Aidé du maître, avec les seules indications fournies par son œil et sa main, il parvient à reproduire fidèlement la série des phénomènes constatés sur autrui et, de la sorte, réussit à parler [1]. »

Voici, par exemple, d'après M. Edouard Drouot, comment s'apprend l'articulation du son A qui est le plus facile et que l'on enseigne le premier. Dans la production de cette voyelle, la bouche, bien ouverte, laisse voir la langue immobile et mollement étendue, la pointe placée derrière les incisives infé-rieures. Le maître, à plusieurs reprises, articule lentement et surtout très distinctement le son qu'il veut faire émettre. Alors, l'élève s'applique à copier du mieux qu'il peut les positions et cela sans donner de la voix. Ces positions une fois rectifiées et obtenues parfaites, l'enfant porte une main sur la gorge du maître qui articule à nouveau le son A, et perçoit ainsi les vibrations laryngiennes pendant que, son autre main appliquée

1. Édouard Drouot, *Les sourds-muets* (*Revue encyclopédique*, 1897).

sur son propre larynx, il s'essaie à reproduire les mêmes phénomènes. Le sourd parvient de la sorte à donner un son se rapprochant plus ou moins de A et qu'après correction, le maître finit par obtenir parfait. On fixe le son nouvellement enseigné en le faisant répéter un certain nombre de fois et en l'écrivant au tableau. En même temps l'élève apprend à le reconnaître sur les livres. Pour I c'est le crâne qui vibre et non la gorge, etc., etc...

N'est-ce pas vraiment merveilleux? Je comprends, à la rigueur, que personne ne songe à s'étonner, à cause de la familiarité du fait, de ce qu'un enfant qui entend dire I reproduise I avec un appareil tout différent de celui qui a servi à entendre, mais il me semble que personne non plus ne manquera d'admirer le mécanisme d'imitation grâce auquel un enfant peut volontairement, faire vibrer son crâne pour dire I. C'est pour cela que j'ai choisi comme exemple l'éducation phonétique des sourds-muets. Ce même exemple conduit à des déductions bien instructives.

Nous avons vu que, chez les individus normaux sachant lire et écrire, il y a coordination absolue entre l'organe imitateur des sons et l'organe imitateur des caractères graphiques, au point que leurs épiphénomènes sont confondus. Nous ne pouvons pas regarder le mot *pain* sans entendre mentalement le son *pain*; nous ne pouvons pas écrire le même mot sans prononcer mentalement le même son. Cela étant, croyez-vous que le sourd à qui on a appris à prononcer le mot *pain* et qui, le prononçant correctement comme nous, exécute exactement les mêmes opérations que nous dans le même cas, n'ait pas en même temps *l'audition mentale* du son pain? Croyez-vous aussi que lorsque sachant parler, il lit sur les lèvres de son interlocuteur, il n'entend pas mentalement tout ce que cet interlocuteur lui dit, de même, que nous, nous entendons mentalement tout ce que nous lisons dans un livre? Croyez-vous enfin que si l'on rendait l'ouïe à ce sourd ainsi éduqué il ne comprendrait pas d'emblée *tout ce qu'on lui dirait à l'oreille*? Je suis convaincu que le sourd auquel on a appris à parler entend mentalement avec les yeux comme nous entendons mentalement avec les yeux quand nous lisons en silence.

Quelle que soit l'opinion que l'on se fasse à cet égard de ce qui se passe chez les sourds parlants, cela au moins se passe chez nous, individus normaux, et l'étude des sourds-muets nous aura conduits à en faire la remarque qui va nous donner la clef du mécanisme de l'imitation.

§ VI. — Le mécanisme de l'imitation.

Quand nous entendons un son ou voyons un contour, l'impression produite sur notre appareil récepteur est transmise à nos centres nerveux par des nerfs centripètes. Quand nous imitons ce son ou ce contour, nous donnons les ordres à nos muscles par des nerfs centrifuges qui les actionnent. Toute imitation est un mouvement. Je suppose que l'instrument imitateur dont nous nous servons soit uniquement relié au cerveau par ce système de nerfs centrifuges. Nous n'aurions aucun moyen d'apprécier le résultat de notre effort imitatif avant que cet effort fût définitivement réalisé; nous ne pourrions comparer qu'après coup notre essai d'imitation au modèle proposé à notre imitation et cela, par le même récepteur spécial, oreille ou œil, qui avait servi à commencer l'opération. Ne pensez-vous pas que, dans ce cas, il y aurait bien des chances pour que le nombre de nos tâtonnements fût infini? Or, cela n'a pas lieu ; ce nombre de tâtonnements est au contraire extrêmement restreint.

Quand la linotte, élevée jeune près d'une alouette des prés, chante pour la première fois, elle chante comme l'alouette des près et non comme le rossignol ou le pinson. Cela serait vraiment inconcevable si l'instrument phonateur de la linotte n'était relié à son cerveau que par les nerfs centrifuges qui lui donnent des ordres moteurs. Il faudrait au moins qu'elle *entendît* quelquefois ce qu'elle chante pour comparer au modèle enregistré en elle dès le début de sa vie, et que, par ces comparaisons, elle rectifiât ses premiers essais. De même, quand un chanteur lit un air de musique, *mentalement*, croyez-vous qu'il n'est pas extraordinaire que, du premier coup, il lance précisément les notes justes qui sont nécessaires pour reproduire cet air de musique? Et croyez-vous que ce fait serait compréhensible si son instrument phonateur n'était relié à son cerveau que par les nerfs centrifuges qui le mettent en mouvement? Réfléchissez un instant au nombre énorme d'éléments musculaires qui entrent en jeu pour reproduire le son exact demandé et voyez combien devrait être versé dans la connaissance de l'anatomie humaine, ce chanteur qui doit choisir ainsi, avec précision, un millier d'éléments au milieu de plusieurs millions! Eh bien, le chanteur ne sait pas l'anatomie, la linotte ne sait pas comment fonctionne son syrinx et cependant tous deux se servent admirablement de leurs instruments phonateurs pour reproduire des sons que leur instrument auditif leur fait connaître par un mécanisme tout différent!

Cette chose merveilleuse devient beaucoup moins extraordinaire si l'on réfléchit que les différentes parties de l'instrument imitateur, parties intimement unies aux éléments moteurs de cet instrument, sont reliées au cerveau par des nerfs centripètes qui nous *tiennent au courant* des phénomènes qui s'y passent, au moment même où ils s'y passent. Et pour nous, adultes sachant parler, cette faculté d'être tenus au courant de ce qui se passe dans notre instrument phonateur au moment même où nous parlons, consiste dans la *phonation mentale* série d'épiphénomènes qui, nous l'avons vu, se confond avec ceux de l'*audition mentale*. C'est précisément cette confusion des deux séries d'épiphénomènes qui fait que nous pouvons apprendre à parler.

Ainsi, nous *entendons* de deux manières ce que nous disons ; 1° par les nerfs centripètes provenant de notre instrument phonateur lui-même ; 2° par les nerfs centripètes provenant de notre instrument récepteur, lequel a été impressionné, indirectement, à travers l'air, par ce que nous avons dit. *Et ce qu'il y a de merveilleux c'est que nous n'entendons par ces deux voies qu'une seule et même chose*[1], quoique, en réalité, ces deux voix centripètes nous renseignent sur des phénomènes physiques tout différents, aussi différents que le sont en eux-mêmes les deux instruments de musique que nous possédons, le larynx et l'oreille !

Ceci nous amène à comprendre, d'une manière générale, ce que c'est qu'un organe imitateur. Le système moteur d'un animal est très vaste et a des manifestations fonctionnelles très variées ; à chaque partie du système moteur est accolé, le plus souvent, un système sensitif, qui tient l'individu au courant de ce qu'effectue, à chaque instant, chaque partie de son système moteur ; ainsi, quand nous marchons, nous sentons que nous marchons. En outre, parmi les manifestations fonctionnelles du système moteur, il y en a quelques-unes qui peuvent frapper indirectement, par l'intermédiaire du milieu ambiant, certains récepteurs de nature spéciale, portés tant par l'individu lui-même que par ses congénères ; considérons le cas où le récepteur en question est porté par l'individu considéré lui-même ; la sensation qui résulte pour lui du fonctionnement de ce récepteur, *se confond* avec celle qu'il avait reçue directement du système sensitif accompagnant le système moteur lui-même au moment où ce dernier produisait le phénomène physique que le milieu

---

1. C'est pour cela qu'il me semble certain que les sourds parlants entendent mentalement ce qu'ils disent.

a transmis au récepteur spécial, ou du moins, si elle ne se confond pas avec elle, *s'accorde* avec elle.

Considérons maintenant le cas où le récepteur en question est porté par un autre individu, congénère du premier, c'est-à-dire bâti sur le même modèle. Ce récepteur procurera au second individu considéré une sensation déterminée et alors, s'il exécute avec son système moteur une opération lui donnant la même sensation, *il aura imité l'acte du premier*; il l'aura imité *parfaitement* s'il est identique à l'individu modèle; *imparfaitement* s'il en diffère plus ou moins.

Tenons-nous-en pour le moment au meilleur de tous les organes imitateurs, l'organe imitateur du son. Il se compose, comme tout organe imitateur, de deux parties : 1° l'instrument phonateur et ses connexions nerveuses centrifuges et centripètes avec les centres; 2° l'instrument récepteur, ou oreille, et ses connexions nerveuses centripètes.

Il y a *concordance*, chez l'enfant (et cette concordance est par conséquent héréditaire), entre les connexions nerveuses centripètes de l'instrument phonateur et de l'instrument récepteur, c'est-à-dire que quand l'enfant dit *papa*, il entend *papa* tant par l'un des systèmes centripètes que par l'autre. C'est cette *concordance héréditaire* qui fait de l'ensemble des deux instruments considérés, un organe imitateur du son. C'est à cause de cette concordance que l'enfant peut apprendre à parler. Il en est de même de tous les autres organes imitateurs quels qu'ils soient.

Comment peut-on s'expliquer l'apparition, dans les espèces animales, de mécanismes héréditaires aussi compliqués? Il est certain, l'embryologie le prouve, que l'instrument phonateur et l'instrument auditif ont des origines absolument distinctes. Leurs situations respectives dans l'adulte sont d'ailleurs des témoins suffisants de cette différence d'origine. Une autre preuve du même fait se trouve dans l'existence d'un grand nombre d'animaux qui ont un organe auditif et pas d'organe phonateur. Nous devons supposer que, chez les animaux qui possèdent les deux organes à la fois, chacun d'eux a apparu indépendamment de l'autre et sans connexion avec lui. Les connexions ont apparu ensuite et nous allons voir que leur apparition se conçoit fort bien.

Supposons, par exemple, qu'un individu se trouve muni d'un appareil phonateur distinct et d'un appareil auditif qui n'ait avec le premier aucune connexion. Quand cet individu proférera un son, il se passera deux choses :

1° Le mouvement même de l'instrument phonateur s'enregistrera dans un centre nerveux par les nerfs centripètes qui partent des différents points de l'organe phonateur; les épiphénomènes accompagnant cet enregistrement font que l'individu *sait* ce qu'il fait au moment même où il le fait.

2° Le son produit se transmettra par l'appareil auditif, déterminera le fonctionnement de cet appareil qui répétera ce qu'a dit l'organe phonateur; de cet appareil récepteur, par l'intermédiaire des nerfs centripètes, se fera, dans un centre nerveux, l'enregistrement du son perçu, et cet enregistrement s'accompagnera d'épiphénomènes qui constitueront, à proprement parler, l'audition du son.

Donc, nécessairement, toujours, à un son donné proféré par un individu correspondront deux épiphénomènes distincts, toujours les mêmes et séparés par un intervalle extrêmement petit, celui que met le son à aller de la bouche à l'oreille; plus petit même car la distance nerveuse du larynx au cerveau est plus grande que celle de l'ouïe au cerveau et l'on peut considérer par conséquent que ces deux épiphénomènes distincts sont simultanés. Or, ces deux épiphénomènes, toujours les mêmes, se correspondront toujours pour un même son donné. Pour un centre nerveux supérieur qui est en relation avec les deux centres récepteurs considérés, il s'établit donc rapidement, par habitude, une connexion entre ces deux épiphénomènes distincts et cela pour chacun des sons que peut produire l'organe phonateur. Je n'insiste pas ici sur le processus par lequel la sélection naturelle s'exerçant entre les éléments des tissus établira cette connexion de manière que *l'accord* existe entre les deux épiphénomènes correspondants. J'ai montré longuement ailleurs [1] comment toute *gêne* entre la corrélation et la coordination disparaît forcément à la longue.

La connexion finira par devenir telle, l'accord si parfait que l'individu ne saura plus distinguer entre les deux épiphénomènes accompagnant l'un la production, l'autre la réception d'un son donné, c'est-à-dire entre l'audition mentale et la phonation mentale. Ceci, je le répète, pour chacun des sons que peut produire l'organe phonateur.

Cette connexion s'établira *forcément*, pour chaque individu nouveau, au cours des générations successives, ce qui est le cas pour qu'un mécanisme devienne héréditaire, en vertu du second principe de Lamarck. Et c'est ainsi que se sera établie fatalement, dans une espèce douée d'un organe phonateur et d'un organe récepteur, un *organe imitateur des sons* [2]. On pourrait répéter le même raisonnement pour tous les organes imitateurs...

Il ne faut pas oublier que, d'une manière générale, l'appareil récepteur d'un animal est d'un fonctionnement beaucoup plus étendu que l'appareil reproducteur correspondant. Notre oreille peut entendre des sons bien plus variés que ceux que nous pouvons émettre, notre œil peut voir des formes bien plus variées que celles que nous pouvons reproduire. Nous n'imitons

1. *Évolution individuelle et Hérédité*, Alcan, 1898.
2. Il est alors naturel que, si cet organe devient adulte de bonne heure, le premier son entendu, c'est-à-dire enregistré tant dans l'audition mentale que dans la phonation mentale, puisse être seul reproduit ensuite comme nous avons vu que cela a lieu pour la linotte élevée près d'une alouette des prés.

que dans la mesure de nos moyens, les phénomènes qui arrivent à notre connaissance par nos divers instruments récepteurs. Il y en a que nous n'imitons pas *du tout* parce que nous n'avons pas d'instrument producteur correspondant; nous n'imitons pas les odeurs parce que nous n'avons pas d'instrument à produire des odeurs, quoique nous ayons un organe olfactif capable de les percevoir. Nous n'imitons guère que les phénomènes qui arrivent à notre connaissance par la vue et par l'ouïe.

C'est surtout notre organe imitateur des sons qui est parfait; il ne l'est pas absolument toutefois et nous sommes quelquefois trompés par notre présomption quand nous essayons de reproduire un son et que nous chantons *faux*; nous avons cependant l'audition mentale et la phonation mentale *justes* de ce son, mais notre instrument phonateur nous cause cette surprise désagréable que, à une phonation mentale juste, succède une phonation effective fausse. L'éducation peut d'ailleurs faire disparaître ce désaccord; notre instrument imitateur des sons est perfectible jusqu'à un degré qui varie avec les individus...

D'une espèce animale à une autre espèce animale, l'imitation phonétique est quelquefois possible dans certaines limites, quelquefois impossible. Cela dépend de l'étendue du fonctionnement de l'organe récepteur des sons et surtout de l'étendue de l'appareil producteur des sons qui, nous l'avons vu, est généralement beaucoup plus restreint. Le perroquet a un appareil producteur au moins aussi étendu, sinon plus étendu que le nôtre; il peut reproduire tout ce que nous disons et beaucoup d'autres choses que nous ne saurions pas dire. Nous avons vu plus haut quels sont les divers degrés d'imitation phonétique chez les oiseaux.

Le fait, probablement très général, que l'organe auditif est d'un fonctionnement bien plus étendu que l'organe phonateur doit nous faire penser au cas de certains animaux qui, comme les chiens, vivent dans la société des hommes et peuvent arriver à reconnaître un grand nombre de sons de la voix humaine. Je possède un chien qui connaît bien une quarantaine de mots français et qui le prouve d'une manière indiscutable. Croyez-vous que, assez intelligent pour se rendre compte de l'utilité de la parole articulée, ce chien n'essaie pas de reproduire les mots qu'il entend et ne souffre pas d'être réduit par l'imperfection de son instrument phonateur, à un *ouaou* sempiternel. Il est pourtant probable qu'il a non seulement l'audition, mais la phonation mentale des mots qu'il connaît, mais nous avons aussi l'audition mentale et la phonation mentale du bruit de la mer et nous ne pouvons pas le reproduire.

Avant de quitter ce sujet de l'imitation phonétique, je tiens à faire une deuxième remarque sur la question controversée de l'hérédité de la parole articulée. Je sais bien qu'on ne peut pas songer à se demander si la langue française peut être héréditaire, mais il n'en est plus de même des éléments phonétiques de cette langue qui sont proférés si souvent, chacun pour son compte, pendant une nombreuse suite de générations. Je crois qu'il y a des cas où l'on peut affirmer que cette hérédité des éléments phonétiques a lieu; c'est elle qui, à mon avis, explique l'évolution des langues qui, comme les langues celti-ques, se sont transmises par la parole, sans être fixées par l'écriture. Les consonnes se sont *adoucies* progressivement, parce que la transmission héréditaire de leur mécanisme phoné-tique permettait aux jeunes gens de les prononcer de plus en plus facilement aux cours des générations successives. C'est ainsi que les mots qui contenaient P ou T au vi^e siècle étaient arrivés à contenir B ou D au xiie et contiennent aujourd'hui V ou Z.... Ce qui me fait croire surtout qu'il y a là une consé-quence d'un phénomène héréditaire, c'est que la série des transformations P »→ B »→ V, et toutes les séries semblables se retrouvent dans l'histoire de la plupart des langues indo-euro-péennes.

Enfin, on peut imiter, non plus des sons mais des mouve-ments, des formes, des couleurs. Seulement, comme on ne peut les imiter que si l'on a des outils capables de le faire, on comprend que cette imitation n'a pas une grande importance dans la morphogénèse. J'ai étudié, dans un autre ouvrage [1], les cas de mimétisme lamarckien qui sont précisément ceux où l'imitation a joué le rôle le plus remarquable dans la formation des espèces.

1. *Lamarckiens et Darwiniens.* Paris, F. Alcan, 1900.

LIVRE V

PRINCIPES DE CLASSIFICATION

Quand vous aurez une heure à dépenser, allez faire un tour
au jardin des Plantes; rien ne donne plus à réfléchir que
l'observation successive d'un grand nombre d'animaux *en
train de vivre*; rien n'est plus utile aux philosophes. Après
avoir regardé attentivement tant d'êtres *différents*, qui, chacun
pour son compte, *savent* entretenir leur existence au moyen de
leurs organes propres, vous vous ferez de la vie en général
une idée bien plus large que si vous vous êtes contentés
d'étudier des hommes tous plus ou moins semblables, que si
vous vous êtes contentés surtout de regarder en vous-mêmes
et de chercher en vous-mêmes la solution des grands problèmes
biologiques. La première chose qui vous frappera sans doute
sera l'étonnante diversité des formes et des organes; si vous
avez d'avance l'idée arrêtée que la vie est *une*, vous ne
manquerez pas d'admirer les manifestations infiniment variées
de ce principe unique et peut-être même, votre admiration vous
amènera-t-elle à abandonner cette dangereuse notion de *l'unité
de la vie*; peut-être vous demanderez-vous s'il est logique de
penser que la *vie d'un chien* est la même chose que la *vie d'un
pélican* ou que la *vie d'un caïman*, et ce sera déjà assez pour
que vous n'ayez pas perdu votre promenade.

Ce sera bien pis quand vous entrerez dans les galeries de zoologie. Après les animaux du groupe des vertébrés, vous verrez des milliers et des milliers de *vers*, d'*insectes*, de *coraux*, d'*oursins*, etc., qui malheureusement ne vivent pas, mais qui, vous ne pouvez en douter, *ont vécu* dans des milieux divers, au moyen de leurs organes propres. Puis vous irez dans le jardin botanique, dans les serres, et, en très peu de temps, vous aurez vu un nombre énorme de types d'êtres vivants. Tout cela, si vous n'avez pas d'idée préconçue, vous donnera d'abord la notion de la *variété* et vous vous demanderez s'il est possible de trouver *quelque chose de commun* à tous ces êtres si divers dans leurs formes et dans les manifestations de leur activité. Cela est possible évidemment, puisque nous *savons*, sans nous tromper jamais, distinguer un être vivant d'un être mort ou d'un corps brut, mais je ne veux pas insister ici sur ce *quelque chose de commun*.

Une autre conséquence de votre course rapide à travers tant de types d'êtres absolument divers, sera de vous donner la notion de l'utilité d'une classification; vous voudrez évidemment, puisqu'on l'enseigne dans toutes les classes de philosophie, que cette classification soit *naturelle* et, quand vous aurez pensé au travail gigantesque que représente la classification naturelle d'un nombre si formidable d'objets divers, vous envisagerez avec moins d'indifférence les noms barbares qui sont inscrits sur les étiquettes de la ménagerie et des collections.

Mais comment concevoir une classification *naturelle* des êtres vivants! Les Linné, les Lamarck, les Cuvier, les Geoffroy Saint-Hilaire y ont consacré leur génie et ont à peine ébauché l'ouvrage. La classification est le *but* de la zoologie et de la botanique et l'on constate chaque jour que ce but est loin d'être atteint, que ces sciences sont encore dans l'enfance, et que des erreurs grossières existent dans les classifications actuelles, même si l'on s'en tient aux principes qui leur ont servi de base, car ces principes ne sont pas toujours faciles à appliquer.

Quels sont ces principes? Leur choix a étonnamment varié depuis un siècle, à mesure que les sciences naturelles ont progressé. Quand Linné construisit son *système de la nature*, sa seule ambition était de créer un *catalogue pratique* des espèces, dans lequel chaque espèce fût caractérisée de manière à être facilement reconnue, c'est-à-dire qu'il choisit de préférence pour ses diagnoses les particularités les plus immédiatement saillantes de la structure des individus. Ce système artificiel était le seul que l'on pût concevoir dans l'état de la science à cette époque. Tout au plus pouvait-on chercher à rendre le catalogue aussi commode que possible à feuilleter, en rapprochant, dans l'ouvrage, les espèces qui avaient quelques ressemblances extérieures de telle manière, par exemple que le cheval quadrupède fût plus voisin de la grenouille également quadrupède que de la sangsue ou du corail. Là devaient se borner les prétentions des classificateurs tant que régna dans la science l'idée de la création séparée de tous les êtres vivants. En effet, si chaque animal était le fruit d'un effort imaginatif spécial du créateur, il n'y avait aucune raison pour qu'il y eût un *plan* de la nature organisée.

Je ne passerai pas en revue les diverses étapes de l'histoire de la classification, mais je ferai remarquer que, précisément, cette classification artificielle des premiers temps devait déjà, en mettant en évidence l'existence de ce plan indéniable, de cette *continuité* admirable des formes, jeter quelque suspicion sur la théorie de la création distincte des espèces, et c'est ce qui est arrivé, mais les partisans de la création ne furent pas embarrassés pour si peu; il leur suffit d'imaginer que le créateur, au lieu de créer au hasard, s'était fixé à lui-même un plan; ils purent ainsi continuer à dire avec Linné : Nous comptons autant d'espèces qu'en créa à l'origine, l'être infini.

Aujourd'hui, tous les naturalistes qui ont abandonné les idées archaïques dont on nourrit encore notre enfance, ont reconnu que l'*espèce* n'est pas quelque chose de fixe, mais varie au contraire constamment d'une manière plus ou moins rapide. La théorie transformiste a succédé, pour tous les savants vraiment soucieux de la découverte de la vérité, à la théorie de la création distincte des espèces; naturellement cette théorie a amené des modifications profondes dans le choix des principes fondamentaux des classifications.

Mais, contrairement à ce qu'on pouvait prévoir, ce choix de nouveaux principes ne bouleversa pas de fond en comble les classifications auxquelles on était déjà arrivé. Conduit par des idées philosophiques préconçues, qu'il avait probablement tirées de l'adage *Natura non facit saltus*, Linné, tout en se résignant à ne construire qu'un catalogue artificiel commode, avait conçu une méthode naturelle de classification, dans laquelle « chaque espèce serait exactement placée de façon à servir de trait d'union à deux autres espèces ». Le grand naturaliste suédois n'avait pas, pour cela, passé au transformisme; il avait seulement été guidé par la notion assez confuse de la *continuité* de la nature, de sorte qu'en rapprochant, dans son catalogue, des formes voisines quant à la structure, il avait souvent réuni sans s'en douter des êtres que l'on réunit encore aujourd'hui dans des groupes basés sur la *parenté* des espèces. La théorie transformiste conduit en effet naturellement à considérer comme *parentes* des espèces différentes provenant d'ancêtres communs, et il est évident alors, que la méthode vraiment naturelle de classification des êtres vivants sera celle qui tendra à reconstituer *l'arbre généalogique des règnes animal et végétal*. On peut hardiment dire que c'est notre grand Lamarck qui est entré le premier dans cette voie féconde, mais il avait des documents trop incomplets et sa classification est pleine d'erreurs; malgré cela, c'est un de ses grands titres de gloire d'avoir découvert la véritable méthode naturelle de classification des êtres.

Je ne vais pas m'attarder à passer en revue toutes les modifications introduites successivement dans la classification depuis que l'on est franchement entré dans la voie de la reconstitution d'un arbre généalogique des êtres vivants. Je veux seulement indiquer quelle méthode de recherches peut conduire à cette reconstitution et quelles sont les erreurs que l'on peut rencontrer dans l'application de la méthode choisie.

CHAPITRE XII

HOMOMORPHIE ET HOMOPHYLIE

Quand il s'agit de construire l'arbre généalogique d'une famille humaine, on emploie la méthode historique et on reconstruit l'arbre cherché jusqu'à la période où les documents font défaut; c'est la seule méthode possible; or, il est immédiatement évident que, pour construire l'arbre généalogique des espèces actuellement vivantes, on ne peut pas appliquer la même méthode puisqu'il n'y a pas de registres de l'état civil.

Une méthode analogue à la méthode historique, mais déjà susceptible d'erreurs, est la méthode paléontologique, c'est-à-dire la méthode qui consiste à chercher dans les restes conservés des êtres morts les types que l'on a des raisons de croire avoir été les grands parents de tel ou tel animal aujourd'hui vivant. On voit combien serait inapplicable cette méthode paléontologique à la reconstitution de l'arbre généalogique d'une famille humaine; nous ne savons pas à quels caractères on pourrait reconnaître que tel squelette, trouvé en tel endroit, est celui de l'arrière-grand-père d'un individu donné, si les documents historiques font défaut à son sujet. Il n'en est plus de même quand il s'agit de reconstituer l'arbre généalogique des espèces et, si les documents paléontologiques n'étaient pas si incomplets, on y trouverait exactement tout ce qu'on cherche pour établir la classification naturelle des êtres vivants.

C'est que la notion de *parenté*, telle qu'on l'exploite en sciences naturelles pour la classification, n'est pas tout à fait identique à la notion de parenté entre les hommes. Chez les hommes, la notion de parenté, établie uniquement sur la foi des registres de l'état civil, est indépendante de la ressemblance plus ou moins grande des individus considérés. Au contraire, pour les êtres d'espèces différentes dont on ne connaît pas la généalogie, on essaie d'établir celle-ci au moyen des ressemblances constatées et en s'efforçant d'attribuer aux divers caractères de ressemblance l'importance qu'ils méritent.

Voici des exemples qui vont prouver que, dans ces conditions, il peut y avoir des divergences au sujet de la proximité de parenté, entre les résultats de la méthode humaine et ceux de la méthode des sciences naturelles.

Je suppose que deux frères nés en France se séparent; l'un reste en France, l'autre va habiter l'Algérie; tous deux font souche et leurs descendants se reproduisent pendant plusieurs siècles; il est certain que, au bout de 10 générations par exemple, les descendants de l'algérien auront acquis, tant par adaptation directe que par croisements avec des individus déjà adaptés aux conditions locales, des caractères locaux très remarquables, susceptibles, en tout cas, de les distinguer nettement de leurs cousins de la même génération française. Or, entre les Algériens de la 10ᵉ génération et les Français de la 10ᵉ génération, il y aura exactement la même parenté qu'entre les divers français de la 11ᵉ génération, savoir : ce qu'on appelle le 22ᵉ degré, et cependant les divers français de la 11ᵉ génération se ressembleront beaucoup plus que ne le feront deux individus pris l'un dans la 10ᵉ génération algérienne, l'autre dans la 10ᵉ génération française. Si l'on avait à faire une classification des individus de la 10e génération tant française qu'algérienne, sans connaître les registres de l'état civil et par les seules considérations de ressemblance, on les diviserait certainement en deux groupes séparés, et l'on rapprocherait les individus du groupe algérien d'autres individus algériens qui ne sont pas leurs parents, ou du moins qui ont avec eux une parenté se perdant dans la nuit des temps, de même qu'on rapprocherait les individus du groupe français d'autres individus français qui ne sont pas leurs parents et qui, néanmoins, leur ressemblent plus que leurs cousins d'Algérie au 22e degré.

On appelle *caractères de convergence* les caractères communs par lesquels les individus de la 10e génération algérienne se rapprochent d'autres algériens qui ne sont pas leurs parents, caractères dus à l'adaptation à des conditions communes et qui, nous venons de le voir, peuvent complètement masquer les ressemblances de parenté. Il est évident que l'existence de ces caractères de convergence sera très nuisible à la recherche du degré de parenté réelle entre les individus. Mais, si ces caractères de convergence sont définitivement acquis et fixés dans l'hérédité des individus considérés au point de *résister* à une transplantation dans des conditions nouvelles, dans des conditions autres que celles où ils ont été d'abord acquis, on ne peut s'empêcher de trouver que ces caractères ont une singulière importance et de se demander au contraire quelle est la signification de ce qu'on appelle, dans la société humaine, le degré de parenté.

D'une manière générale, quand une race se multiplie, d'une manière régulière, *dans des conditions constantes*, elle ne se modifie pas, elle n'acquiert pas de caractère nouveau, de sorte que la ressemblance entre les individus de la centième génération est de même ordre que celle que l'on constate entre les individus de la 10e génération. Et cependant, les premiers ne sont, au point de vue humain, parents qu'au 200e degré, tandis que les derniers sont parents au 20ᵉ degré. Il va donc de soi que, pour un savant qui recherche la parenté des êtres en se basant uniquement sur leurs caractères de ressemblance, une série de générations *dans des conditions constantes*, c'est-à-dire sans modifications, ne compte pas.

Prenons un autre exemple, emprunté cette fois à l'histoire naturelle, mais dans lequel il nous est possible comme pour l'homme de tenir un registre de l'état civil, parce que les générations successives se font très vite. Considérons une bactérie bien définie, si vous voulez, une bactéridie charbonneuse virulente et sporogène. Mettons-la dans un bouillon convenable à une bonne température, elle ne tarde pas à y donner 2 bactéridies identiques à elle-même; je laisse l'une d'elles dans le bouillon, où elle se multiplie *sans varier* et donne au bout de peu de temps des millions de bactéridies toutes semblables, *identiques même* entre elles et identiques à la bactéridie initiale à l'ancêtre commun. Supposons, par exemple, que nous ayons suivi 100 bipartitions en nous occupant de renouveler le milieu à mesure que cela devenait nécessaire pour que les conditions restassent identiques; parmi les millions de bactéridies, *toutes identiques*, de la 100ᵉ génération, il y en aura qui, au point de vue humain ne seront parentes qu'au 200ᵉ degré, et cependant elles seront *identiques* entre elles, absolument comme celles qui sont parentes au 2ᵉ degré.

Au contraire, la seconde bactéridie qui provient de la première bipartition, je la porte dans une solution étendue d'acide phénique dans l'eau distillée et je l'y laisse quelque temps; elle ne s'y multiplie pas, mais si je la retire assez tôt, elle n'est pas encore morte et, transportée dans un bon milieu nutritif elle donne naissance à un grand nombre de bactéridies toutes identiques entre elles, mais *différentes* de notre bactéridie initiale ancêtre commun, en ce sens qu'elles *ne sont plus virulentes*.

Dans des conditions analogues, je pourrai obtenir aussi une race de bactéridies *asporogènes*, c'est-à-dire qui ont perdu la propriété de fabriquer des spores. Toutes ces bactéridies nouvelles seront donc *différentes* de la bactéridie ancêtre et différentes de telle manière que leurs caractères acquis sont *héréditaires*, transmissibles à leurs descendants dans un milieu convenable.

En particulier, ces bactéridies se multiplieront parfaitement, en conservant leurs caractères nouveaux, dans le milieu où nous cultivons leurs cousines qui sont restées virulentes et sporogènes et nous verrons ainsi, qu'au 3° degré de parenté c'est-à-dire au degré de parenté qui unit le neveu à l'oncle, nous pouvons avoir des êtres aussi différents qu'une bactéridie sporogène virulente et une bactéridie sporogène atténuée, tandis que tout à l'heure, en l'absence de variation, nous trouvions des êtres *identiques* qui n'étaient parents qu'au 200° degré.

Ainsi donc, en s'en tenant à la lettre de la définition humaine de la parenté, on arriverait à considérer des êtres différents comme plus proches parents que des êtres identiques, dans des cas analogues à ceux que nous venons d'envisager ici, et une classification basée sur une parenté ainsi conçue serait extravagante.

Remarquons d'ailleurs que ce serait tirer de la notion humaine de parenté une conclusion contraire à l'esprit même de cette notion, puisque, le véritable intérêt que présente la parenté pour un observateur étranger, vient uniquement de la ressemblance plus grande entre parents plus proches. Il faudra donc admettre, en établissant les arbres généalogiques des espèces, que l'on considère comme nulle une période, aussi longue qu'elle soit, pendant laquelle les ancêtres de l'espèce n'ont subi aucune variation à cause de la constance des conditions de vie. Il s'agira alors de déterminer si deux espèces, en vertu de la présence chez elles d'un caractère identique, peuvent être envisagées comme descendant d'un ancêtre commun, plutôt que de savoir quel est, au point de vue humain, leur degré de parenté.

Mais, de ce que l'on constatera la présence, chez deux êtres, d'un caractère commun, sera-t-on en droit de conclure immédiatement à la parenté de ces deux êtres, c'est-à-dire, d'affirmer que ce caractère commun vient, chez ces deux êtres, d'un même ancêtre qui leur a transmis ce caractère héréditairement? L'exemple de tout à l'heure permet de répondre immédiatement par la négative; nous avons vu en effet que les descendants d'un individu donné, né en France, pouvaient au bout d'un assez grand nombre de générations passées en Algérie, avoir acquis un caractère africain qui les amène à ressembler beaucoup plus à des Algériens qui leur sont étrangers, qu'à leurs parents de France. Nous avons déjà appelé *caractères de convergence*, ces caractères communs acquis, sous l'influence de conditions communes de milieu. Ces caractères, s'ils sont acquis définitivement par un séjour assez prolongé dans le milieu considéré, seront fixés dans l'hérédité de l'espèce et constitueront une nouvelle partie du patrimoine transmissible. Si donc nous nous proposons de construire un arbre généalogique des espèces, c'est-à-dire d'établir leur parenté au sens où je l'ai défini plus haut, nous rencontrerons dans ces caractères de convergence une cause d'erreur considérable.

En voici un exemple frappant : Comparons trois animaux mammifères qui, quoique très différents, ont une manière de vivre analogue : le castor, la taupe, l'ornithorynque. Ce qui nous frappe d'abord quand nous observons ces trois types d'animaux, ce sont surtout les différences, et cependant, si, dans un terrain où ils sont morts tous les trois, nous ne retrouvions que les squelettes de leurs membres antérieurs, et pas de trace du reste de leurs corps, nous serions invinciblement amenés à les considérer comme presque identiques. C'est que les trois types considérés sont des animaux *fouisseurs*; ils creusent la terre avec leurs pattes de devant et ces appendices se trouvent ainsi adaptés à une fonction commune, la fonction *fouisseuse* qui finit par leur donner une très grande ressemblance *par convergence*.

Dans le cas actuel, nous avons affaire à des animaux très bien connus, faisant partie de groupes très bien connus, aussi ne pouvons-nous pas commettre l'erreur qui consisterait à considérer ces membres fouisseurs comme un héritage commun d'un ancêtre commun fouisseur duquel les 3 types étudiés auraient divergé sous l'influence de conditions nouvelles en acquérant tous les autres caractères qui les définissent aujourd'hui. Au contraire, nous savons que le *castor* par exemple appartient au groupe naturel des *rongeurs*, dans lequel le placent ses différents caractères squelettiques et en particulier sa dentition; nous savons que la taupe appartient au groupe naturel des *insectivores* dans lequel le range également sa dentition; nous devons, en conséquence, considérer que le castor d'une part, la taupe d'autre part, dérivent d'un ancien rongeur et d'un ancien insectivore qui, s'étant adaptés au genre de vie fouisseur, ont acquis à la longue le caractère fouisseur des membres antérieurs, et non que ces deux animaux dérivent d'un ancêtre commun fouisseur duquel ont divergé des descendants en acquérant l'un le caractère rongeur, l'autre le caractère insectivore. Nous savons cela parce que nous connaissons les groupes *naturels* des rongeurs et des insectivores, mais si nous avions seulement à étudier le castor et la taupe, sans aucun type de comparaison, qu'est-ce qui nous prouverait que nous devons considérer plutôt comme caractère primordial la dentition qui les sépare ou la patte fouisseuse qui les rapproche! Dans la classification actuelle des mammifères on a été amené à accorder à la dentition la place d'un caractère de tout premier ordre. Mais, d'abord, cette règle n'est pas sans souffrir d'exception :

D'abord, pour ce qui concerne la dentition du type rongeur, par exemple, nous trouvons deux genres intéressants qui possèdent cette dentition et que l'on n'a pas pour cela placés dans l'ordre des rongeurs. L'un d'eux, le *wombat* ou *rat à bourse* est de l'ordre des Marsupiaux, c'est-à-dire de cet ordre bizarre de mammifères que caractérise la présence d'une poche située sous le ventre de la mère, et dans laquelle les petits trouvent un asile pendant leur très jeune âge. L'ordre des marsupiaux qui est si abondamment représenté en Australie contient des types, tous munis de la poche caractéristique, et qui se rapprochent, chacun pour son compte, de nos différents types de mammifères européens ; il y a des marsupiaux rongeurs comme le *wombat*, des marsupiaux *carnassiers* comme le *thylacina*, des marsupiaux *insectivores, cheiroptères*, etc.

Ce parallélisme pourrait s'expliquer de deux manières : Premièrement, on pourrait se dire que le caractère *marsupial* a été acquis par les animaux sous l'influence des conditions climatériques de l'Australie, comme le caractère algérien avait été acquis dans notre exemple de tout à l'heure par des étrangers fixés en Algérie ; ce serait donc un caractère de *convergence* qui aurait atteint à la fois les rongeurs, les carnassiers, les insectivores, etc., émigrés en Australie, sans avoir pour cela fait disparaître leurs caractères héréditaires de rongeurs, de carnassiers, d'insectivores, etc... Alors ce caractère marsupial commun ne serait pas, pour les marsupiaux, la preuve d'une parenté, mais seulement la marque d'une adaptation à des conditions de vie communes.

Deuxièmement, on peut considérer, au contraire, le caractère *marsupial* comme un caractère primitif, ayant appartenu à un ancêtre commun de tous les marsupiaux d'Australie, lequel, ayant été il y a très longtemps, transporté par hasard dans ce continent, aurait transmis à tous ses descendants cette poche remarquable servant à abriter les petits pendant leur jeune âge. Ces descendants auraient divergé du type ancestral en s'adaptant à divers genres de vie; les uns, s'adaptant, sous l'influence des conditions de milieu, au régime rongeur, auraient acquis le caractère de rongeur, la dentition de rongeur, comme caractère de *convergence*; d'autres, s'adaptant au régime insectivore, auraient acquis la dentition d'insectivore comme caractère de *convergence* et ainsi de suite pour le caractère carnassier, cheiroptère, etc.

A priori, il n'y a aucune raison pour admettre la première interprétation plutôt que la seconde. La seconde est adoptée aujourd'hui par suite de considérations que nous aurons à rapporter tout à l'heure.

Le second type d'animaux à mâchoire de rongeur et qui n'est pas classé dans les rongeurs est le *cheiromys* ou aye-aye de Madagascar. Cet animal est, malgré sa dentition de rongeur, classé parmi les singes [1] dont il a les mains et l'habitus général. Eh bien! devons-nous considérer ce singulier animal comme un singe adapté au régime rongeur ou comme un rongeur adapté à la vie de singe! Ici la réponse n'est pas douteuse parce qu'il y a trop de caractères communs au *cheiromys* et aux singes, tandis qu'il n'y a que la dentition qui le rapproche des rongeurs; cependant l'erreur a été commise autrefois et l'aye-aye a été d'abord placé à côté de l'écureuil.

Supposez en effet que l'on s'en tienne seulement au caractère préhensile de ses mains. Nous avons vu plus haut que la *taupe* et le *castor*, quoique présentant l'un et l'autre des pattes antérieures fouisseuses, devaient être séparés à cause de leur dentition et rangés l'un parmi les insectivores, l'autre parmi les rongeurs; c'est donc que dans ce cas la dentition

1. Ou du moins parmi les Lémuriens que l'on sépare aujourd'hui des singes proprement dits (*Makis* de Madagascar).

nous paraissait un caractère primordial par rapport à la forme des pattes antérieures. Au contraire, l'aye-aye se rapproche des rongeurs par sa dentition et néanmoins nous le classons dans les singes à cause de ses pattes ; c'est donc que, dans ce cas, la dentition ne nous paraît plus un caractère primordial par rapport à la forme des pattes. La conclusion à laquelle nous nous sommes arrêtés dans le premier cas n'est plus valable dans le second. *Il n'y a pas de règle générale pour la subordination des caractères.* Tel caractère qui, commun à deux êtres donnés, prouve chez eux une parenté réelle, peut aussi exister chez d'autres êtres qui ne sont pas parents des premiers et qui ont acquis ce caractère particulier par une adaptation plus ou moins parfaite à certaines conditions de vie.

Il ne faut pas croire que les caractères de convergence sont moins précis que les caractères qui proviennent d'un ancêtre commun. Voici un exemple qui prouvera jusqu'à quel point deux organes adaptés à une même fonction peuvent devenir voisins chez des animaux essentiellement différents. Vous connaissez sans doute les mollusques céphalopodes, le poulpe, la seiche, le calmar, etc. Il n'y a aucune parenté ou du moins aucune parenté proche entre l'homme et le poulpe, n'est-ce pas ! Et cependant, chez certains céphalopodes, l'œil peut être comparé à celui de l'homme pour sa complexité et la disposition de ses parties. Il faut une étude approfondie pour reconnaître des différences sérieuses entre ces deux organes, et cependant il est certain qu'ils ne proviennent pas d'un ancêtre commun ; si les mollusques et les vertébrés ont eu un ancêtre commun, c'était un être bien simple et qui, s'il était doué de vue, avait tout au plus comme yeux de petites taches pigmentaires. Évidemment, ces deux organes similaires se sont formés parallèlement et *indépendamment* dans la série qui a conduit aux céphalopodes et dans la série qui a conduit à l'homme depuis que ces deux séries ont divergé, si même elles ont jamais eu un point commun! Je le répète, une étude approfondie de ces deux organes ne laisse subsister aucun doute à ce sujet et l'on y trouve des différences qui empêchent de commettre, à propos de l'œil envisagé, et indépendamment de toute autre considération, une erreur de classification, mais dans bien d'autres cas, il n'en est pas de même et l'on peut se tromper.

De tout ce que je viens de dire dans les pages précédentes, il résulte que lorsqu'on trouve un caractère commun à deux êtres différents, on doit hésiter entre deux alternatives :

1° Ce caractère commun provient, par descendance directe, d'un ancêtre commun aux deux êtres considérés et qui possédait le dit caractère : Exemple, la dentition du rat et celle de la souris proviennent d'un ancêtre commun qui avait la dentition de rongeur; on dit alors qu'il y a *homophylie* (de ὁμός, semblable et φυλή, lignée);

2° Ce caractère commun a été acquis séparément par les ancêtres des deux êtres considérés, indépendamment de toute question de parenté, et par simple *convergence*, par simple adaptation à des conditions communes d'existence : exemple, la dentition du *rat*, celle du *Wombat*, celle de l'*Aye-aye*; on dit alors qu'il y a seulement *homomorphie* (de ὁμός, semblable et μορφή, forme), c'est-à-dire que la similitude provenant du caractère considéré n'entraîne aucune parenté, aucun rapprochement dans la classification généalogique.

Il faut bien s'entendre sur les définitions précédentes. Il va de soi que toutes ces remarques n'ont d'importance que pour une *comparaison* entre deux types. Si l'on avait à décrire un seul type animal ou végétal, on n'aurait à faire allusion à aucune des différences que nous venons d'étudier, car la dentition du wombat est aujourd'hui un caractère héréditaire absolument au même titre que la dentition du rat. Les ancêtres du wombat ont peut-être [1] acquis la dentition du rongeur à une époque de

____
1. Je dis ceci uniquement pour donner plus de généralité à l'exemple

l'histoire du monde aussi primitive que celle où est apparue la dentition de rongeur chez les ancêtres du rat. Mais ce qui fait que nous séparons le wombat des rongeurs, c'est que nous avons des raisons de croire que le *caractère marsupial* existait déjà chez ses ancêtres au moment où ceux-ci ont acquis le caractère rongeur et que tous les marsupiaux actuels, qu'ils soient rongeurs, carnassiers ou insectivores doivent avoir eu un ancêtre commun marsupial; cet ancêtre commun aurait émigré dans un continent qu'il aurait peuplé de ses descendants, tous parents ainsi malgré les dissemblances ultérieurement acquises par l'adaptation à des genres de vie différents.

Au contraire, les ancêtres du rat, au moment où, en acquérant la dentition de rongeur, ils se sont séparés de leurs parents devenus carnassiers ou insectivores, n'avaient pas le caractère marsupial et ne l'ont pas transmis à leurs descendants [1]. Après le caractère *mammifère* que nous leur connaissons en commun avec les carnassiers, insectivores, etc..., le plus *ancien* caractère commun que nous connaissions au rat, à l'écureuil, au castor, etc... est le caractère rongeur et c'est pour cela que nous les réunissons dans le groupe des rongeurs; nous pensons que tous nos rongeurs descendent d'un ancêtre commun qui était *rongeur*, tandis que nous devons penser que le *wombat* et les *rongeurs* ont un ancêtre commun bien plus ancien qui était mammifère, *mais pas rongeur*, de sorte que, si l'on part de cet ancêtre commun mammifère on voit que le caractère rongeur a été acquis *indépendamment de toute ques-*

choisi, mais en réalité rien ne peut faire croire que cette hypothèse soit admissible.

1. Ici encore, pour ne pas compliquer les choses, je m'écarte un peu de ce qui est admis; on pense aujourd'hui que tous les mammifères ont été marsupiaux à l'origine et que ce caractère, conservé chez les mammifères d'Australie, a disparu chez les autres, de sorte qu'en réalité, le Wombat ne serait pas plus proche parent du Thylacina que le lapin ne l'est du loup; les marsupiaux ne seraient pas un *ordre* de mammifères, mais une *sous-classe* équivalente à l'autre *sous-classe*, celle des mammifères qui ne sont pas marsupiaux.

tion de parenté et *séparément*, par l'ancêtre du wombat, par l'ancêtre des rongeurs et, nous pouvons ajouter, par l'ancêtre de l'aye-aye.

Il n'y a donc pas de différence *absolue* entre les caractères constituant une *homophylie* et ceux qui constituent une *homomorphie*. Il n'y a qu'une différence *relative*, une question de priorité, car il va de soi que, pour un transformiste convaincu, les *caractères*, quels qu'ils soient, ont tous apparu successivement sous l'influence des conditions d'existence. L'ancêtre commun des mammifères n'était ni *rongeur*, ni *carnassier*, ni *insectivore* au sens où nous l'entendons aujourd'hui; il n'était que *mammifère*; ses divers descendants, vivant dans des conditions différentes ont acquis séparément les caractères de rongeurs, de carnassiers, d'insectivores..., et, si nous avions eu à les classer à cette époque, nous aurions considéré ces caractères comme des caractères de convergence; c'est-à-dire que, par exemple, si 4 mammifères avaient acquis séparément le caractère dans des conditions analogues, nous n'aurions pas songé à les considérer comme plus proches parents entre eux qu'ils ne l'étaient individuellement d'autres mammifères ayant, dans d'autres conditions, acquis le caractère carnassier. Nous nous serions même dit peut-être qu'il fallait nous défier de ces caractères de convergence qui masquent les caractères de parenté, comme nous l'avons fait tout à l'heure pour des êtres qui ont acquis le caractère fouisseur et qui descendant l'un, la taupe, d'un insectivore, l'autre, le castor, d'un rongeur.

Peut-être commettons-nous cette erreur en considérant l'ordre actuel des rongeurs comme un groupe vraiment naturel? Qui sait si, quand le caractère rongeur a été acquis, il ne l'a pas été séparément par un animal fouisseur et par un animal grimpeur? Nous n'avons pas le droit de dire *a priori* que c'est impossible puisque nous voyons le même caractère rongeur acquis, dans d'autres conditions, par des animaux certainement différents, un aye-aye et un wombat. Serait-il par exemple illogique de penser, *a priori*, que l'ancêtre du lapin et l'ancêtre du rat sont devenus *séparément* rongeurs, et que leur ressemblance est une homomorphie et non une homophylie? Vous savez que le lapin a deux rangées d'incisives, l'une placée devant l'autre et que les autres rongeurs n'en ont qu'une. Eh bien! est-il défendu de penser que l'ancêtre du lapin avant de devenir rongeur avait déjà deux rangées d'incisives tandis que celui du rat n'en avait qu'une? En faisant toutes ces hypothèses je restreins intentionnellement à l'étude d'un seul caractère la recherche de la parenté entre deux êtres pour simplifier la question. Mais cela ne suffit-il pas déjà à faire comprendre quelles sont les difficultés de la classification généalogique des espèces et dans combien de pièges on peut tomber en l'établissant même si l'on s'entoure de grandes précautions! Résumons en quelques lignes les pages précédentes :

Un être actuel, un poulet par exemple, doit être considéré comme dérivant d'un être initial très simple, par une série de modifications successives, caractères nouveaux acquis sous l'influence de nouvelles conditions de milieu, caractères perdus par désuétude lorsqu'ils étaient devenus inutiles. Supposons que nous connaissions tous les *stades* de l'histoire du poulet, c'est-à-dire ce qu'on appelle la *phylogénie* du poulet et que nous les inscrivions sur une ligne verticale, sans tenir compte, naturellement, des intervalles qui séparent ces divers stades, puisque, pendant ces intervalles, les conditions ont été constantes et l'espèce n'a pas varié.

D'abord, la constitution de cette série sera intéressante en ce qu'elle expliquera comment, grâce à l'hérédité des caractères acquis, un être aussi compliqué que le poulet a pu provenir naturellement, au bout d'une très longue suite de siècles, d'un être primitif aussi simple qu'on voudra l'imaginer, assez simple pour que sa production spontanée puisse se concevoir sans trop de difficulté.

Ensuite, si la théorie transformiste est vraie, nous devrons retrouver dans ces divers stades successifs, toutes les formes ancêtres de tous les autres êtres vivants (en admettant qu'il y ait eu un seul être point de départ) ou au moins, toutes les formes ancêtres des êtres apparentés au poulet (si l'on admet qu'il y ait eu plus d'un être point de départ, plus d'un *phylum*, comme on dit aujourd'hui).

Par exemple, on trouvera, en remontant, le *gallinacé* ancêtre commun de tous les gallinacés (dindons, pintades, faisans, etc.) puis, plus haut, l'*oiseau* ancêtre commun de tous les oiseaux (passereaux, colombins, rapaces, etc...), puis le *Sauropsidien* ancêtre commun de tous les sauropsidiens (oiseaux et reptiles), puis le *vertébré*, ancêtre commun de tous les vertébrés (mammifères, oiseaux, reptiles, batraciens, poissons) puis le *chordé*, ancêtre commun de tous les chordés (vertébrés, tuniciers, etc.) et ainsi de suite en remontant, jusqu'au protozoaire ancêtre.

Une fois ce travail fait pour le poulet, nous aurons à le faire pour chacun des autres animaux connus jusqu'à ce que nous arrivions en remontant, à un ancêtre déjà inscrit dans la généalogie du poulet ; nous pourrons placer la ligne ascendante du second animal de manière qu'elle vienne rencontrer la ligne ascendante du poulet au point où est l'ancêtre commun à ces deux animaux ; pour un troisième nous remontons de même jusqu'à un ancêtre commun avec l'un des deux animaux précédents, le plus voisin chronologiquement, et ainsi de suite ; nous constituerons ainsi un arbre généalogique du règne animal, arbre généalogique grâce auquel il vous sera facile d'apprécier la parenté relative des divers êtres. Je veux, par exemple, savoir si le canard est plus proche parent de la tortue que du requin. Je remonte la série phylogénétique du canard jusqu'à ce qu'elle rencontre celle de la tortue, c'est-à-dire jusqu'au

Sauropsidien; pour rencontrer celle du requin, il faut que je remonte jusqu'au *vertébré* qui, dans l'arbre généalogique, est *plus haut* que le *Sauropsidien*. J'en conclurai que le canard est plus proche parent de la tortue que du requin. Et voilà la définition de la parenté des espèces au point de vue transformiste.

Il est certain que nous trouverons quelquefois, sur plus d'un phylum, un même caractère descriptif; par exemple l'œil du poulpe et l'œil de l'homme; mais alors nous dirons qu'il y a entre ces deux caractères, *homomorphie* et non *homophylie* puisqu'ils ne sont pas sur le même phylum. Néanmoins, il ne faudrait pas croire que l'œil ne peut être qu'un caractère homomorphique. Par exemple, l'œil de l'homme et l'œil du veau, font partie du même phylum; il y a entre eux *homophylie*, tandis qu'il n'y a qu'*homomorphie* entre l'œil du veau et celui du poulpe.

Bien des erreurs ont été commises en classification à cause des homomorphies. On en rectifie tous les jours de nouvelles; en voici quelques-unes qui sont bien connues. D'abord, quelques erreurs grossières sont commises par les gens peu instruits, comme celles qui consistent à rapprocher : 1° la chauve-souris du poisson volant et de l'oiseau parce que ces trois êtres ont des appendices adaptés au vol (homomorphies et non homophylies); 2° la baleine et le marsouin des poissons parce que ces trois êtres sont adaptés à la vie nageante, etc.; il est bien évident que les pattes palmées de la grenouille, du canard et du phoque ne sont que des homomorphies. Pour des animaux moins élevés en organisation, ce n'est plus seulement le grand public, ce sont les naturalistes classificateurs qui sont tombés dans le piège. Les Cirripèdes, qui sont des crustacés fixés, ont été pris pour des mollusques pendant longtemps à cause de leur enveloppe bivalve; les Brachiopodes ont été rapprochés des Lamellibranches pour la même raison ; enfin, un dernier exemple d'une erreur corrigée si récemment qu'elle se trouve encore dans tous les traités de zoologie, sauf peut-être ceux d'il y a deux ans : on a placé dans les cœlentérés, à côté des méduses, de petits animaux qui n'ont de commun avec les méduses que la transparence acquise par l'adaptation à la vie pélagique et peut-être un semblant de symétrie rayonnée, les *Cténophores*, que l'on reconnaît aujourd'hui être en réalité des vers plats, de véritables *Turbellariés*, c'est-à-dire des êtres *très différents* des méduses.

Maintenant que nous avons compris cette cause d'erreur, voyons comment elle s'explique et cherchons le moyen de l'éviter.

CHAPITRE XIII

ORGANE ET FONCTION, ANALOGIE

Lorsque nous observons deux animaux différents en train de vivre, nous constatons immédiatement qu'ils exécutent des actes *très différents* dont l'ensemble est, pour chacun d'eux, caractéristique de son espèce. Malgré ces différences, qui sautent aux yeux, nous employons le même mot commun *vivre* pour désigner l'activité de chacun des êtres particuliers considérés, mais il est évident que ce mot commun *vivre*, par cela même qu'i est commun, ne peut représenter que les actes communs aux deux êtres, s'il y en a, ou tout au moins les résultats communs d'actes différents. Il serait bien plus logique d'employer pour désigner la synthèse des opérations propres à chaque espèce, un verbe spécial à chacun, un verbe spécifique; on dirait par exemple que le renard *renarde*, que le pigeon *pigeonne*, que le brochet *brochette*, le verbe pigeonner comprenant entre autres particularités nombreuses l'action de voler dans les airs qui n'appartient ni au renard ni au brochet, le verbe renarder comprenant de même l'action de marcher à quatre pattes qui n'appartient ni au brochet ni au pigeon, le verbe brocheter comprenant, toujours entre autres nombreuses particularités, l'action de nager au sein des eaux, qui n'appartient ni au pigeon ni au renard.

A deux poissons dont l'un *brochette* et dont l'autre *harangue*, il y a en commun un certain nombre d'opérations dont l'ensemble constitue l'action de *poissonner*; à un poisson qui *poissonne*, un oiseau qui *oiselle* et un lézard qui *lézarde*, il y a en commun un certain nombre encore plus restreint d'opérations dont l'ensemble constitue l'action de *vertébrer*; et ainsi de suite, à un vertébré qui *vertèbre*, un homard qui *homarde*, un oursin qui *oursine*, il y a en commun l'action d'*animaler*; à un animal qui *animale* et un végétal qui *végétale*, il y a en commun l'action de *vivre*.

Cette action de *vivre* si générale, commune à tous les êtres vivants, se réduit, je l'ai montré ailleurs, à renouveler le milieu intérieur de l'être formé d'un grand nombre de plastides, de telle manière que ces plastides puissent y continuer leur *vie élémentaire* manifestée. C'est d'ailleurs l'activité synergique de tous les plastides constituant l'être considéré, qui détermine ce renouvellement du milieu intérieur de telle manière que le plus souvent, *vie* et *vie élémentaire*, étant indissolublement liées, ont été, à tort, confondues sous une même appellation.

Le verbe *vivre*, en langage précis, ne doit donc être considéré que comme représentant cette opération de renouvellement du milieu intérieur qui, *seule*, est commune à tous les êtres vivants, sans contenir le moins du monde le détail des opérations spécifiques grâce auxquelles ce résultat commun est obtenu; pour être rigoureux il faudrait créer, en face de la classification des êtres, une classification de verbes dont chacun représenterait l'ensemble des actes d'un être donné, le *fonctionnement* général d'un être donné. Il va de soi que la définition de chacun de ces verbes à sens très complexe ne serait pas chose facile. De même que pour définir un *chat*, nous décomposons le chat en un grand nombre de parties dont nous décrivons séparément la structure, de même, pour définir l'opération de *chatter*, nous décomposerons cette opération très complexe en un certain nombre de *fonctions* élémentaires que nous décrirons séparément. Ces deux décompositions, celle du corps pour la description de sa structure et celle du fonctionnement général de l'être pour sa définition précise, devront se faire d'une manière arbitraire, car en réalité, toutes les parties du corps sont dépendantes les unes des autres, toutes les fonctions de l'être sont dépendantes les unes des autres ; il y aura donc forcément quelque chose de factice dans cette décomposition et, en particulier, rien n'exigera qu'il y ait parallélisme entre la décomposition *anatomique* choisie pour la description de la structure et la décomposition *physiologique* choisie pour la définition du fonctionnement général. Si, par exemple, comme on le fait souvent aujourd'hui pour étudier la structure d'un animal, on découpe son corps en tranches minces que l'on décrit successivement, il n'y a aucune raison pour que chacune de ces tranches minces comprenne précisément les éléments dont l'activité synergique réalise l'une des fonctions élémentaires dans lesquels on a décomposé le fonctionnement général de l'animal considéré. *Il n'y a aucune raison* pour que le parallélisme existe entre les deux décompositions, mais on peut se proposer à l'avance, étant donnée la décomposition du fonctionnement général en fonctions élémentaires, de décomposer de même le corps de l'individu en parties dont chacune commande précisément à l'une des fonctions élémentaires choisies. Cette division du corps sur un plan *physiologique* consistera donc à décomposer l'animal en *organes* définis, de la manière suivante : Un organe est l'ensemble des éléments histologiques dont l'activité synergique constitue une fonction déterminée.

Par exemple, étant donnée, chez l'homme, la fonction très complexe de l'*éternuement*, nous appellerons organe sternutatoire l'ensemble des éléments qui accomplissent cette fonction, c'est-à-dire : 1° les éléments épithéliaux qui, dans nos voies respiratoires peuvent être impressionnés par la présence d'un grain de poussière, d'un corps étranger, d'une irritation quelconque; 2° les éléments nerveux centripètes qui transmettent cette impression aux centres nerveux, les centres nerveux qui la reçoivent et la transforment, et les éléments nerveux centrifuges qui transmettent aux éléments moteurs l'ordre résultant de cette transformation; 3° les éléments moteurs tant de notre cage thoracique que d'ailleurs, qui, obéissant à cet ordre, déterminent par leur activité coordonnée l'expulsion du corps étranger. Tous ces éléments sont également indispensables à l'accomplissement de la fonction sternutatoire; l'organe sternutatoire ne peut être considéré comme complet que si tous ces éléments existent et sont coordonnés.

J'ai choisi avec intention cet exemple compliqué de l'éternuement, pour que l'on voie bien que la définition de l'organe est purement physiologique. Le même exemple suffit à prouver qu'il serait bien difficile de suivre, pour la description anatomique d'un être, l'ordre physiologique des fonctions. On s'y attache pourtant autant qu'on le peut, mais on limite forcément la chose à un nombre restreint de fonctions que l'on considère comme plus importantes dans un animal donné.

Chez l'homme, par exemple, on considère généralement le fonctionnement général comme pouvant se diviser en sept fonctions primordiales; on donne le nom d'*appareils* aux organes primordiaux de ces fonctions primordiales; ce sont : 1° l'appareil digestif; 2° l'appareil respiratoire; 3° l'appareil circulatoire; 4° l'appareil sécréteur; 5° l'appareil reproducteur; 6° l'appareil sensitif; 7° l'appareil locomoteur.

Toutes ou à peu près toutes les fonctions plus restreintes ou de seconde importance peuvent être considérées comme étant des subdivisions de ces sept fonctions primordiales; la fonction sternutatoire par exemple est une partie de la fonction respiratoire et l'organe sternutatoire se compose d'une partie de l'appareil respiratoire avec peut-être, en plus, quelques parties du corps qui ne sont pas comprises dans cet appareil au moins quant à son fonctionnement ordinaire.

Remarquons d'abord que les quatre premières fonctions semblent comprendre, à elles seules, tout ce qui constitue la vie proprement dite de l'homme, c'est-à-dire, le renouvellement de son milieu intérieur, mais, pour que cela fût vrai, il faudrait que l'on donnât à leur définition une plus grande largeur, car, en réalité, un homme qui n'aurait ni appareil sensitif ni appareil locomoteur ne renouvellerait pas son milieu intérieur. Nous devons donc envisager comme strictement nécessaires au renouvellement du milieu intérieur (quoiqu'ils puissent d'ailleurs exécuter bien des actions autres que celles d'où résulte ce renouvellement) non seulement les quatre premiers appareils mentionnés plus haut, mais encore les deux derniers. Quant au cinquième appareil, l'appareil reproducteur, il n'est pas sans influer sur l'organisme comme le montrent les phénomènes consécutifs à la castration, mais il est néanmoins absolument inutile à la vie telle que nous le concevons. Il est en dehors de la coordination ; c'est un véritable parasite de l'homme dans lequel il se trouve.

Prenons maintenant l'un quelconque des appareils précédents, l'appareil digestif par exemple. Cet appareil, chez l'homme, est d'une si grande complexité que, pour le décrire, nous allons être obligés de le diviser en organes partiels dont chacun correspondra à une fonction partielle de la grande fonction digestive, et ainsi de suite.

Tout ce que nous venons de dire depuis que nous avons défini l'organe, *se rapporte à l'homme et à l'homme seul.* C'est le fonctionnement général de l'*homme* que nous avons divisé en sept fonctions principales auxquelles correspondent sept appareils; puis c'est le fonctionnement de chacun de ces appareils chez l'*homme* que nous avons divisé en fonctions moins étendues auxquelles correspondent des organes de l'*homme*, etc... Autrement dit, reprenant notre formation de verbes spécifiques de tout à l'heure, nous disons que c'est l'action d'*hommer* que nous avons divisée d'abord en 7 fonctions générales dévolues à 7 appareils généraux, puis en un plus grand nombre de fonctions secondaires correspondant à des *organes* moins complexes.

L'action d'*hommer* étant une action spécifique, commune à tous les hommes, est par là même *entièrement différente* de l'action de *renarder* commune à tous les renards, ou de *pigeonner*, commune à tous les pigeons. Donc, après avoir entièrement décrit l'homme en le décomposant en appareils et organes chargés d'exécuter les fonctions de divers ordres, il ne semble pas qu'il y ait de raison, *a priori*, pour que nous puissions suivre le même plan de décomposition dans l'étude d'un autre animal. Il est certain, par exemple, que nous ne trouverons rien de comparable aux fonctions humaines, parler, éternuer, se moucher, chez l'oursin ou le ver de terre.

Cependant, rappelons-nous qu'à toutes ces opérations d'*hommer*, de *renarder*, de *pigeonner*, d'*oursiner*, si différentes à tant d'égards, il y a quelque chose de commun, sinon quant au mécanisme employé, du moins quant au résultat obtenu, c'est l'action de *vivre* ou de renouveler le milieu intérieur. Or, ce renouvellement du milieu intérieur se compose forcément de deux grandes catégories d'opérations : 1° introduction d'éléments nouveaux empruntés à l'extérieur; 2° rejet d'éléments nuisibles résultant de l'activité des cellules constitutives de l'organisme. Chez l'homme, la première catégorie d'opérations comprend la *préhension* (appareil locomoteur), la *digestion* (appareil digestif), la respiration (appareil respiratoire, *inspiration*); la deuxième catégorie comprend la *sécrétion* (appareil sécréteur), la respiration (appareil respiratoire, *expiration*) et des parties du fonctionnement du tube digestif. Quant à la *circulation* elle est indispensable chez l'homme à l'accomplissement des fonctions précédentes.

Ces deux grandes catégories d'opérations se retrouveront forcément chez tous les animaux pluricellulaires vivants; il est donc possible que nous trouvions, dans la constitution du corps des animaux, des assemblages de cellules formant des appareils *comparables*, à ceux de l'homme et exécutant des fonctions *comparables*. Mais il faut se mettre en garde contre une généralisation trop rapide.

Considérons par exemple le *Tœnia* ou ver solitaire et voyons comment s'exécute chez lui la première grande catégorie de fonctions obligatoires, l'introduction d'éléments nouveaux empruntés à l'extérieur. Nous constatons immédiatement que, chez cet animal, toutes les cellules du corps, sans exception, collaborent à cette fonction; si donc pour décrire l'animal, nous voulons mettre à part l'ensemble des éléments chargés de l'introduction d'éléments nouveaux, nous n'avançons en rien notre description puisque l'*appareil* chargé de la fonction se compose, en réalité, du corps tout entier. La fonction ne s'en accomplit pas moins, puisqu'elle est obligatoire, seulement, on convient de dire qu'il n'y a pas d'appareil digestif; il n'y a pas non plus d'appareil respiratoire ou circulatoire, ou plutôt, l'appareil respiratoire comprend toute la surface du corps et l'appareil circulatoire toute sa masse cellulaire.

Ce simple exemple prouve qu'il faut se mettre en garde contre l'idée de décomposer tous les animaux en appareils correspondants, puisque même quand la fonction existe l'appareil peut manquer. *A fortiori* cela se produit-il quand la fonction manque; c'est en vain que l'on chercherait par exemple l'organe de la phonation chez les méduses et les oursins.

J'ai pris intentionnellement des exemples d'animaux très

éloignés de l'homme, le ténia, la méduse, l'oursin; s'il n'y avait que des êtres comme ceux-là, il est certain qu'on ne songerait pas à faire de comparaison entre l'homme et eux; il n'y aurait pas de physiologie comparée.

Mais un singe, quoique entièrement différent d'un homme, lui ressemble beaucoup. A chaque *fonction homme*, on peut faire correspondre une *fonction singe* qui en diffère spécifiquement, mais qui lui ressemble beaucoup; ainsi l'on décrira chez un singe donné les 7 *appareils singe* correspondant aux 7 *appareils homme* et on leur donnera le même nom que chez l'homme; on dira, l'appareil digestif du singe, comme on dit l'appareil digestif de l'homme; puis l'on divisera chaque appareil en organes correspondants à ceux dans lesquels on a divisé le même appareil chez l'homme et on leur donnera le même nom. Il y aura l'estomac du singe, comme il y a l'estomac de l'homme, le foie du singe, comme il y a le foie de l'homme. Les fonctions gastriques et hépatiques se retrouveront chez le singe avec le caractère singe comme chez l'homme avec le caractère homme; mais, même quand il s'agit d'animaux aussi voisins que le singe et l'homme, *le parallélisme ne sera pas absolu.* Nous ne trouvons pas chez l'homme l'équivalent de la queue prenante du *sajou*, nous ne trouvons pas chez le *sajou* l'équivalent de la parole articulée de l'homme. Le parallélisme devient encore plus incomplet quand, s'éloignant plus franchement de l'homme, on passe au chien qui n'a pas de mains, au bœuf qui a des estomacs multiples, à l'éléphant qui a une trompe, à la chauve-souris qui vole dans les airs, à la baleine qui nage dans les océans.... Le nombre des fonctions communes se restreint à mesure que l'on envisage un nombre d'êtres plus considérable.

Encore ne sommes-nous pas sortis, dans la série des exemples précédemment choisis, de la classe restreinte des mammifères. Par définition même, tous les animaux de cette classe ont en commun l'ensemble des fonctions qui constituent la fonction mammifère. On convient de donner le même nom, chez tous ces animaux, aux fonctions équivalentes et aux organes qui les accomplissent. Ainsi l'on dit le foie, le rein, le poumon, les glandes salivaires, pour un mammifère quelconque. Chacun de ces organes est différent d'un animal à l'autre, et son fonctionnement est également différent d'un animal à l'autre, mais les résultats de ces fonctionnements sont *équivalents* et nous disons que ces organes sont *analogues*. La définition de l'*analogie* des organes est, on le voit, purement physiologique ; c'est ainsi que l'on peut déclarer, à un certain point de vue, la trompe de l'éléphant faisant partie de l'organe de préhension, analogue à la main de l'homme, faisant également partie de l'organe de préhension, etc.

Quand nous passons des mammifères aux oiseaux, le parallélisme se restreint encore ; même dans l'appareil essentiel de la digestion, nous sommes gênés pour savoir quel est l'analogue de notre estomac ; c'est le jabot, en tant que l'estomac est considéré comme un sac emmagasinant la nourriture, c'est le ventricule succenturié, en tant que l'estomac est considéré comme sécrétant un suc digestif ; quant au gésier, sa fonction masticatrice le rapproche de notre système dentaire !

Arrivons aux poissons, nous sommes encore plus gênés ; la fonction respiratoire par exemple est accomplie par des branchies garnissant des fentes du pharynx ; ces branchies sont donc l'analogue de nos poumons, et je choisis cet exemple entre mille autres qui présentent des différences non moins frappantes !

Voilà donc que, sans même sortir du groupe des vertébrés, nous sommes conduits par notre définition physiologique des organes, à rapprocher l'un de l'autre, non seulement des organes qui ne se ressemblent pas le moins du monde, mais des organes dont les fonctionnements mêmes n'ont de commun que leurs résultats. Le poumon de l'homme est un grand sac et son fonctionnement consiste à inspirer l'air, tandis que les branchies sont des touffes ou des lames pendantes dont le fonctionnement consiste à être baignées par un courant d'eau; seuls les résultats sont comparables dans les deux cas, car ces résultats sont, pour l'homme comme pour le poisson, l'hématose, la revivification du sang veineux.

Nous ne laissons pas que d'être gênés par ces différences notables entre organes analogues, car, en réalité, quand nous nous sommes embarqués dans cette considération de l'analogie, nous avions en vue des animaux très voisins, comme l'homme, le gorille, le sajou; pour ces êtres très voisins, l'analogie était facile à établir et elle ne nous amenait pas à comparer des organes trop différents, mais nous avons voulu généraliser en nous promettant toujours, sans trop nous l'avouer, de ne pas dépasser une certaine limite de divergence; or, en procédant successivement, nous avons passé des mammifères aux oiseaux qui n'en sont pas très différents en passant par l'ornithorynque, puis, des oiseaux aux lézards, des lézards aux grenouilles et des grenouilles aux poissons.

Et ainsi, nous sommes arrivés à considérer comme analogues des organes n'ayant entre eux aucune ressemblance!

Que sera-ce donc quand nous aurons franchi les limites de l'embranchement! On se demande vraiment s'il n'est pas tout à fait déraisonnable de donner aux fonctions des insectes, des escargots ou des oursins, les mêmes noms qu'aux fonctions correspondantes de l'homme et, par suite, aux organes de ces invertébrés, les noms des organes de l'homme. Je crois que si, dans l'état actuel de la science, on avait à refaire toutes les dénominations employées en histoire naturelle, on n'appellerait pas *pied* la sole ventrale sur laquelle rampent les escargots, on n'appellerait pas fémur, tibia, tarse, les diverses parties des pattes d'insectes que l'on n'appellerait même plus des pattes.

Malheureusement, notre bagage actuel de dénominations est l'héritage d'une époque où l'anthropomorphisme sévissait encore plus qu'aujourd'hui; ne voyons-nous pas constamment les jeunes élèves de la Sorbonne, quand ils dissèquent pour la première fois un escargot, y trouver un intestin grêle, un gros intestin et y chercher une rate! Les dénominations communes données aux organes dont la fonction semble équivalente, sont une source d'erreurs qu'il serait possible d'éviter avec un langage plus précis. En particulier pour les échinodermes, comme les oursins et les étoiles de mer, qui n'ont, dans leur physiologie, rien de commun avec l'homme, l'attribution aux diverses parties du corps de noms empruntés à l'anatomie humaine a longuement empêché de comprendre la structure véritable de ces animaux. Le prétendu cœur n'est pas un organe circulatoire, etc.

En outre, nous connaissons encore très peu la physiologie des invertébrés; nous pouvons donc nous tromper souvent en attribuant une fonction donnée à un organe donné; or, l'organe, une fois baptisé, garderait certainement son nom, malgré toutes les découvertes ultérieures [1].

Tout ce qui précède prouve l'inconvénient qu'il y a à faire des animaux une description basée sur la physiologie seule et à attribuer aux organes des dénominations communes; tout au plus, cela serait-il bon dans l'intérieur d'un embranchement, mais nous avons la manie de vouloir décrire un mollusque ou une méduse avec des mots employés pour décrire l'homme. Voici un exemple qui prouvera, j'en suis sûr, que notre tendance anthropomorphique est déjà assez néfaste sans que nous lui rendions le chemin plus aisé par l'emploi du langage fautif.

Vous avez tous entendu le cri des grillons, des sauterelles,

---

1. Les évents des squales n'ont rien à voir, à aucun point de vue, avec les évents des Baleines qui, on le sait, sont des narines. On garde cependant la même dénomination à ces orifices si différents.

des cigales; beaucoup d'entre vous savent sans doute à quoi s'en tenir sur la manière dont ces cris se produisent, mais pour ceux qui n'ont jamais fait d'histoire naturelle, l'idée qui vient immédiatement à l'esprit, par comparaison avec les mammifères, est que ces cris résultent du fonctionnement d'un appareil situé dans le fond de la bouche. Or, il n'y aurait pas, derrière ces appareils ainsi placés, un poumon pour les mettre en activité en y lançant de l'air, mais on ne réfléchit pas à cela et j'ai constaté bien souvent un étonnement extrême chez des élèves, lorsqu'on leur enseignait que les cris stridents de ces orthoptères sont dus à des organes externes, au frottement d'une élytre, par exemple, comme le son du violon est dû au frottement de l'archet. N'y a-t-il pas un réel inconvénient à appeler *voix* ou *cri*, ce bruit spécifique particulier, puisque nous avons une tendance instinctive à considérer comme devant se ressembler des organes qui produisent des résultats analogues.

Tout ce qui précède suffit, il me semble, à montrer que la notion d'*analogie* est purement physiologique. Avant de passer à l'étude de la notion purement morphologique d'*homologie*, nous pouvons tirer quelques conclusions de la définition précise que nous venons de faire.

On discute souvent le célèbre principe : *la fonction crée l'organe*. Si, comme nous venons de le voir, ou ne peut définir l'organe que par la fonction, il est bien difficile de ne pas accepter sans restriction le principe précédent; mais en l'entendant ainsi, au sens strict des mots, ce principe n'est qu'un rappel de définition, une vérité de La Palisse. Il faut y voir autre chose et pour cela un simple raisonnement suffira.

C'est une loi fondamentale en biologie, et je crois avoir

démontré que cette loi ne souffre pas d'exceptions, qu'un élément histologique fonctionne en *assimilant* ou, ce qui revient au même, se développe en fonctionnant [1]. Considérons donc un organe, défini par une fonction, la première fois, si vous voulez, qu'il exécute cette fonction. Pour fixer les idées, je choisis un exemple; je suppose que, pour une cause quelconque, j'éprouve une démangeaison à l'oreille; naturellement, je me gratterai l'oreille, et l'ensemble de tous les éléments qui auront collaboré à cette fonction constituera l'organe correspondant; cet organe comprendra donc : 1° la surface sensible de l'oreille qui, sous l'influence d'une cause extérieure, éprouve une irritation; 2° les nerfs centripètes qui transmettent cette irritation aux centres nerveux, les centres qui la reçoivent, les nerfs centrifuges qui transmettent cette irritation transformée aux éléments moteurs; 3° les éléments moteurs dont l'activité déterminera l'opération de gratter l'oreille. Voilà un organe transitoire, défini momentanément par une fonction momentanée. Je ne pourrai pas dire que la fonction considérée a créé cet organe, mais seulement qu'elle a défini cet organe éphémère.

Encore, cette définition n'aurait-elle aucune importance; à chaque instant de la vie d'un homme, il s'exécute dans son corps, sous l'influence de conditions extérieures sans cesse variables des opérations sans cesse variables, et il serait bien inutile de définir, chaque fois, organe d'une fonction exécutée une fois, l'ensemble des éléments qui ont collaboré à cette fonction. Mais supposez que la cause qui me donne une démangeaison de l'oreille ne disparaisse pas; je me gratterai *souvent* au même endroit; chaque fois que je me gratterai, tous les éléments moteurs qui collaborent à l'opération se développeront un peu et, si je me gratte assez souvent pour que la destruction des éléments pendant le repos ne suffise pas à contre-balancer leur accroissement pen-

1. *Théorie nouvelle de la vie.* Paris, Alcan, 1896.

dant l'activité, cet ensemble particulier d'éléments que j'appelle organe du grattement d'oreille, se fixera progressivement dans mon économie, au point d'en constituer une modification sensible; en même temps, toute trace d'effort disparaîtra dans l'accomplissement de cette fonction habituelle en vertu de la loi d'accoutumance de Lamarck, et j'aurai acquis au bout de quelque temps un organe nouveau; dans l'exemple que j'ai choisi, on dira plutôt que j'ai acquis un *tic*, mais, malgré cette appellation ordinaire, ce n'en sera pas moins un *organe* au sens rigoureux du mot. Je pourrai donc dire que, dans le cas considéré, l'organe momentané, défini par une fonction momentanée, s'est progressivement fixé dans mon économie, par la répétition fréquente d'une opération toujours la même, autrement dit, ce qui d'abord était chez moi un organe momentané physiologiquement défini sera devenu, à la longue, un *caractère morphologique*, susceptible, dans certains cas, d'une description morphologique indépendante de toute considération physiologique.

Dans l'exemple que j'ai pris, la modification morphologique n'est guère sensible quoique, dans certains cas, elle soit héréditaire (Darwin cite le cas d'un petit-fils qui avait hérité un tic particulier d'un grand-père qu'il n'avait jamais connu). Mais il y a beaucoup de cas où cette modification sera plus apparente; ce sont précisément les caractères acquis par *cinétogénèse* (Cope) ou *automorphose* (Perrier) (v. les théories néo-Lamarckiennes, *Rev. phil.* 1897). Je ne puis pas insister ici sur ces phénomènes, mais je fais remarquer cependant qu'ils introduisent une ambiguïté dans le langage et cela n'est pas sans importance, car c'est précisément sur cette ambiguïté que repose la confusion entre les *homologies* et les *analogies*.

Essayons d'être logiques avec nous-mêmes :

Nous avons démontré que la définition de l'organe est purement physiologique, que l'organe ne peut être défini que par la fonction, et voilà que le fonctionnement répété d'un organe physiologiquement défini en fait un caractère morphologique susceptible d'une description morphologique.

Au premier abord, cela ne semble présenter aucun inconvé- vénient, aucun danger, car si cette description morphologique de l'organe est exactement parallèle à sa description physiolo- gique, aucune confusion ne peut en résulter. Évidemment, mais, quand il s'agit de morphologie, les diverses parties d'un organe n'ont pas la même importance. Les parties motrices, dont les formes sont notables et dont les variations sautent aux yeux, sont naturellement étudiées avec plus de soin que les éléments du système nerveux qui les commandent; aussi res- treint-on la description morphologique d'un organe à ses élé- ments moteurs (muscles, squelette, etc.) et néglige-t-on les éléments nerveux qui les commandent. Si l'on ne négligeait pas ceux-ci, la description morphologique d'un organe serait non seulement parallèle, mais *identique* à sa définition physiolo- gique, et quelle que fût la description choisie, l'organe défini correspondrait toujours à la fonction par laquelle il avait d'abord été défini. Malheureusement, ce que les morphologistes décrivent, c'est non pas l'organe, mais une partie de l'organe, qui, sous l'influence *d'autres actions nerveuses* peut exécuter *autre chose* que la fonction exécutée fatalement par l'organe entier, et l'on appelle *organe* une partie, arbitrairement choisie pour des raisons de morphologie pure, d'un organe physiolo- giquement défini. Aussi qu'arrive-t-il! La plus grande confusion règne dans les termes employés et l'on arrive à des *contradic- tions* absolues. Je relève dans le même traité de zoologie [1] les phrases suivantes : « 1° (p. 69) on peut... définir un organe, *un assemblage de tissus combinés de manière à remplir une fonction déterminée.* Le mot *organe* a, par conséquent, une

1. Ed. Perrier, *Traité de Zoologie* (première partie, *Zoologie générale*).

signification essentiellement physiologique; 2° (p. 74) on est autorisé à dire que *la fonction est indépendante de l'organe et réciproquement.....* et comme Dohrn l'a fait remarquer avec raison, *le changement de fonction des organes* a été un des moyens les plus efficaces de diversification des formes vivantes. »

Il faudrait pourtant s'entendre sur la définition précise du mot organe, car si l'organe est défini par la fonction, on ne comprend pas que la fonction soit indépendante de l'organe. Dans les phrases précédentes, il y a deux mots *organe* qui sont différents : le premier, très précis, a une définition physiologique ; le second beaucoup plus vague a une définition morphologique. Je crois qu'il faudrait absolument supprimer l'un des deux et ne jamais employer le mot *organe* dans un sens morphologique, car, fatalement, on restreint la définition morphologique de l'organe à celles de ses parties qui sont morphologiquement évidentes. Et c'est ainsi que l'on peut dire : le nez est l'organe de l'olfaction, mais il est adapté à la préhension chez l'éléphant. Cela est faux; le nez est *une partie du corps*, un appendice si vous voulez, mais il n'est pas le moins du monde l'*organe de l'olfaction*. Une *partie* du nez (savoir : les terminaisons nerveuses sensorielles de la muqueuse pituitaire) *fait partie* de l'organe de l'olfaction; une autre partie du nez fait partie chez l'éléphant de l'organe de préhension; et voilà tout; la *cinétogénèse* ou, si vous voulez, le principe que *la fonction crée l'organe*, se réduit donc en langage précis à ce fait que, le fonctionnement répété de certains organes, physiologiquement définis, a pour résultat de développer certaines parties, certains *appendices* du corps, qui, totalement ou partiellement, font partie de l'organe physiologiquement défini. Nous aurons d'ailleurs à revenir là-dessus quand nous aurons étudié la notion purement morphologique d'homologie.

CHAPITRE XIV

PARTIES HOMOLOGUES ET HOMOTYPES

Si l'analogie est une notion purement physiologique, l'homologie est, au contraire, une notion purement morphologique. On doit considérer cette notion de l'homologie comme provenant, soit de la croyance préconçue à une unité réelle du plan d'organisation des êtres vivants, soit, plutôt, de la comparaison d'êtres très voisins par leur organisation et chez lesquels l'unité du plan est absolument évidente.

Examinons, par exemple, un homme et un sajou; si nous décrivons avec soin les diverses parties du sajou que nous trouvons les plus remarquables, soit à la dissection, soit à l'étude extérieure et si nous donnons des noms à ces diverses parties, nous *saurons*, sans hésitation, à quelles parties de l'homme il faudra donner les mêmes noms, c'est-à-dire que l'homme et le sajou nous paraîtront formés de parties semblables et semblablement disposées.

Autrement dit (sans tenir compte des différences chimiques de composition qui font que telle partie est chez l'homme de l'espèce homme et chez le singe de l'espèce singe), nous constaterons que le sajou et l'homme sont construits sur un même plan, ou encore que, étant donné un être composé comme le

sajou et dont nous pourrions, à volonté, accroître telle partie
ou diminuer telle autre, nous saurions, par de simples modifications de proportions, faire avec cet être un être semblable à
l'homme. Au point de vue de la description anatomique, il n'y
a donc entre l'homme et le sajou que des différences quantitatives.

Prenons un simple exemple en géométrie. Avec un hexa-
gone convexe donné, dont nous pouvons, à volonté, accroître
ou diminuer tous les côtés et tous les angles, il nous est facile
de faire tous les hexagones convexes qui existent; tous les
hexagones sont en effet bâtis sur le même plan et il n'y a entre
eux que des différences quantitatives.

Il en est de même pour tous les hommes et en général pour
tous les individus d'une même espèce. En allongeant le nez, en
élargissant la bouche et changeant les proportions des pig-
ments, etc..., nous pouvons, avec n'importe quel homme faire
n'importe quel autre, et nous donnerons naturellement le
même nom aux parties qui ne différeront que par des dimensions plus ou moins grandes; si nous avons décrit chez un
homme le nez, la bouche, les yeux... etc., nous retrouverons,
chez un autre homme, des parties correspondantes que nous
serons naturellement amenés à appeler de même, nez, bouche,
yeux, etc...

La même *homologation* de parties restera possible si nous
passons de l'homme au sajou ou du sajou à l'homme, mais
nous rencontrerons quelques difficultés qui n'existaient pas
lorsque nous comparions entre eux deux individus de même
espèce; notre homologation sera déjà, en certains points, tirée
par les cheveux. Par exemple, les sajous ont une longue queue
prenante avec laquelle ils se suspendent aux branches des
arbres; nous sommes forcés d'homologuer cette longue queue
préhensile au coccyx rigide de l'homme; ce sera encore plus
difficile quand nous passerons du singe au chat, au lièvre, à la
chauve-souris.

Néanmoins, dans l'intérieur du groupe des mammifères, l'homologation est toujours possible avec un peu de bonne volonté, mais quand on passe des mammifères aux poissons elle devient bien plus difficile; elle devient tout à fait impossible quand on arrive aux mollusques et aux échinodermes. Cependant beaucoup de gens veulent la continuer jusqu'aux protozoaires; c'est le péché d'anthropomorphisme dont j'ai déjà signalé assez souvent les dangereuses conséquences.

Au fond, quel est l'intérêt de cette considération des parties homologues en dehors de la systématique?

Cet intérêt n'est pas douteux quand on se place au point de vue de la recherche de la parenté des êtres les uns avec les autres, car on peut affirmer sans aucune crainte que la structure du corps est héréditaire, c'est-à-dire que la topographie du corps, sa morphologie, se transmettent à ses descendants. Et cette simple constatation permet de comprendre comment des parties *homologues*, reproduisant par hérédité le type morphologique de la partie correspondante chez un ancêtre, peuvent ne pas appartenir à des organes *analogues* chez deux descendants du même ancêtre. Ainsi, par exemple, la queue du sajou et le coccyx de l'homme peuvent être considérés l'un et l'autre comme les représentants héréditaires de la queue d'un ancêtre commun; seulement, chez tous les ancêtres successifs du sajou cette queue a été utilisée; elle a *fait partie* d'un organe de préhension sans cesse employé et a été développée par cela même jusqu'à devenir aujourd'hui cet admirable appendice dont le sajou sait faire un si habile usage; au contraire, chez les ancêtres de l'homme, elle a été au repos, s'est progressivement atrophiée en vertu du principe de Lamarck et aujourd'hui il n'en reste plus, comme souvenir héréditaire, que notre rudimentaire coccyx. Voilà donc des parties homologues qui n'appartiennent aucunement à des organes analogues.

Si d'ailleurs nous pouvons considérer tous les mammifères

comme bâtis sur le même plan avec de simples différences quantitatives, cela tient précisément à ce que tous ces êtres descendent d'un ancêtre commun comprenant toutes les parties qui existent aujourd'hui en commun chez les divers animaux de la classe; si, partant de cet ancêtre commun, nous suivons la lignée qui nous conduit à l'éléphant; nous verrons se développer successivement, sous l'influence de l'usage répété, certains organes spéciaux comme le nez qui finit par devenir une trompe préhensile, tandis que d'autres parties se réduiront progressivement sous l'influence de la désuétude; dans la lignée qui conduit au phoque, nous verrons les membres prendre progressivement leur caractère natatoire, etc., et, chaque modification prolongée devenant héréditaire, nous aurons obtenu aujourd'hui tous ces types si variés depuis l'homme jusqu'à l'ornithorynque qui pourront néanmoins, malgré leurs différences, être considérés, au point de vue morphologique, comme bâtis sur le même plan avec des variations quantitatives; autrement dit, nous aurons le droit d'*homologuer* leurs diverses parties, le nez de l'homme et la trompe de l'éléphant, malgré leurs différences fonctionnelles, malgré l'absence d'analogie des organes auxquels appartiennent ces parties.

Ce qui se transmet héréditairement, ce sont donc des homologies, dans les cas que nous venons de considérer; ces homologies persistent indéfiniment mais sont de plus en plus masquées, à mesure que la différenciation s'accentue, à cause des adaptations de parties homologues à des fonctions différentes, puisque, nous le savons, le fonctionnement est morphogène et a des effets héréditaires. Voilà donc que la notion d'*homologie* nous ramène à la notion d'*homophylie* à laquelle nous sommes arrivés au chapitre XII. Avant de reprendre cette notion, voyons ce que devient l'homologie chez les animaux métamérisés.

Homotypie. — Reprenons notre raisonnement de tout à l'heure, celui qui nous a servi à établir la notion d'homologie entre les diverses parties d'animaux voisins. Étant donné un être formé de certaines parties bien définies, décrivons ces parties et donnons-leur des noms. Supposons maintenant que cet être ait la propriété de bourgeonner, comme cela est si fréquent dans le règne animal et de donner par bourgeonnement des êtres *semblables* à lui; si ces êtres nouveaux, produits par bourgeonnement, restent adhérents à celui qui les a produits, nous aurons ainsi une individualité plus complexe, comme cela a lieu par exemple chez les annélides et les arthropodes. Or, les différents êtres ainsi dérivés par bourgeonnement d'un même être primitif, lui seront héréditairement semblables, et cela a lieu en effet pour les différents anneaux d'un ver à mille pattes par exemple, anneaux que l'on doit considérer comme dérivés par bourgeonnement d'un anneau primitif; on voit aisément que deux anneaux qui se suivent sont semblables; ils sont, par définition, formés de parties *homologues*. Dans le cas spécial que nous envisageons ici, au lieu d'appeler *homologues* ces parties d'anneaux semblables réunis en un même organisme, on convient de les appeler *homotypes*. Cette dénomination a été proposée par Richard Owen et adoptée d'une manière générale. Nous dirons donc que la douzième patte gauche d'un ver à mille pattes est *homotype* de la quatorzième patte gauche du même animal.

De même que, au cours des générations successives, les parties homologues d'animaux descendant du même ancêtre se différenciaient les unes des autres en s'adaptant à des conditions différentes, de même les parties homotypes des divers anneaux d'un même animal peuvent arriver à différer les unes des autres en faisant partie d'organes différents; c'est ce qui constitue la division du travail physiologique que nous n'avons pas à étudier ici.

Chez le ver à mille pattes, cette différenciation des parties homotypes n'est bien sensible que pour les anneaux antérieurs constituant ce qu'on appelle la tête de l'animal ; les autres anneaux sont à peu près identiques. Il n'en est plus même chez l'écrevisse, qui est composée de 21 anneaux portant des appendices homotypes, mais différenciés. Ainsi il y a homotypie entre les antennes, les mandibules, les mâchoires, les pattes ambulatoires et les pattes ovigères, et d'ailleurs, on peut retrouver, dans l'un quelconque de ces appendices, le plan général d'un appendice abdominal, par exemple, avec des variations quantitatives. La seule énumération de la phrase précédente prouve que des appendices homotypes peuvent appartenir à des organes qui n'ont aucune analogie, comme cela avait déjà lieu pour les parties homologues d'individus différents. D'ailleurs la notion intéressante d'homotypie n'ajoute rien, en ce qui nous concerne actuellement, à la notion d'homologie: je la rappelle seulement pour mémoire et parce qu'elle intéresse l'homme lui-même en tant qu'individu métamérisé; notre bras est peut-être homotype de notre jambe du même côté.

Homologie et analogie. — La conséquence de tout ce que nous venons de dire serait donc que, la notion d'homologie étant purement morphologique et la notion d'analogie purement physiologique, aucun parallèle ne peut s'établir entre ces deux notions et qu'aucune confusion ne peut s'établir entre les parties homologues et les organes analogues. En effet, nous voyons des parties homologues ou homotypes qui appartiennent à des organes tout différents, et, au contraire, des parties dépourvues d'homologie qui entrent dans la constitution d'organes analogues. Mais si cela était si clair comment s'expliquerait-on cette confusion si courante qui se rencontre dans tous les traités de zoologie, et cet abus constant du mot *organe*? En voici un exemple emprunté à l'excellent traité de M. Perrier, exemple que je prends d'ailleurs pour la description intéressante des faits qu'il contient, autant que pour montrer l'abus que l'on fait du mot organe dans le langage zoologique actuel : « Les organes homotypes ou homologues étant aptes à se différencier remplissent très souvent des fonctions différentes : c'est ainsi que le membre antérieur d'un vertébré peut être une patte, une nageoire, une aile, un bras terminé par une main ; que les appendices homotypes d'un crustacé peuvent constituer des antennes, des mandibules, des mâchoires, des pattes mâchoires, des pattes préhensiles, des pattes ambulatoires, des pattes natatoires, des pattes copulatrices, des pattes respiratoires. Inversement, des organes sans aucun rapport morphologique peuvent remplir la même fonction ; il n'y a aucun rapport entre l'aile d'un oiseau et celle d'un papillon ; entre les branchies d'un poisson constituées aux dépens de la partie antérieure de son œsophage et celles d'un annélide qui sont des dépendances de la peau, ou celles d'un crustacé phyllopode qui ne sont que des parties de pattes transformées. On donne généralement aujourd'hui le nom d'organes analogues aux organes morphologiquement différents qui jouent le même rôle physiologique. Puisque des organes homologues peuvent jouer des rôles différents, et que des organes morphologiquement différents peuvent jouer le même rôle, on est autorisé à dire que la fonction est indépendante de l'organe et réciproquement. Il est en effet certain qu'un organe peut changer de fonction, non seulement d'un individu à un autre, non seulement d'un méride à un autre sur le même individu, mais encore sur un même individu au cours de la vie de l'individu dont il fait partie : les antennes, les mandibules et les mâchoires de beaucoup de crustacés commencent par être des pattes natatoires.... Dans les exemples que nous venons de citer, les organes ne font que s'approprier plus spécialement à des fonctions qu'ils ont d'abord exercées concurremment avec d'autres ;

mais l'exercice d'une fonction peut aussi déterminer la formation des organes qui lui correspondent. Ainsi, autour du con-
dyle d'un os sorti de sa cavité articulaire, à la suite d'une luxa-
tion, se constitue une nouvelle cavité cotyloïde; un muscle
exercé se fortifie et détermine l'apparition d'apophyses nouvelles sur l'os auquel il s'attache. » Tout ce passage est certainement très clair malgré l'emploi du mot organe dans un sens
tantôt physiologique tantôt morphologique et, pour le langage
courant, on ne constate pas qu'il y ait un grand inconvénient
à laisser se perpétuer cette confusion. Il n'en est plus de même
pour le langage précis avec lequel on doit, non plus raconter,
mais discuter les faits relatifs à l'origine des espèces, car,
dans une discussion, l'existence d'un mot à double sens, pris
dans deux acceptions différentes par les parties adverses, suffit
ordinairement à éterniser le débat et à l'obscurcir infiniment.

Pour le mot organe, en particulier, la confusion est déplorable, et cependant elle est bien compréhensible comme je vais
essayer de le montrer maintenant.

Je considère, dans l'histoire du monde, le moment où a
apparu une portion nouvelle de l'organisation d'une espèce;
cette partie n'a pas apparu tout d'un coup, mais progressivement, au cours de plusieurs générations vivant dans les mêmes
conditions de milieu, seulement, pour simplifier le langage, je
supposerai qu'elle a apparu en une seule génération.

Comment cette partie a-t-elle apparu? Dans quelques cas
exceptionnels, dont les néo-Darwiniens voudraient, à tort, faire
la règle générale, cette partie nouvelle a été le simple résultat
d'un hasard, un simple accident tératologique; mais, le plus
souvent, pour ne pas dire presque toujours, l'apparition de
cette partie nouvelle aura été la conséquence du fonctionnement répété d'un organe nouveau, formé exclusivement d'éléments déjà existants, et sous l'influence directe de conditions
extérieures précises auxquelles répond précisément *la fonction*

de cet organe. S'il y avait 50 individus de l'espèce donnée, dans les conditions considérées, ces individus étant semblables, la même fonction se sera établie chez tous de la même manière, c'est-à-dire, au moyen des mêmes éléments ; autrement dit, un organe analogue se constituera chez tous au moyen de parties homologues.

Le fonctionnement répété de cet organe analogue, chez nos 50 individus, développera chez eux tous les mêmes parties, et, si ce développement est assez frappant pour être considéré comme ayant donné naissance à des parties nouvelles, à des appendices nouveaux, ces appendices seront *homologues*. Donc, étant donnés des individus semblables, des parties *homologues* apparaîtront chez ces individus, sous l'influence de conditions identiques déterminant chez eux la production d'*organes analogues*. Autrement dit, à l'origine, nous constatons une étroite connexion, une relation de cause à effet entre les analogies et les homologies.

Mais ensuite, ces parties nouvelles, homologues chez nos 50 individus, se transmettent héréditairement à leurs descendants en vertu du principe de l'hérédité des caractères acquis, indépendamment des conditions du milieu, c'est-à-dire, même si ces conditions sont différentes de celles qui ont déterminé le fonctionnement des organes dont sont résultées ces parties nouvelles. Supposons par exemple que des causes mécaniques séparent les descendants des 50 individus modifiés en deux groupes dont l'un restera dans l'eau et dont l'autre sera transporté sur terre. Beaucoup des êtres qui auront subi cette émigration forcée mourront rapidement, mais je suppose que quelques-uns s'adaptent à ces nouvelles conditions de vie. En quoi consistera cette adaptation ? Évidemment en une série de fonctionnemments tels que la vie de ces individus soit réalisée dans le milieu nouveau. Mais des fonctionnements ne peuvent se réaliser qu'au moyen de parties déjà existantes ; ce sera donc à l'aide des parties reçues héréditairement de leurs parents que se constitueront les organes nouveaux ; pour la locomotion, par exemple, l'animal transporté de l'eau sur la terre, se servira soit de son corps soit de ses pattes; supposons qu'il se se serve de ses pattes; ces appendices étaient, pendant la vie aquatique, des parties de l'organe de natation; une fois devenu terrestre l'animal se constituera tant bien que mal un organe ambulatoire dans lequel il emploiera ses pattes natatoires, mais l'action de marcher sur la terre étant différente de celle de nager dans l'eau, le nouvel organe ambulatoire n'emploiera pas de la même manière toutes les parties des pattes préexistantes; il emploiera certaines parties plus commodes qui, par cinétogénèse, se développeront d'autant, et il laissera sans activité d'autres parties des mêmes pattes, les parties qui servaient de rames par exemple, lesquelles, par suite de la désuétude, s'atrophieront progressivement.

Lorsque l'adaptation sera tout à fait définitive, nous verrons donc que, entre les animaux devenus terrestres et leurs cousins restés aquatiques, des différences seront intervenues, par suite de l'adaptation de parties homologues à des fonctions différentes; autrement dit, entre les appendices considérés des animaux terrestres et aquatiques de même origine, l'homologie persistera, mais l'analogie aura disparu entre les organes locomoteurs dont font partie ces appendices. Et même, cette absence d'analogie pourra, au point de vue purement morphologique, arriver à masquer les homologies, pourtant héréditairement réelles, des parties. Je suppose, par exemple, que l'appendice de l'animal aquatique se compose de deux branches parallèles, l'une mince et molle. l'autre épaisse et dure, la première servant à nager, la deuxième à marcher au fond de l'eau. Ce sera la deuxième qui servira à la locomotion terrestre et qui se développera d'autant; quant à la première, si elle ne peut être employée par l'animal pour autre chose que pour la natation, elle deviendra inutile, s'atrophiera et même pourra tout à fait disparaître à la longue. Or, une fois que cette partie aura disparu totalement, sans laisser de traces, il sera impossible d'établir une homologie absolue entre l'appendice aquatique et l'appendice terrestre, puisque le premier contient une partie qui n'est pas représentée chez le second, même par un rudiment. Combien d'appendices ont existé dans la série des ancêtres d'une espèce donnée, dont nous ne retrouvons plus aujourd'hui la moindre trace dans la structure des animaux actuels! Et cependant, ces appendices ont joué un rôle indéniable dans l'histoire de l'évolution de l'espèce; une espèce actuelle ne peut s'expliquer que par la série *complète* des formes successives qu'elle a traversées depuis l'apparition de la vie sur la terre. Quelquefois, heureusement, les appendices disparus ont laissé de petites traces qui permettent à la sagacité des zoologistes de découvrir leur histoire évolutive, mais néanmoins le problème des homologies reste toujours bien difficile à résoudre.

Continuons l'observation de notre espèce adaptée à la vie terrestre en la comparant à l'espèce parente qui est restée aquatique et plaçons-nous toujours dans le cas où la partie natatoire des appendices a complètement disparu; je suppose que de nouvelles conditions mécaniques obligent quelques-uns de ces animaux terrestres à réhabiter l'eau; ces déserteurs retournant à leur patrie originelle vont-ils y reprendre l'aspect de leurs parents qui n'ont jamais quitté la vie aquatique! Évidemment non. Il va falloir que ces animaux terrestres réapprennent à nager avec les appendices qu'ils possèdent; ils vont le faire plus ou moins bien d'abord, puis ils s'accoutumeront à la natation et leurs appendices terrestres subiront une modification nouvelle; ils deviendront plus ou moins semblables à des rames, mais ces rames ne seront pas homologues de celles qui ont été perdues par les ancêtres quand ils ont quitté l'eau la première fois; ces rames primitives ont été complètement détruites, et ce sont de nouvelles rames qui apparaissent, formées avec ce qui chez l'animal terrestre peut devenir une rame.

On dit dans ce cas qu'il y a eu adaptation secondaire; c'est un principe absolument général en biologie que les parties résultant des adaptations secondaires ne sont jamais absolument homologues de celles qui étaient résultées de l'adaptation primaire aux mêmes conditions de milieu. Et cela se conçoit très bien, puisque l'animal qui est l'objet de cette adaptation secondaire *est différent* de son ancêtre qui avait été l'objet de l'adaptation primaire et que, par conséquent, il se comporte différemment dans des conditions identiques. En d'autres termes, il n'y a jamais d'évolution régressive proprement dite, ou plutôt d'évolution *rétrograde*, puisque le mot régression s'emploie dans le sens de destruction d'un organe et non de retour à une forme antérieure.

Il y a peut-être eu, dans le cours des générations successives conduisant aux espèces actuelles, un grand nombre d'adaptations successives à des conditions données avec interruptions intermédiaires par des conditions différentes; c'est-à-dire qu'il y a eu des adaptations primaires, secondaires, tertiaires,... etc., et ce que nous venons de dire nous a montré qu'il n'y a pas homologie parfaite entre les parties résultant de ces adaptations successives.

Par exemple, la grenouille, le canard, le phoque, ont tous trois des nageoires. Ces nageoires sont-elles homologues! Non, évidemment; pour qu'elles fussent homologues il faudrait qu'elles dérivassent d'une nageoire ancestrale commune à laquelle elles fussent elles-mêmes homologues, c'est-à-dire, d'une nageoire ancestrale qui se fût transmise directement en tant que nageoire, depuis cet ancêtre commun, jusqu'aux trois animaux considérés. Or, cela n'a pas eu lieu, évidemment.

Nous sommes certains que la grenouille, le canard et le phoque ont un ancêtre commun qui était *poisson*; ce poisson avait des nageoires et il a probablement aujourd'hui des descendants qui sont des poissons, n'ayant jamais quitté l'eau, et dont les nageoires sont, par suite, homologues des nageoires ancestrales. Mais, certainement, parmi les descendants de l'ancêtre commun, il y en a eu qui ont quitté l'eau et ce sont ceux-là qui ont donné naissance aux ancêtres de la grenouille, du canard, du phoque; s'ils n'avaient pas quitté l'eau, ils seraient restés poissons.

Ayant quitté l'eau, ils se sont fabriqué des appendices loco-moteurs, probablement au moyen d'une partie de leurs nageoires, puis ils ont vécu comme animaux terrestres et ont divergé, pour d'autres raisons, l'un dans le sens mammifère, l'autre dans le sens oiseau, l'autre dans le sens batracien.

Ce sont ensuite ces trois animaux *très différents* qui se sont de nouveau adaptés à la vie aquatique et il n'y a aucune raison, ces animaux étant différents, pour que ce soient des parties homologues de leurs corps qui se soient transformées en pal-mures.

On peut donc dire que, en tant que membres postérieurs, les pattes de la grenouille, du canard et du phoque sont homo-logues, puisqu'elles descendent toutes trois du membre posté-rieur du poisson, lequel membre postérieur n'a jamais cessé d'être membre postérieur dans la série des descendants; mais elles ne sont pas homologues en tant qu'appendices nageurs, puisqu'elles résultent d'une adaptation secondaire à la vie aquatique, d'appendices différents. Autrement dit, l'homologie entre les trois membres postérieurs considérés n'est pas plus grande que celle qui existe entre les trois membres antérieurs des mêmes animaux, dont l'un est une aile et les autres sont des nageoires. Une règle résulte de l'exemple précédent pour définir avec précision des parties homologues chez des animaux différents : Deux parties sont dites homologues chez des animaux différents quand, remontant la série ancestrale de ces animaux jusqu'à l'ancêtre commun, on peut suivre les parties considérées jusqu'à une partie correspondante de l'ancêtre commun, sans rencontrer en chemin rien qui trouble l'homologie, c'est-à-dire, aucune adaptation secondaire des parties comparées. Homologie équivaut donc à homophylie.

Ainsi, par exemple, on ne considère jamais l'aile du papillon comme homologue de l'aile de l'oiseau puisque, si le papillon et l'oiseau ont un ancêtre commun, cet ancêtre est certainement antérieur au poisson, ancêtre de l'oiseau, et qui n'avait pas d'ailes.

La connaissance des homologies *vraies* ou *homophylies*, permettrait donc d'établir avec certitude un arbre généalogique, une classification naturelle des êtres vivants; malheureusement, les analogies résultant d'adaptations secondaires viennent rendre la besogne très difficile.

J'ai dit que la notion d'analogie est une notion purement physiologique, de même que la notion d'organe qui y correspond; mais s'il est impossible, en conservant un langage précis, de donner au mot organe un sens autre que le sens purement physiologique, il n'en est pas de même du mot *analogie*, à cause des phénomènes de convergence; deux parties.très différentes, qui sont employées par des organes analogues, peuvent arriver à se ressembler.

C'est ainsi que l'œil du poulpe et l'œil de l'homme présentent des similitudes frappantes, et cependant, il est bien certain que le cristallin du poulpe n'est pas homologue de celui de l'homme, puisque, si l'homme et le poulpe ont un ancêtre commun, cet ancêtre n'avait certainement pas de cristallin. On pourrait donc dire, même au point de vue morphologique que ces deux parties, non homologues. mais se ressemblant par convergence à cause de l'analogie des organes dont elles

dépendent, sont *analogues*. On pourrait le dire sans créer
aucune ambiguïté, et le mot analogue aurait ainsi une signification morphologique. Il vaut mieux l'éviter et employer le mot
homomorphe qui existe; on dira alors que l'analogie des
organes crée des homomorphies, que les parties dépendant
d'organes analogues peuvent devenir homomorphes. Il n'y aura
plus alors de confusion possible entre les parties homomorphes
résultant du fonctionnement d'organes analogues et les parties
homophyles. L'aile du papillon est homomorphe de celle de
la chauve-souris et de celle du pigeon; la nageoire de la grenouille est homomorphe de celle du requin et de celle du
phoque, mais le membre antérieur de la grenouille est homophyle de celui de la baleine, de l'oiseau, de la chauve-souris,
en tant que membre antérieur. Cette question des homomorphies, que j'ai essayé d'exposer le plus clairement possible dans
les pages précédentes est la grande difficulté des classifications
naturelles; elle aurait même rendu impossible une telle classification si l'admirable principe de Fritz Müller n'avait donné une
base solide à la classification embryogénique.

CHAPITRE XV

LE PRINÔIPE DE FRITZ MÜLLER
ET LA CLASSIFICATION EMBRYOGÉNIQUE

Nous avons, dès le début, envisagé comme devant être la plus naturelle la classification généalogique, et nous avons vu que de grandes difficultés provenaient, dans l'établissement d'une telle classification, des confusions possibles entre les homomorphies et les homophylies. Nous resterions donc extrêmement gênés pour construire notre arbre généalogique, étant donnée la pauvreté des documents conservés par la fossilisation. Heureusement une idée féconde permet de suppléer à l'insuffisance de ces documents, c'est l'idée du parallélisme de l'embryogénie et de la généalogie, ou, comme l'a exprimé Fritz Müller, du parallélisme de l'ontogénie et de la phylogénie. Voici quelle est cette idée : Tout être vivant actuellement, passe, au cours de son évolution individuelle depuis l'œuf jusqu'à l'adulte, par des étapes morphologiques qui rappellent les étapes morphologiques de son espèce au cours de l'évolution spécifique depuis le protozoaire ancêtre jusqu'à l'animal actuel; en un mot, la généalogie d'un animal est écrite dans son embryogénie.

On comprend aisément quel parti l'on peut tirer de cette idée pour établir la classification ainsi que nous la concevons aujourd'hui. Pour établir la parenté de deux êtres, nous devrions remonter l'échelle inconnue de leurs ancêtres jusqu'à ce que nous leur trouvions un ancêtre commun. Au lieu de faire cela, nous remonterons l'échelle connue de leurs stades larvaires, jusqu'à ce que nous leur trouvions un stade larvaire commun. Plus ce stade larvaire commun sera élevé en organisation, plus les êtres considérés seront proches parents. Plus au contraire ce stade larvaire commun sera simple, plus les êtres considérés seront éloignés sur l'arbre généalogique.

Par exemple, on a classé longtemps parmi les mollusques ou du moins à côté des mollusques, ces singuliers animaux marins que l'on appelle les ascidies et qui ont la forme d'une bouteille à deux tubulures. Mais depuis qu'on leur a trouvé une forme larvaire qui ressemble beaucoup à un têtard de grenouille, on les a rapprochés des vertébrés dont leur forme adulte ne les rapproche pas le moins du monde; car il est certain que les ascidies et l'homme ont un ancêtre commun qui avait la forme d'un têtard, ou du moins une forme ichthyoïde. Au contraire, les ascidies et les mollusques n'ont pas de stade larvaire commun plus compliqué que la gastrula, c'est-à-dire que la forme larvaire commune à tous les vertébrés et invertébrés, à tous les animaux enfin, sauf les protozoaires. Donc les ascidies et les mollusques sont parents très éloignés si l'on compare leur parenté à celle qui unit les ascidies à l'homme.

Au contraire, l'homme est beaucoup plus voisin de l'oiseau que de l'ascidie, car ils ont en commun une forme embryonnaire poisson qui a des fentes branchiales, etc....

Ce simple exemple prouve l'intérêt énorme des études embryologiques. Malheureusement, les embryogénies des diverses espèces sont souvent troublées par des phénomènes secondaires qui les rendent moins nettes; j'en dirai quelques mots tout à l'heure (accélération embryogénique).

Au point de vue des homologies et des analogies, ou plus correctement, des homophylies et des homomorphies, nous pouvons transformer en langage embryogénique ce que nous avons dit tout à l'heure en langage généalogique; nous dirons que deux parties, deux appendices sont homophyles quand on peut les suivre, sans rupture d'homophylie, depuis les deux adultes où on les remarque jusqu'à un stade larvaire commun à ces deux adultes. Ainsi, par exemple, le cristallin des vertébrés n'est pas homophyle, mais seulement homomorphe de celui des céphalopodes puisque le stade larvaire commun, la gastrula, n'a pas de cristallin. Dans beaucoup de cas, la comparaison des embryogénies répondra directement à la question; dans beaucoup d'autres, elle répondra bien imparfaitement. Mais il y aura des moyens de se tirer d'affaire quelquefois, ainsi que je vais essayer de le montrer à propos de l'exemple déjà étudié plus haut, de la dentition des rongeurs.

Vous vous rappelez que nous nous sommes demandé, dans le chapitre XII, pourquoi le wombat, ce rongeur marsupial d'Australie était, malgré sa dentition de rongeur, séparé de l'ordre des rongeurs et classé dans celui des marsupiaux. Indépendamment des considérations de géographie zoologique (sur lesquelles je ne puis insister ici, et qui ont également contribué à faire placer l'aye-aye, habitant de Madagascar, dans l'ordre des Lémuriens qui est presque exclusivement malgache) nous allons trouver dans l'étude embryogénique des mammifères des raisons suffisantes pour expliquer cette décision des classificateurs.

L'apparition des dents est un phénomène relativement tardif chez l'embryon des mammifères; or, en étudiant cet embryon à des stades bien plus précoces, tant chez le wombat que chez les rongeurs, nous constatons qu'il y a entre les stades correspondants une différence capitale. L'embryon de wombat n'a pas de placenta, l'embryon de rongeur en a un; le stade commun est donc antérieur, non seulement à l'apparition des dents, mais encore à l'apparition du placenta et il n'y a pas homophylie entre le caractère rongeur du wombat et le caractère rongeur des rongeurs. Je sais bien que le placenta n'est pas un caractère larvaire proprement dit, mais un caractère d'adaptation de l'embryon à un parasitisme spécial; le raisonnement précédent pourrait donc nous conduire à une erreur de classification comparable à celle que l'on commet en rapprochant les œufs à gros vitellus comme celui du poulpe et des oiseaux. Nous nous mettrons à l'abri de cette erreur en constatant la généralité de la présence du placenta chez tous les mammifères non marsupiaux, qu'ils soient rongeurs carnassiers ou cétacés. En nous plaçant au point de vue généalogique, nous avons donc des chances de ne pas nous tromper si nous disons que la divergence entre les placentaires et implacentaires est *antérieure* à la divergence des rongeurs d'avec les carnassiers et que, par conséquent, le wombat doit être séparé des rongeurs. Cependant, je le répète, chacune des raisons précédentes, envisagée seule, ne serait peut-être pas suffisante pour nous donner une certitude; pour arriver à cette certitude il faut rapprocher toutes les opinions tirées des considérations les plus diverses et, lorsque toutes ces opinions concordent, on peut croire que l'on a enfin trouvé la vérité scientifique.

Loi de Serres. — Le principe de Fritz Müller, si utile, nous l'avons vu, pour apporter à la classification généalogique l'aide des documents embryogéniques est l'expression d'une admirable hypothèse, mais d'une *hypothèse* néanmoins et qui n'est pas susceptible de vérifications.

Dès 1842, le français Serres avait énoncé une loi générale et *non hypothétique* qui, de même que le principe de Fritz Müller, conduit à la classification embryogénique comme à la classification la plus naturelle, sans faire intervenir la notion de parenté. Je vais essayer en terminant de montrer comment cette loi se déduit des faits par le simple raisonnement et comment elle conduit à une classification naturelle identique à la précédente.

De notre définition de l'espèce établie au chapitre IV de ce livre découle immédiatement la notion des espèces différentes; ce sont celles qui diffèrent par la nature chimique d'une au moins de leurs substances plastiques. Mais nous sommes bien embarrassés pour définir les *espèces voisines*, avec cette notion chimique.

J'ai essayé de montrer ailleurs [1] que cette définition est à peu près impossible pour les espèces unicellulaires, car nous ne saurions pas à quel genre de *voisinage chimique* nous adresser pour définir, au point de vue biologique, des substances plastiques voisines. Il n'en est plus de même quand il s'agit des êtres pluri-cellulaires qui, comme on sait, dérivent tous, par évolution individuelle, de plastides initiaux uniques, spores ou œufs. Entre les diverses propriétés chimiques des substances plastiques, nous choisirons, pour leur attribuer une importance capitale, les *propriétés morphogènes*. Ce n'est pas que des raisons philosophiques quelconques nous conduisent à choisir ces propriétés plutôt que d'autres, mais c'est que nous avons, dans le développement individuel des êtres considérés, un réactif d'une sensibilité inouïe de ces propriétés morphogènes, réactif grâce auquel nous pouvons suppléer, actuellement, à l'insuffisance de notre connaissance chimique des substances plastiques. Peut-être, quand la chimie aura fait des progrès, serons-nous amenés à reléguer la morphologie tout à fait au second plan!

Considérons le développement individuel de deux œufs composés de substances morphogéniquement voisines, *mais différentes*. Je le répète, la chimie d'aujourd'hui ne saurait pas nous montrer ces différences; le développement nous les mon-

---

1. *Évolution individuelle et Hérédité*, Alcan, 1898.

trera. Chaque œuf donnera en effet deux blastomères, et déjà dans cette division en deux blastomères il y aurait des différences, mais nous ne savons pas les apprécier; chaque blastomère se divisera en deux, et les mêmes différences se manifesteront dans la 2e division et s'ajouteront aux premières; et ainsi de suite; au bout de n divisions, on aura des deux côtés, des masses de 2^n plastides et il est évident que, dans ces deux masses d'un nombre croissant de plastides, les divergences se seront accumulées au point de devenir de plus en plus sensibles; la similitude entre les deux agglomérations pluricellulaires ira donc forcément en diminuant par suite de l'accumulation de divergences minimes et aussi du retentissement des divergences déjà accumulées sur les bipartitions ultérieures.

Il y a une autre raison pour que les divergences croissent; en effet, une fois l'agglomération formée, c'est-à-dire munie d'un milieu intérieur, la nature du milieu intérieur interviendra forcément dans les phénomènes consécutifs; or, les substances chimiques des plastides étant différentes, les substances excrémentitielles qui accompagnent leur assimilation sont également différentes et leur accumulation dans le milieu intérieur modifie de plus en plus les conditions de développement de chacune des agglomérations.

C'est pour ces deux raisons à la fois que deux œufs entre lesquels nous n'aurions su, chimiquement, découvrir aucune différence, nous donneront des adultes manifestement différents. C'est pour cela que le développement est un réactif si sensible de la composition chimique de l'œuf, puisque des différences, imperceptibles pour nous dans les plastides initiaux se traduisent au cours du développement par des divergences croissantes et aboutissent enfin à des adultes notablement dissemblables. Une autre conclusion qui se dégage nettement du raisonnement précédent, c'est que, dans des conditions analogues (à moins, par exemple, que des quantités considérables de vitellus différemment disposé modifient mécaniquement les conditions du développement de l'un des plastides initiaux par rapport à l'autre[1]), dans des conditions analogues, dis-je, les différences sont beaucoup moins sensibles entre les embryons correspondants de deux espèces voisines qu'entre les adultes.

Ceci posé, comment allons-nous définir des substances plastiques morphogéniquement voisines! Par les résultats du développement, cela s'impose.

Plus, en effet, les substances considérées donneront lieu, dès le début du développement du plastide initial, à des divergenc·· rapides entre deux embryons, plus elles seront morphogéniquement différentes et plus les adultes qui résulteront normalement de ces deux embryons seront différents.

Au lieu de tenter une définition chimique actuellement impossible des substances plastiques voisines, nous dirons donc que deux plastides initiaux sont d'espèces voisines quand, dans les mêmes conditions, ils donnent lieu à des développements embryonnaires qui restent longtemps parallèles avant de diverger notablement. Voici trois espèces A, B, C, dont les développements sont parallèles jusqu'à un stade X; mais B et C restent

---

1. Quand il y a beaucoup de vitellus, sa présence intervient mécaniquement tant qu'il n'est pas consommé et peut, par suite, masquer considérablement la ressemblance entre les embryons correspondants, même quand ces embryons proviennent des plastides initiaux voisins, et l'on connaît beaucoup de cas où cela se produit; mais, l'étude de la cicatrisation le prouve pour beaucoup d'espèces animales, lorsque le squelette ne s'y oppose pas, la forme du corps à chaque instant est précisément la forme d'équilibre que prendrait, libérée de toute entrave, l'agglomération polyplastidaire au moment considéré. Il n'est donc pas étonnant, quand l'entrave mécanique due au vitellus a disparu par la consommation de ce vitellus, que l'embryon prenne, débarrassé de cette entrave nutritive, une forme beaucoup plus voisine d'un embryon de même âge (provenant d'un plastide initial d'espèce voisine, sans vitellus) que ne l'ont été, jusque-là, les formes du même âge des deux embryons évoluant parallèlement, l'un avec, l'autre sans vitellus. Il y a là néanmoins une cause de perturbation dans l'établissement de la classification; on désigne ces perturbations sous le nom d'accélération ou de condensation embryogénique.

parallèles jusqu'à un stade ultérieur Y. Je dirai que B est une espèce plus voisine de C que ne l'est A.

Il est donc logique de faire une classification des espèces d'après les divergences plus ou moins rapides qui surviennent entre les embryons au cours du développement; on mettra à des places très voisines celles des espèces qui ont un parallélisme du développement longuement prolongé; on réunira dans des groupements de plus en plus vastes celles qui ont des développements embryonnaires parallèles jusqu'à un stade de moins en moins avancé.

Voilà bien le principe de la classification embryogénique.

Je fais remarquer que nous sommes arrivés à cette conclusion par des considérations purement chimiques auxquelles est restée tout à fait étrangère la notion de parenté. C'est par cette notion de parenté que le principe de Fritz Müller diffère de la loi de Serres à laquelle nous allons arriver.

L'état adulte d'un être est déterminé, soit parce que son squelette devenu invariable s'oppose à toute modification ultérieure de forme et de dimension, soit parce que le renouvellement du milieu intérieur (surtout l'excrétion des substances nuisibles) ne peut dépasser un certain maximum de vitesse et que, par suite, il s'établit un équilibre obligatoire entre les gains à la période d'activité[1] et les pertes à la période de repos.

Dans les deux cas, ce sont les substances accessoires à l'assimilation qui interviennent le plus activement dans la détermination de l'état adulte; or, nous savons que les substances accessoires peuvent être très différentes pour des substances plastiques, même morphogéniquement voisines; il ne sera donc pas étonnant que des espèces voisines arrivent à l'état adulte à des âges différents.

____

1. Voir *Théorie nouvelle de la vie*. Paris, Alcan, 1896.

Mais alors, si une espèce devient adulte de bonne heure, son état adulte ne différera guère d'une forme embryonnaire d'une espèce voisine qui aura poursuivi plus loin son évolution, si le parallélisme entre les développements avait persisté jusqu'à l'état adulte de la première espèce. Donc dans un grand groupe de notre classification embryogénique, les espèces dites inférieures, c'est-à-dire parvenant de bonne heure à l'état l'adulte, seront la reproduction de formes embryonnaires des espèces dites supérieures qui ne deviennent adultes que plus tard.

C'est l'admirable loi établie par Serres en 1842 : « L'embryologie est la répétition de l'anatomie comparée ».

TABLE DES MATIÈRES

LIVRE IV

L'UNITÉ DANS LE MÉCANISME........... 283

LIVRE V

PRINCIPES DE CLASSIFICATION.......... 349

Coulommiers. — Imp. PAUL BRODARD. — 609-1901.

www.ingramcontent.com/pod-product-compliance
Ingram Content Group UK Ltd.
Pitfield, Milton Keynes, MK11 3LW, UK
UKHW021005140726
13695UKWH00001B/88